各原子の第1イオン化エネルギー[*]

族\周期	1	2	3	4	5	6	7	8	9	10	11	12	13	14	15	16	17	18
1	H 1312 13.60																	He 2373 24.59
2	Li 520 5.39	Be 899 9.32											B 801 8.30	C 1086 11.26	N 1402 14.53	O 1314 13.62	F 1681 17.42	Ne 2080 21.56
3	Na 496 5.14	Mg 738 7.65											Al 578 5.99	Si 786 8.15	P 1012 10.49	S 1000 10.36	Cl 1251 12.97	Ar 1521 15.76
4	K 419 4.34	Ca 590 6.11	Sc 631 6.54	Ti 658 6.82	V 650 6.74	Cr 653 6.77	Mn 718 7.44	Fe 759 7.87	Co 758 7.86	Ni 737 7.64	Cu 746 7.73	Zn 906 9.39	Ga 579 6.00	Ge 762 7.90	As 947 9.81	Se 941 9.75	Br 1140 11.81	Kr 1351 14.00
5	Rb 403 4.18	Sr 550 5.70	Y 616 6.38	Zr 660 6.84	Nb 664 6.88	Mo 685 7.10	Tc 702 7.28	Ru 711 7.37	Rh 720 7.46	Pd 805 8.34	Ag 731 7.58	Cd 867 8.99	In 559 5.79	Sn 708 7.34	Sb 834 8.64	Te 869 9.01	I 1008 10.45	Xe 1170 12.13
6	Cs 375 3.89	Ba 503 5.21	†	Hf 675 7.0	Ta 761 7.89	W 770 7.98	Re 760 7.88	Os 840 8.7	Ir 880 9.1	Pt 870 9.0	Au 891 9.23	Hg 1007 10.44	Tl 590 6.11	Pb 716 7.42	Bi 703 7.29	Po 812 8.42	At 915 9.5	Rn 1067 10.75
7	Fr 370 3.83	Ra 509 5.28	§															

†ランタノイド	La 538 5.58	Ce 528 5.47	Pr 523 5.42	Nd 530 5.49	Pm 536 5.55	Sm 543 5.63	Eu 547 5.67	Gd 591 6.13	Tb 564 5.85	Dy 572 5.93	Ho 581 6.02	Er 589 6.10	Tm 596 6.18	Yb 603 6.25	Lu 524 5.43
§アクチノイド	Ac 665 6.9	Th 670 6.95	Pa	U 590 6.1	Np	Pu 560 5.8	Am 580 6.0	Cm	Bk	Cf	Es	Fm	Md	No	Lr

[*] 上段の数値の単位は kJ mol^{-1}、下段の数値の単位は eV である。

新版 大学の化学への招待

井上　亨
川田　知
栗原　寛人
小寺　安
塩路　幸生
脇田　久伸

三共出版

新版にあたって

　本書の旧版は，大学理工系学部の非化学系学科の学生を対象とした初年度の一般化学の教科書として平成8年に出版された．それ以来17年が経過し，その間，大学に入学してくる理工系学生の化学に関するバックグラウンドが多様化してきた．そのため，著者一同，大幅な改訂の必要性を感じていたが，この度改訂版を上梓する運びとなった．この新版では以下に記すような改訂がなされている．

　理工系学生のための教科書としては「やさしくても系統的な体系を備えたものでなくてはならない」というのが旧版執筆の際の基本的な考えであった．新版でもこの精神を守って，「Ⅰ　物質の化学」，「Ⅱ　物質の状態」，「Ⅲ　反応と平衡」，「Ⅳ　有機化合物」という4部構成を踏襲した．ⅠとⅢの一部はいわゆる無機・分析化学の内容であり，ⅡとⅢの一部は物理化学，Ⅳは有機化学の分野に充てられている．

　ⅠとⅢについては，旧版ではやや程度の高い内容や専門的すぎる事柄も含まれていたため，それらを削除し，全体的にスリム化した．大学理工系の化学の教科書としては熱力学の入門的な内容が欲しいところであるが，初年度の学生にとっては難解に思えるため旧版ではあえて避けていた．しかし，昨今のエネルギーに対する関心の高まりを考えて熱力学第一法則を第12章として追加した．新版での最も大きな改訂箇所はⅣである．旧版では有機化学の内容には1つの章しかあてられていなかった．これを有機化合物の「構造」と「反応」の2つの章に分けるとともに簡潔な記述に改めることにより，整理して学習できるようにした．また，いわゆるバイオに対する関心の高まりを考慮して生体構成分子に関する章を新たに設けた．

　以上の改訂を施した新版が，教師にとってはより講義しやすく，また，学生にとってはより学習しやすい教科書になっていれば幸いである．なお，執筆は，第1章，第2章，第13章，第14章を川田と栗原が，第3章〜第7章を脇田が，第8章〜第12章および第15章を井上が，第16章〜第18章を塩路と小寺が担当した．

平成25年1月

著者一同

まえがき

　本書は，大学理工系学部の非化学系の学科に入学した学生を対象として，その初年度の一般教育に使われる教科書として準備したものである。大学の受験科目が少なくなる一般的な傾向もあって，このような学科のクラスの中には高等学校で化学をほとんど学ばなかった学生や，自分に無関係な暗記物として化学に興味を示さない学生も多い。一しかし，広い視野を持った社会人を育てるという一般教育の目的からすると，専攻に直接関係するサイエンス領域を掘り下げるだけでなく，他のサイエンス領域の概要と思考方法を，浅くとも的確に把握させる必要がある。これまであまり化学に興味を持たなかったとはいえ理系を志望する学生であるから，その教科内容は文系学生のための一般教育のものとは自ずから異なり，やさしくても系統的な体系でなければならないと考える。

　このような観点と工学部の学生の一般教育を受け持った経験とから，化学を学んでこなかった，そしてこれからも化学を専門としない，理系の初年度学生のための教科書を企画した。内容のレベルを抑えて分量を絞り，系統的ではあるができるだけやさしく記述するという方針にした。いくつかの既刊良書があるにもかかわらず，初年度生を頭に浮かべながら，蛇に怖じずにあえて試みることにした。担当者間の討議を充分に行う時間的余裕がなかったために，全体を通して内容・表現等の統一を図ることができず，はからずも初年度学生に対する教師側の見方にばらつきがあることを示す結果になった。対象とする学生と本書の内容等について，おおかたのご意見をお聞かせ頂ければ幸いである。

　入学してくる理系学生の学問や勉学に関する考え方はあまりにも受験勉強的で，試験などの短期的目標に対する解答技術とばらばらの知識の暗記が学問することである，と思っているようである。これでは，自分が専攻する科学と技術に関する知識以外は無用と考えるのも無理はないと思える。著者らは，新入生に対してまず「大学で学ぶ学問とは何か」「大学では勉強はどのようにするのか」ということを教えるのが重要であると考えている。言うは易く行うは難いことかもしれないが，本書の書名を『大学の化学への招待』としたのも，最初に大学に入学した学生へのメッセージを載せたのもこのような思いからである。足らざるところを補ってご賢察下されば幸いである。

　内容は4部から構成されていて，「第1部　物質の化学」では原子と無機化合物について概観し，「第2部　物質の状態」では固・液・気体間の相平衡と気体・溶液の性質を，また「第3部　反応と平衡」は化学平衡と酸塩基・酸化還元反応から反応速

度までを取り上げた。入門書であることを考慮して，厳密さを欠いても活量やフガシティを使わず，数式を少なくしてあまり理論的にならないように取り扱った。また，化学系でない工学部の学生であることを考慮して，「第4部　有機化合物」は各論より有機化学のやさしい考え方を中心に記述した。

　執筆は，メッセージ，第1章〜第2章および第12章〜第13章を栗原，第3章〜第7章を脇田が担当し，第8章〜第11章および第14章を井上が，第15章を小寺が担当した。上記の不統一さ以外にも表現の誤りや不十分な箇所，不備な点があるかもしれない。これらの点について，遠慮なくご指摘ご教示を賜れば幸いである。

　本書の執筆にあたり，巻末にまとめた多くの専門書や教科書を参考にさせていただいた。これらの著者各位に深く感謝の意を表したい。

　最後に，本書の出版にあたって最初から最後までご尽力下さった，三共出版株式会社の石山慎二氏と秀島功氏に心から謝意を表する。

平成8年1月

　　　　　　　　　　　　　　　　　　　　　　　　　　　　　　　著者一同

A Letter of Invitation

　諸君は高等学校で国語，社会，英語，数学等の教科と共に，物理・化学・生物・地学などのいわゆる理科も学んできました。ある人は，理科の中の1科目か2科目しか学ばなかった人もいるでしょうし，もっと多くの科目の授業を受けたけれども，受験科目でない科目は身を入れて勉強しなかった人もいることでしょう。この教科書は，大学の理工系学部に入学した学生の中でも，化学を専門としない非化学系の学科に入った学生諸君のために書かれた化学の教科書です。あなた方を高等学校の理科ではない「大学の化学」の世界に招待したいのです。

　テレビでは，毎日たくさんのクイズ番組が放送されています。問題が出されるや否や，さっとボタンを押して解答する恰好よさ。あのような博学の人になりたいと，クイズの勉強に精を出している人もあるでしょう。しかし，そのような暗記が学問の勉強だと考えている人はいないでしょう。

　では，諸君が高等学校で励んだ教科の勉強はどうでしょうか。諸君の大部分の人は高校で物理を学びました。物理の問題が出たら，すぐにそのパターンから解法と使う公式が浮かび，さっと解答が出てくるように勉強したことと思います。でも，これでは解法パターンと公式の暗記が勉強だと思いがちです。高校で物理と一緒に化学も習った人は多いことでしょう。そういう人は，化学の問題を解くには公式というものが少なくて，教科書の中の一つ一つの細かいことがらを暗記していなければならないと感じませんでしたか。だから，化学の勉強は教科書の中のばらばらな事柄の暗記であると考えていませんか。このような理科の勉強は，クイズの勉強と本質的に同じようなもので，単に知っていることを増やしているだけです。学問を学ぶというのとは違う勉強なのです。大学で学ぶということは，どれだけ多くの単一事項を記憶するかではなくて，その学問の考え方と方法を系統的に理解することなのです。

　化学では身近な物の性質や現象を取り扱いますが，その性質や現象が現れる原因を，直接肉眼では認識できない原子や分子の集団的な振る舞いとして理解します。でも，原子や分子の振る舞いであることは単なる想像の結果ではありません。全て実験に基づいた結論なのです。五感で直接認識できない原子や分子のミクロの世界が，現実に身の周りにある物のマクロな性質や現象に現れているのですから，化学を学ぶ人はその間を結ぶ回路，つまりインターフェイスを手に入れて，これを使ってミクロの世界をのぞかなければなりません。精密な回路を手に入れ

大学の化学への招待メッセージ

て使いこなすためには専門的な勉強と実験が必要です．しかし，化学を専門としない諸君に必要なのは，簡単な回路の概要と簡単な使い方ではないでしょうか．それができれば，「化学とは何か」がおおよそわかったことになり，諸君の「大学の化学」の勉強はほぼ目標に到達したことになります．

　この本はそのような化学の授業のテキストとして企画しましたが，充分な準備ができなかったこともあって，諸君にとってやや取っつきにくい表現や記述があるかもしれません．しかし，できるだけ簡単な事柄をわかりやすくと心がけたつもりです．実際の授業で諸君を「大学の化学」へ招待して下さる先生方は，この本のある部分については時間をかけてていねいに，またある部分は簡単にあるいは省略して進められることと思います．諸君に「化学とは何か」を知ってもらうというのが本書の目的ですから，そのために先生方が個性に合わせて工夫して下さるのは有り難いことです．諸君は，その授業の中で化学の魔法のインターフェイスとそれを使ったミクロの世界の面白さの一部を知ることを心がけて下さい．きっと今までとは違った物の世界が見えるはずです．

　化学に限らず理科の科目を勉強するのに，知識を詰め込むだけの仕方では面白くありません．せいぜいクイズ王になるのを夢見る楽しみしか見いだせません．同じことなら楽しく勉強したいものです．そのために必要なのは驚きと好奇心です．とっても綺麗だな，すごく硬いんだな，大きくなったぞ，だんだん赤くなった，突然強い光が出た，子供のように身の周りの何にでも驚くことができれば，その人は科学者になる資格を持っています．その次に，それは何故だろうと首を傾げるならば，もう立派な科学者です．その後は次から次へと好奇心が湧いてきて，まさに連鎖反応です．そのためには，本に書いてあることや習ったことを，いつも身の周りや自然に当てはめて理解することが大切です．また身の周りや自然の驚きを，科学で解釈できるかどうか努力してみることも大切なことです．こうして，化学を含めたサイエンスを私たちの頭の中に住まわせてやると，彼らは私たちの好奇心を絶えず刺激してくれるのです．諸君は，大学に入ってせっかく受験勉強と違う理科を学ぶ機会を持ったのです．専門でない科目でもできるだけ多く，その方法と考え方を身につけて社会に出ていくことを勧めます．

　これが，大学に入った諸君への「大学の化学への招待状」です．

目　　次

Ⅰ　物質の化学

1　化学とその対象−物質 ……………………………………………………………… 2
2　原子の構造
　2.1　原子を構成する粒子 …………………………………………………………… 4
　2.2　原子の種類と原子量 …………………………………………………………… 5
　2.3　放射性核種の崩壊と原子核の転換 …………………………………………… 6
　2.4　原子スペクトルと水素原子模型 ……………………………………………… 8
　2.5　波動関数と電子の状態 ………………………………………………………… 10
　2.6　原子の電子配置 ………………………………………………………………… 14
3　周期律・周期表
　3.1　元素の周期律 …………………………………………………………………… 16
　3.2　典型元素（s, pブロック元素）と遷移元素（d, fブロック元素） ………… 17
　3.3　金属，非金属および半金属 …………………………………………………… 20
4　化学結合
　4.1　イオン結合とイオン結合形成のエネルギー ………………………………… 22
　4.2　共 有 結 合 ……………………………………………………………………… 23
　4.3　結合の極性 ……………………………………………………………………… 26
　4.4　電気陰性度 ……………………………………………………………………… 26
　4.5　ファンデルワールス力 ………………………………………………………… 27
　4.6　混成軌道の種類 ………………………………………………………………… 27
　4.7　配位結合と配位化合物 ………………………………………………………… 30
5　結晶の化学
　5.1　イオン結晶 ……………………………………………………………………… 35
　5.2　金属結晶 ………………………………………………………………………… 37
　5.3　共有結晶（共有結合性結晶） ………………………………………………… 38
　5.4　分子結晶（分子性結晶） ……………………………………………………… 38
　5.5　半 導 体 ………………………………………………………………………… 39
6　典型元素（s, pブロック元素）の化学
　6.1　水　　素 ………………………………………………………………………… 41

6.2 酸　　　素 …………………………………………………………… 43
6.3 アルカリ金属とアルカリ土類金属 …………………………………… 47
　6.3.1 アルカリ金属 ……………………………………………………… 47
　6.3.2 アルカリ土類金属 ………………………………………………… 48
6.4 ハロゲン族と硫黄族 …………………………………………………… 49
　6.4.1 ハロゲン族 ………………………………………………………… 49
　6.4.2 硫　黄　族 ………………………………………………………… 51
6.5 窒　素　族 ……………………………………………………………… 52
6.6 ホウ素族と炭素族 ……………………………………………………… 53
　6.6.1 ホ ウ 素 族 ………………………………………………………… 53
　6.6.2 炭　素　族 ………………………………………………………… 55
6.7 希　ガ　ス ……………………………………………………………… 56

7 遷移元素（d, fブロック元素）の化学

7.1 錯体の構造 ……………………………………………………………… 58
　7.1.1 錯体化学の言葉 …………………………………………………… 58
　7.1.2 錯体の立体構造 …………………………………………………… 59
　7.1.3 異　性　体 ………………………………………………………… 60
　7.1.4 錯体の安定度 ……………………………………………………… 61
　7.1.5 錯体の反応 ………………………………………………………… 62
　7.1.6 磁気的性質 ………………………………………………………… 63
7.2 有機金属化合物 ………………………………………………………… 63
7.3 d遷移元素 ……………………………………………………………… 64
　7.3.1 スカンジウム族 …………………………………………………… 65
　7.3.2 チ タ ン 族 ………………………………………………………… 66
　7.3.3 バナジウム族 ……………………………………………………… 66
　7.3.4 ク ロ ム 族 ………………………………………………………… 67
　7.3.5 マンガン族 ………………………………………………………… 68
　7.3.6 鉄　　　族 ………………………………………………………… 68
　7.3.7 白　金　族 ………………………………………………………… 71
　7.3.8 銅　　　族 ………………………………………………………… 72
　7.3.9 亜　鉛　族 ………………………………………………………… 73
7.4 f遷移元素 ……………………………………………………………… 73
　7.4.1 ランタノイド元素 ………………………………………………… 73
　7.4.2 アクチノイド元素 ………………………………………………… 75

II 物質の状態

8 物質の状態
- 8.1 物質の三態 …… 78
- 8.2 状態の移り変わり—相転移 …… 79
- 8.3 純物質の相平衡と状態図 …… 81
- 8.4 Clapeyron-Clausius の式 …… 83

9 気体の性質
- 9.1 理想気体の状態式 …… 87
- 9.2 気体分子運動論 …… 89
- 9.3 実在気体 …… 93
- 9.4 混合気体と分圧 …… 95

10 溶液の性質
- 10.1 溶液の濃度 …… 98
- 10.2 二成分系の液相—気相平衡 …… 99
- 10.3 Raoult の法則と理想溶液 …… 100
- 10.4 溶液の性質 …… 103
  - 10.4.1 蒸気圧降下 …… 103
  - 10.4.2 沸点上昇 …… 104
  - 10.4.3 凝固点降下 …… 106
  - 10.4.4 浸透圧 …… 107
  - 10.4.5 溶液の束一的性質 …… 108

III 反応と平衡

11 化学平衡
- 11.1 化学変化の表し方—化学反応式 …… 112
- 11.2 可逆反応と化学平衡 …… 113
- 11.3 質量作用の法則 …… 114
- 11.4 平衡定数の有用性 …… 116
- 11.5 化学平衡に対する外的条件の影響 …… 117
  - 11.5.1 濃度変化により平衡はどう変わるか …… 118
  - 11.5.2 圧力変化により平衡はどう変わるか …… 118
  - 11.5.3 温度変化により平衡はどう変わるか …… 119

12 熱力学第一法則と熱化学
- 12.1 熱力学第一法則 …… 122
  - 12.1.1 熱力学で使用される用語と概念について …… 122

12.1.2	熱力学第一法則	123
12.1.3	体積変化に伴う仕事	124
12.1.4	熱	126
12.1.5	熱容量	127
12.2	熱化学—熱力学第一法則の応用	128
12.2.1	反応熱と熱化学方程式	128
12.2.2	反応熱の分類	129
12.2.3	Hess の法則	130
12.2.4	反応熱と温度の関係	131

13 酸と塩基の水溶液

13.1	酸と塩基	133
13.2	水溶液の pH	135
13.3	酸・塩基の強弱	135
13.4	強酸・強塩基の濃度と pH	137
13.5	弱酸・弱塩基の濃度と pH	138
13.6	塩の加水分解と酸・塩基の中和	140
13.7	緩衝溶液	141

14 酸化還元と電極反応

14.1	酸化と還元	144
14.2	酸化数	145
14.3	酸化剤と還元剤	147
14.4	電池の起電力と電極電位	148
14.5	電気分解	152

15 化学反応の速さ

15.1	化学反応の速度	155
15.1.1	反応速度の表し方	155
15.1.2	反応速度の実験方法	156
15.1.3	反応速度と濃度の関係—速度式と反応の次数	156
15.1.4	速度定数—反応速度を特徴づけるパラメータ	157
15.2	1 次反応	158
15.3	2 次反応	160
15.4	反応速度と温度	163

IV 有機化合物

16 有機化合物の構造

16.1 炭素原子のなぞと混成 ………………………………………………… 168
16.1.1 炭素原子のなぞ ……………………………………………… 168
16.1.2 メタンと sp^3 混成 …………………………………………… 169
16.1.3 エチレンと sp^2 混成 ………………………………………… 171
16.1.4 アセチレンと sp 混成 ……………………………………… 174
16.1.5 ベンゼンと特殊な π 結合 …………………………………… 175
16.2 官能基と有機化合物の分類 …………………………………………… 176

17 有機化合物の反応

17.1 石油の精製とアルカンの反応―エネルギーと化学工業の源 ……… 178
17.1.1 石油の精製 …………………………………………………… 178
17.1.2 アルカンの反応性 …………………………………………… 180
17.1.3 アルカンの燃焼（酸化反応）………………………………… 180
17.1.4 アルカンの塩素化（ハロゲン化反応）……………………… 181
17.2 ハロゲン化アルキルの反応―変化自在の官能基導入 ……………… 183
17.3 アルケンの付加反応―ポリマー化学の原点 ………………………… 185
17.3.1 代表的なアルケン …………………………………………… 185
17.3.2 反対側から攻撃―アンチ付加 ……………………………… 185
17.3.3 Hの多い方に H^+ がつく―マルコフニコフの規則 ………… 186
17.3.4 アルケンの酸化および重合―すべて「付加」反応 ………… 187
17.4 アルキンの化学― π 結合2つ $+\alpha$（酸性）………………………… 189
17.4.1 付加は2度起こる …………………………………………… 189
17.4.2 アセチレンの酸性 …………………………………………… 190
17.5 ベンゼン類の反応―付加より置換 …………………………………… 191
17.5.1 100年もかかった構造式 …………………………………… 191
17.5.2 特別に安定な π 電子 ………………………………………… 192
17.5.3 置換反応のメカニズム ……………………………………… 193
17.5.4 種々の求電子置換反応 ……………………………………… 194
17.5.5 ベンゼンの仲間―芳香族化合物 …………………………… 196
17.6 主な官能基と化学的性質 ……………………………………………… 196
17.6.1 アルコールおよびフェノール ……………………………… 196
17.6.2 アルデヒドおよびケトン …………………………………… 198
17.6.3 カルボン酸とその誘導体 …………………………………… 200
17.6.4 アミンおよびアミン類 ……………………………………… 203

18　生体を構成する分子

- 18.1　炭水化物 ……………………………………………………………… 206
  - 18.1.1　単　糖 ……………………………………………………………… 206
  - 18.1.2　単糖の立体配置 ……………………………………………………… 207
  - 18.1.3　D, L 表記法 ………………………………………………………… 207
  - 18.1.4　単糖の環状構造 ……………………………………………………… 208
  - 18.1.5　二糖と多糖 …………………………………………………………… 209
  - 18.1.6　細胞表面の炭水化物 ………………………………………………… 210
  - 18.1.7　石油の代替品としての糖 …………………………………………… 211
- 18.2　アミノ酸とタンパク質 ………………………………………………… 212
  - 18.2.1　アミノ酸の構造 ……………………………………………………… 212
  - 18.2.2　等　電　点 …………………………………………………………… 212
  - 18.2.3　アミノ酸の光学異性体 ……………………………………………… 214
  - 18.2.4　タンパク質の構造 …………………………………………………… 214
  - 18.2.5　酵　素 ………………………………………………………………… 215
- 18.3　脂　質 …………………………………………………………………… 216
  - 18.3.1　油　脂 ………………………………………………………………… 216
  - 18.3.2　リン脂質 ……………………………………………………………… 217
  - 18.3.3　ステロイド …………………………………………………………… 218
- 18.4　核酸とヌクレオチド …………………………………………………… 219

章末問題解答 ……………………………………………………………………… 222
参考にした図書 …………………………………………………………………… 227
索　　引 …………………………………………………………………………… 228

I

物質の化学

第Ⅰ部では，まず，原子の構造，周期表の成り立ち，元素の周期的な性質と種々の化学結合について電子軌道の概念をもとに解説する．さらに，様々な無機化合物の構造と性質について概観する．

1 化学とその対象
―物 質―

　我々が住んでいるこの地球に存在する物も，さらには宇宙に存在する物も全ては物質という素材からできている。空気も岩石も金属も，植物や動物などの生物も，我々自身でさえも物質からできている。物質は空間を満たし，かつ質量をもっている。化学という学問は，このような物質を対象として，構造や性質とその変化を取り扱う科学である。

　いま1個の鉄の球を考えてみよう。机の上にのせていた球が転がって床に落ちたとする。これは球が置かれている位置の変化ではあるが，球を構成している物質の構造や性質は変化していない。しかし，時間がたつと表面が錆びてくる。このとき球を構成する鉄の一部は錆に変化し，その性質も変化している。このような変化を化学変化とよび，化学はこのような化学変化を解明する科学である。我々はこれまで蓄積されてきた化学の成果をもとにし，また今後も化学を進歩させて，人間の生活に有用な多くの物質をつくることができるし，また地球上の生物や環境の保全に貢献することができるだろう。

　物質を定義することは難しいが，簡単には原子の安定な集合体と考えてよい。集合している多数の原子が全て同じ結合をしている物質もあれば，比較的少数の原子が結合して分子とよばれる単位をつくり，分子間に弱い結合をもつ物質もある。

　では，純粋な物質とはどういうものだろうか。身の回りの物を想定してみよう。その物は，色や密度，硬度などの性質が，どの部分をとっても均一だろうか。細分割しても全ての部分が均質なものを均一物質という。もし部分的には均質であっても全ての部分が均質とは限らないならば，それは均質物質の不均一混合物である。一塊の花崗岩を虫眼鏡で見ると，いくつかの色や光沢の異なる部分からなる混合物であることがわかる。

　均一な物質であっても，熱したり冷却したりして物理的な変化を起こさせると，このような変化に対して均質でないものもある。例えば，食塩水は無色透明で均一な物質であるが，加熱蒸留すると水は蒸留され，食塩は固体として析出する。均一な酒を蒸留すると，最初に蒸留された液体と後から蒸留された部分とでは密度や沸点などが異なる。これらは均一混合物である。蒸留などの物理的な変化に対しても均質にふるまう物質を純物質とよぶ。

表 1-1　物質の分類

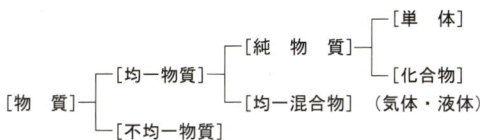

　純物質には実に多数の種類があって，それらは1つ1つ性質が異なっている。このような物質の性質の違いは，それを構成している原子の種類，それらの構成比，構成原子の結合または集合の仕方の違いなどによるものである。原子の種類については2章・3章で学ぶが，化学的性質に基づいて分類すると118種類の元素に分けられる。物質の中には，ただ1種類の元素の原子だけから構成されている単体とよばれる物質もあれば，複数の元素の原子から構成されている化合物とよばれる物質もある。化学はこれら物質の構造や性質とその変化を，エネルギーと関係づけて理解しようとする学問である。

2 原子の構造

2.1 原子を構成する粒子

1803年イギリスの化学者Daltonは，物質はこれ以上分割することができない原子からできているという原子論を発表した．彼は原子の質量は種類によって異なると主張し，原子量の概念をも示した．

19世紀後半になると，原子の構造を示唆する重要な実験結果が続々と発表されるようになった．稀薄な気体を封じた放電管を用いるCrooks (1880) やJ. J. Thomson (1897) の実験などで，陰極から放射される陰極線の性質が明らかになった（図2-1）．陰極線は磁場や電場で曲げられることから，その実体は負の電荷をもった粒子（電子）の流れであることが示された．また，磁場や電場に対する陰極線の振る舞いは陰極の金属や存在する気体の種類によらないことから，電子は原子に含まれる普遍的な粒子であることが明らかにされ，電子の電荷と質量の比が求められた．1911年にはMillikanが電子の電荷を決定し，この比から電子の質量が得られた．

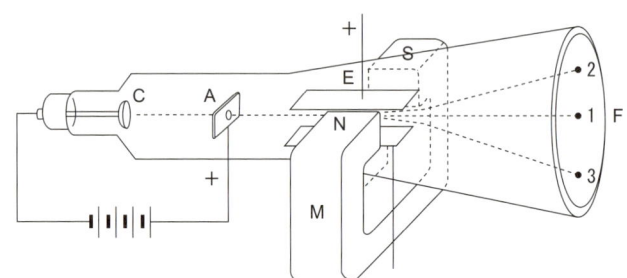

C：陰極，A：陽極，E：蓄電板，M：磁石，F 蛍光板
1：電場も磁場もかけないときの到達点および電場と磁場が釣合ったときの到達点
2：電場だけの場合の到達点　3：磁場だけの場合の到達点

図2-1　Thomsonの陰極線実験装置

電子以外の原子の構成物や原子の構造についても，それらを知る手がかりとなる実験結果が蓄積されていった．Rutherfordは1908年から1911年にかけて行った金箔によるα粒子（ヘリウムの原子核）の散乱の実験に基づいて，原子の質量と正電荷は，原子の中の原子核とよばれるごく小さな（原子の約$1/10^5$の直径）部分に集中しており，その外側の領域に正電荷を中和するだけの電子が存在しているという原子モデルを示した．その後，原子核はさらに正電荷をもつ陽子と，電荷をもたない中性子とから構成されていることが明

らかにされていった。陽子と中性子は電子の質量の約 1,840 倍の質量をもつ重い粒子である。これらは原子核を構成する粒子なので核子とよばれる。

原子を構成するこれらの粒子の質量と電気量を表 2-1 に示した。陽子の電荷と電子の電荷は，正負の符号が異なるが電気量の絶対値は同じである。陽子のもつ電気量を電気素量とよび，記号 e で表わす。電気素量は電気量の最小単位である。

表 2-1 原子を構成する粒子

粒子名	記号	質量/kg	質量/u	電荷/C
陽子	p	1.6726×10^{-27}	1.007 276	$+1.602\,18 \times 10^{-19}$
中性子	n	1.6748×10^{-27}	1.008 665	0
電子	e^-	9.1094×10^{-31}	0.000 548 6	$-1.602\,18 \times 10^{-19}$

2.2 原子の種類と原子量

原子は全て 3 種の構成粒子からできており，原子は構成粒子の数の組合せで分類できる。構成粒子のうち電子の数は陽子の数に等しく，実際には 2 種の核子の数の組合せでよい。核子の数で分類した原子の種類を核種という。原子中の核子の数（陽子と中性子の数の和）を A で表し，これを質量数とよぶ。また，核子のうち陽子の数を Z で表し，原子番号とよぶ。核種は A と Z で区別される。現在知られている核種の数は，安定な核種と不安定な核種をあわせると 1,300 種をこえ，そのうち安定な核種だけでも 300 種以上が存在する。

しかし 4 章で学ぶように，原子が結合や集合をして物質をつくるときの主たる役割を受け持つのは電子である。電気的に中性な（電荷をもたない）原子について，電子数が同じ，つまり陽子の数が同じ原子は化学的にほとんど同じ挙動をする。そこで，原子番号 Z が同じ核種をまとめると便利である。原子番号 Z が同じ核種をまとめて同じ元素であるという。原子番号 Z が同じで質量数 A が異なる核種は全て同じ元素に属するが，それらは互いに同位体であるという。元素の中で天然には単一の核種しか存在しない元素が 21 あるが，他の元素は複数の同位体を含んでいる。同位体の存在比は質量分析計を使って求めることができる。

これらの元素や核種を区別して示すには元素記号を用いる。元素記号は，元素名（ラテン語のこともある）の頭文字またはそれと綴字中の適当な文字の組合せである。例えば，水素の記号は H (Hydrogen)，鉄は Fe (Ferrum) である。核種を示すには，元素記号の左肩に質量数 A を，左下方に原子番号 Z を記す。Z が 1 の元素は水素であるから，Z が 1 で A が 2 の核種（同位体）は ^2_1H と表わす。それぞれの元素の原子番号は決まっているから，Z を省略することもある。

原子や核子の質量はとても小さいので，通常の単位を使うのは不便である。そこで，核種 $^{12}_6\text{C}$ の原子 1 個の質量の 1/12 を原子質量単位と定義し，これを用いて原子や核子の質量を表わす。原子質量単位の記号は u で，1 u は $1.660\,54 \times 10^{-27}$ kg である。表 2-1 には原子質量単位で表した核子や電子の質量も記載してある。

ある元素に属する原子の平均質量は化学では重要な値である。各元素について，天然に存在する安定な同位体の質量を存在比に応じて加重平均し，原子質量単位で割った数値を，原子量とよび，記号 Ar で表わす。例えば，塩素の同位体の質量と天然における存在比は，質量 34.968 85 u の $^{35}_{17}Cl$ が 75.53%，36.965 90 u の $^{37}_{17}Cl$ が 24.47% である。したがって塩素の原子量は次式で求められる。

$$Ar = (34.968\ 85\ u \times 0.755\ 3 + 36.965\ 90\ u \times 0.244\ 7)/u = 35.45$$

現在知られている元素の原子量を，表紙の見返しに挙げた周期表中に示してある。

ある元素の原子 1 個の平均質量は，原子量と原子質量単位で表すことができる。また，これを kg の単位を使って表すこともできる。しかし，化学反応では原子や分子の相対的な数が重要である。そこで，化学種の数の単位を決めると便利である。He の原子量は 4.003 であって，単体物質は常温常圧で無色の気体である。この物質の 4.003 g には何個の He 原子が含まれているだろうか。現在この数として 6.023×10^{23} 個という値が得られている。この数を Avogadro 数という。化学では Avogadro 数個の粒子の集団を 1 mol とよび，化学種の量の単位として用いる。また，mol の単位で表した粒子の量を物質量という。

2.3 放射性核種の崩壊と原子核の転換

核種の中には安定で変化しない核種と不安定な核種があって，不安定な核種はある確率で自然に壊れ，安定な核種に変わっていく。このとき原子核は放射線を放出して他の核種に変化する。このような現象を放射性崩壊または放射性壊変という。また，放射性崩壊を起こす核種を放射性核種または放射性同位体とよぶ。よく使われる放射能という語は放射性崩壊する性質またはその程度を表すのであって，放射性同位体のことではない。84 番元素の Po より大きい原子番号の元素には安定な同位体はない。多くの重い放射性核種は何回もの崩壊をくり返しながら，最後は安定核種になる。

放射性崩壊にはいくつかの形式がある。最も一般的な崩壊形式は，α 線を放出する α 崩壊と β 線を放出する β 崩壊である。α 線は α 粒子（$^4_2$He の原子核）の流れで，α 崩壊すると原子核から α 粒子が放出されるので，原子の質量数 A は 4 減少し，原子番号 Z は 2 減少する。β 線は電子の流れであり，β 崩壊によって原子核から電子が放出されると，原子の質量数 A は変わらないが原子番号 Z は 1 増加する。

$$^{226}_{88}Ra \longrightarrow\ ^{222}_{86}Rn + ^{4}_{2}He$$
$$^{228}_{88}Ra \longrightarrow\ ^{228}_{86}Rn + e^{-}$$

その他の崩壊形式には，陽電子 e^+ を放出する β^+ 崩壊，原子核に核外の電子を取り込む電子捕獲，重い原子核が 2 つの原子核に分裂する自然核分裂などがある。

α 線，β 線とならんでよく知られている放射線は γ 線である。放射性崩壊によって変化した原子核がエネルギーの高い状態にあるときに，余分のエネルギーを γ 線として放出するのであって，γ 線の放出によって核種の変化が起こるのではない。γ 線は波長が 10 pm 以下の透過力の大きい電磁波であって，電場や磁場で α 線や β 線のように曲げられるこ

とはない。

　一定時間に放射性崩壊が起こる確率を崩壊定数（または壊変定数）といい，その値は核種によって異なっていて，核種の化学的状態や物理的状態によって影響を受けない。N をこの放射性核種の原子数とすると，時間当たりの原子数の減少は N に比例し，その比例定数 λ が崩壊定数である。λ の値は核種によって決まっている。

$$-\frac{dN}{dt} = \lambda N \tag{2.1}$$

最初に存在するこの核種の原子数を N_0 とすると，時間 t だけ経過後の原子数 N との比は次式で表される。

$$\ln \frac{N}{N_0} = -\lambda t \tag{2.2}$$

ln は自然対数の記号である。核種の半数が崩壊するのに要する時間 $t_{1/2}$ を半減期とよび，半減期の短い核種ほど寿命が短い。

$$t_{1/2} = \ln 2/\lambda = 0.693/\lambda \tag{2.3}$$

なお，放射性崩壊の速度は通常の化学反応の速度と同様に考えることができ，ここで求めた半減期は，化学反応における反応物の半減期に相当する（15章参照）。

　原子数と半減期の関係は図 2-2 のようになる。例えば，$^{63}_{28}\text{Ni}$ は半減期 100 年で β 崩壊する。したがって，500 年後にはもとの原子数の 3% に，1,000 年後にはもとの 0.1% に減少することになる。

　天然には，地球の誕生時から存在している 3 種類の長寿命放射性核種（$^{232}_{90}\text{Th}$，$^{238}_{92}\text{U}$，$^{235}_{92}\text{U}$）を母体とする 3 つの崩壊系列が存在していて，天然に存在する放射性核種のうちで原子番号が 81 以上のものは，それらの系列のどれかに属している。

　一方，天然に存在する放射性核種には系列

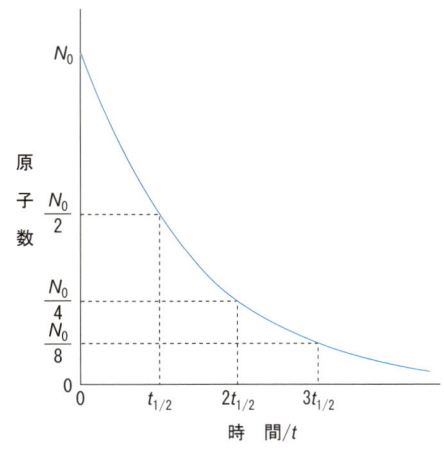

図 2-2　放射性核種の原子数の変化

に属さない核種もある。それらは地球誕生時から存在する長寿命核種か，または半減期は比較的短いが現在も絶えず生成している核種のいずれかである。例えば，$^{3}_{1}\text{H}$ や $^{14}_{6}\text{C}$ などは半減期は短いが（$^{3}_{1}\text{H}$：12.26 年，$^{14}_{6}\text{C}$：5.73×10^3 年），宇宙線として地球に到達する中性子による核反応によって成層圏でたえずつくられているので，定常的に一定の割合で地球上に存在する。

$$^{14}_{7}\text{N} + ^{1}_{0}\text{n} \longrightarrow ^{12}_{6}\text{C} + ^{3}_{1}\text{H}, \quad ^{14}_{7}\text{N} + ^{1}_{0}\text{n} \longrightarrow ^{14}_{6}\text{C} + ^{1}_{1}\text{H}$$

空気中の二酸化炭素の炭素についても，それと平衡にある生きた植物体中の炭素についても $^{14}_{6}\text{C}$ の存在比は一定であるから，生きた植物中の $^{14}_{6}\text{C}$ の存在比は空気中の二酸化炭素

中の $^{14}_{6}\text{C}$ の存在比と同じになる。ところが，死んだ植物中の $^{14}_{6}\text{C}$ の量は放射壊変により減少していくので，古代に伐られた植物体の炭素中の $^{14}_{6}\text{C}$ の存在比を測定すれば，その年代を推定することができる。

成層圏における $^{3}_{1}\text{H}$ や $^{14}_{6}\text{C}$ の生成のように，原子核と他の粒子の衝突によって原子核の転換が起こる反応を核反応という。陽子や α 粒子やその他の原子核を加速して標的原子核に衝突させたり，原子炉で発生する中性子を衝突させて多くの人工の放射性核種がつくられている。これらはトレーサー（追跡子）や放射線源として科学，工学，医学の分野で使われている。

2.4 原子スペクトルと水素原子模型

金属元素を含んだ物質をガス炎の中に入れると，炎はその金属特有の色を呈する。ナトリウムは黄色，ルビジウムは赤色，ストロンチウムは深紅の炎色反応を示す。これらの現象がみられるのは，金属元素の原子が放電や熱によって高いエネルギー状態になり，それがもとのエネルギー状態に戻るときに，余分のエネルギーを光として放出するためである。

この光をプリズムなどの分光器で分散させると，とびとびの波長の輝線からなる線スペクトルが得られる。このような原子によって吸収または放出される光のスペクトルを原子スペクトルという。原子スペクトルとして観測される原子のエネルギー変化は，原子核の周囲に存在する電子の状態変化に起因するものである。

放電管に低圧の水素を入れて放電させ，放射される光を分光すると，遠紫外から可視部をへて赤外領域にまで拡がる水素の原子スペクトルが得られる。このスペクトルの輝線はいくつかのグループ（系列）に分かれていて，それぞれの系列内の輝線の波長には規則性が見られる（表2-2）。図2-3は可視領域の輝線をもつBalmer系列のスペクトルである。1885年，Balmerはこのグループの輝線の波長 λ が，次のような簡単な式で表されることを見出した。式中の $\tilde{\nu}$ は波長 λ の逆数で波数という。

$$\tilde{\nu} = \frac{1}{\lambda} = R\left(\frac{1}{2^2} - \frac{1}{n^2}\right) \tag{2.4}$$

ここで，R は $1.097\,373 \times 10^7\,\text{m}^{-1}$ の値の定数で，Rydberg定数とよばれる。

表2-2 水素の原子スペクトル系列

系列	スペクトル領域	m	n	最長波長/nm
Lyman	遠紫外部	1	2, 3, ⋯	121.6
Balmer	可視・紫外部	2	3, 4, ⋯	656.5
Paschen	赤外部	3	4, 5, ⋯	1 876
Brackett	赤外部	4	5, 6, ⋯	4 052
Pfund	遠赤外部	5	6, 7, ⋯	7 460

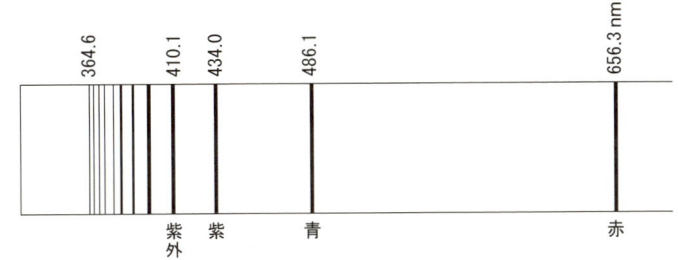

図 2-3 水素の Balmer 系列スペクトル

その後，水素の原子スペクトルの他の系列についても，輝線の波数が同様の式で表されることが見出され，次の一般式にまとめられた。

$$\tilde{\nu} = \frac{1}{\lambda} = R\left(\frac{1}{m^2} - \frac{1}{n^2}\right) \tag{2.5}$$

式中の m と n は $m < n$ の値の正の整数で，その値は表 2-3 に記載したように系列によって異なる。

当時は，水素原子が発する原子スペクトルという信号の意味も，その重要さもわからなかったが，1913 年に Bohr が初めてこのスペクトルの意味を説明することに成功した。Bohr は Rutherford の原子模型と Planck の量子論をもとにして，次の 3 つの仮定を設けてスペクトルを説明した。

（ⅰ）負の電荷をもつ電子は，正の電荷をもつ原子核のまわりをある条件を充たす特定の軌道に沿って円運動している。この軌道上で定常運動をしている限り，電子はエネルギーを失わず，したがって光も放射しない。

（ⅱ）この条件とは，核のまわりの電子の角運動量 $L = mrv$ が $h/2\pi$ の整数倍であることである（量子条件）。

$$L = mrv = n \cdot \frac{h}{2\pi} \tag{2.6}$$

ここで，h は Planck の定数，n は正の整数で量子数とよばれる。

（ⅲ）定常運動している電子が，ある軌道から他の軌道へ移る（遷移する）時にのみ光を吸収もしくは放射する。このときの光のエネルギー $h\nu$ は，遷移する前後の軌道エネルギーの差 ΔE に等しい。ここで，ν は光の振動数（$\nu = c/\lambda$）である。

$$\Delta E = |E_{n_1} - E_{n_2}| = h\nu \tag{2.7}$$

これらの仮定を充たす Bohr の水素原子模型の姿は次のようになる。$+e$ の電荷をもった原子核（陽子）の周囲を，$-e$ の電荷をもった電子が静電的な相互作用（クーロン力）により，半径 $r = a_0 \cdot n^2$ の円軌道を運動している。a_0 は量子数 $n = 1$ の軌道の r，すなわち原子核に最も近い軌道の半径で，Bohr 半径とよばれる。これらの軌道を運動する電子は安定で，そのエネルギーは負の値である。量子数 n の軌道電子のエネルギーの絶対値は $n = 1$ の軌道の n^2 分の 1 であって，量子数 n の値が小さいほど低いエネルギー状態に

ある。原子に光や熱あるいは放電の形でエネルギーが与えられると，電子はそのエネルギーを吸収してエネルギーの高い軌道に遷移し，続いて低エネルギーの軌道に遷移するときに，軌道間のエネルギー差に相当する振動数の光を放出する。したがって，水素の原子スペクトルの輝線は，水素原子の電子軌道間のエネルギー差を表していることになる。

このような考えにもとづいて，上記の条件を満たす水素原子の軌道間のエネルギー差から計算した原子スペクトルの輝線の波長は，実験値とよく一致した。図 2-4 と図 2-5 に Bohr の原子模型と水素の原子スペクトルとの関係を模式的に示した。こうして，Bohr の原子模型によって電子 1 個の水素原子のスペクトルの説明には成功したが，このモデルを 2 電子以上の複雑な原子にまで広げるのは困難であった。

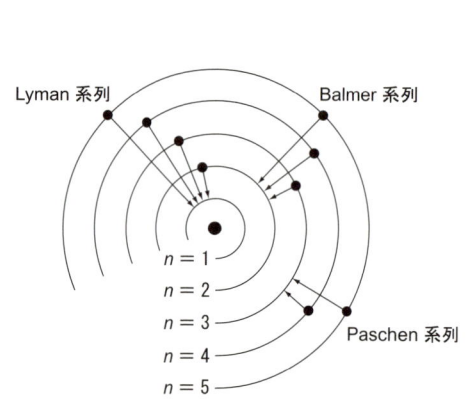

図 2-4　電子遷移とスペクトル系列

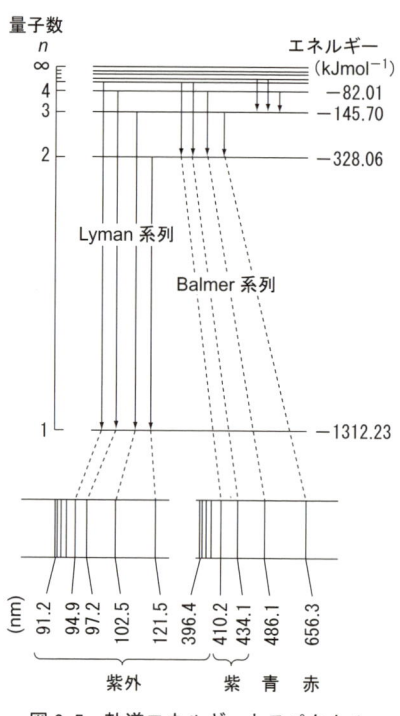

図 2-5　軌道エネルギーとスペクトル

2.5　波動関数と電子の状態

20 世紀初頭から 1923 年頃までには，Einstein や Compton らによって，電磁波（光も電磁波である）は波動としての性質と共に粒子的側面をもつことが明らかにされ，この粒子は光子と名付けられた。また，de Broglie は全ての粒子は物質波という波の性質を持つことを理論的に考察した。このことは 1927 年に電子の回折現象によって証明された。

1926 年，Schrödinger は原子の中の電子を波動としてあつかい，原子中の電子の軌道の大きさが波長の整数倍のとき，電子は定常波として存在できると考えた。そこで原子中の電子の運動状態を電子の全エネルギーと関係づける波動方程式を導き，これを解いて得ら

れる波動関数 ψ によって電子の状態を表わすことを試みた。定常波における ψ は不連続な特定のエネルギー値に対応し，3 種の量子数 (n, l, m_l) によって規定されている。波動関数の二乗 ψ^2 は空間のある点における電子の存在確率を表すので，波動関数から空間のある領域における電子の存在確率を求めることができる。存在確率の大小を点の粗密で表すと，電子は核をとりまく雲のように見えるところからこのような電子の分布を電子雲という。

定常波を表す波動関数 ψ が得られるのは，ψ を規定する 3 種の量子数がある組合せの場合だけである。このような 3 種の量子数で規定された原子中の電子状態を表わす波動関数を軌道，あるいは原子軌道とよび，これら 3 つの量子数の値によって軌道の拡がりや形などが決まることになる。原子中の電子の状態を表すには，存在する軌道の表示だけでなく，さらに電子のスピンの状態も示さなければならない。そのために，もう 1 つの量子数 (m_s) が必要になる。これら 4 つの量子数によって，1 つの電子の状態を完全に記述することができる。

量子数と電子の状態の関係を簡単に整理すると次のようになる。

(1) 主量子数 n

主量子数は，軌道の空間的な拡がりと軌道のエネルギー（その状態にある電子のエネルギー）を規定する量子数で，正の整数値 1, 2, 3, ……をとる。n の値が大きいほど大きく拡がっていて，エネルギーは高い。1 つの電子しかもたない水素のような原子中では，軌道のエネルギーは主量子数のみで決まる。同じ n の値をもつ軌道群をまとめて**殻**(電子殻)とよび，次の記号で表わす。

n	1	2	3	4	5	6	……
殻の記号	K	L	M	N	O	P	……

(2) 方位量子数 l

方位量子数は軌道運動する電子の角運動量を規定するもので，軌道の形を決める。その値は，主量子数 n の値によって 0, 1, 2, ……, $(n-1)$ をとるので，1 つの n の値に対して n と l の組合せは n とおりある。複数個の電子をもつ原子では，それら電子同士の反発により，同じ n の軌道でも l の値によって軌道エネルギーは少し異なる。n と l の組合せで決まるある軌道を記号で表すには，n の値はそのまま数字を用い，それに続けて l の値を対応するアルファベットの 1 文字で記す。例えば，1s 軌道 ($n=1$, $l=0$)，2p 軌道 ($n=2$, $l=1$) のように表し，その軌道の電子を 1s 電子，2p 電子という。l の各値に対して用いられるアルファベットの文字は次のとおりである。

l	0	1	2	3	4	……
記号	s	p	d	f	g	……

s 軌道，p 軌道，d 軌道の形（電子が存在する確率の高い領域の形）を図 2-6 に示した。1s 軌道と 2s 軌道の形は同じであるが，2s 軌道の方が原子核から遠いところまで拡がっている。水素原子の 1s 軌道の中で，原子核から電子の存在確率の極大の位置までの距離は

Bohr 半径に等しい。つまり，古典的な Bohr 模型で原子核に最も近い電子の軌道半径は，実は水素の最低エネルギーの電子を見出す確率が最も高い距離だったのである。

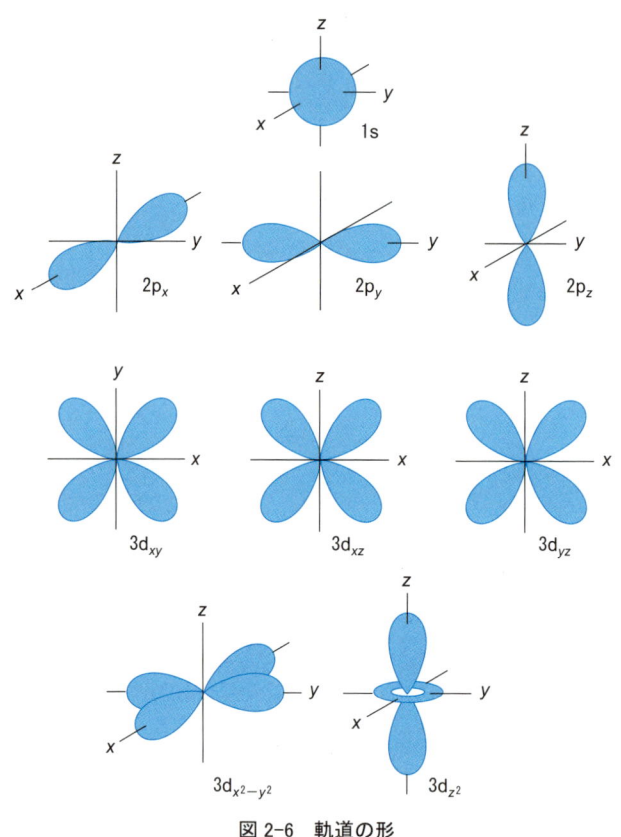

図 2-6 軌道の形

(3) **磁気量子数 m_l**（m と記すこともある）

この量子数は軌道の空間における配向を規定するもので，方位量子数 l の値に対して $-l$, $-(l-1)$, …, -1, 0, 1, …, $(l-1)$, l の値をとることができる。例えば，s 軌道には m_l の値が 0 の 1 種類の軌道しかないが，p 軌道には m_l の値がそれぞれ $-1, 0, 1$ の 3 種類，d 軌道には m_l の値がそれぞれ $-2, -1, 0, 1, 2$ の 5 種類の軌道が含まれる。電子のエネルギーは，磁場が存在しないときは n と l の組合せで決まり，m_l の値が異なっていても互いに等しい。しかし磁場の中に置かれると，n と l が同じでも m_l の値が異なる軌道は互いにエネルギーが異なってくる。

(4) **スピン磁気量子数 m_s**（s と記すこともある）

電子は，すべて同じ大きさのスピン角運動量をもつ。m_s はそのスピン角運動量の配向を規定する量子数で，$+1/2$ と $-1/2$ の 2 通りの値をもつ。簡単に，この量子数の違いをスピンの右回りと左回りと考えてもよい。この違いを↑と↓の記号で表すこともある。

これらの 4 つの量子数（n, l, m_l, m_s）によって原子中の 1 つの電子の状態を表すこと

ができるが，4つの中の3つは軌道運動を表し，1つはスピンの向きを表している。表2-3には $n = 4$ までの軌道の記号と量子数の組合せを示してある。

表 2-3 軌道と量子数

殻	軌道の記号	主量子数 n	方位量子数 l	磁気量子数 m	軌道数	収容できる電子数	殻に収容できる電子数
K	1s	1	0	0	1	2	$2 = 2 \times 1^2$
L	2s	2	0	0	1	2	$8 = 2 \times 2^2$
	2p	2	1	+1	3	6	
		2	1	0			
		2	1	−1			
M	3s	3	0	0	1	2	$18 = 2 \times 3^2$
	3p	3	1	+1	3	6	
		3	1	0			
		3	1	−1			
	3d	3	2	+2	5	10	
		3	2	+1			
		3	2	0			
		3	2	−1			
		3	2	−2			
N	4s	4	0	0	1	2	$32 = 2 \times 4^2$
	4p	4	1	+1	3	6	
		4	1	0			
		4	1	−1			
	4d	4	2	+2	5	10	
		4	2	+1			
		4	2	0			
		4	2	−1			
		4	2	−2			
	4f	4	3	+3	7	14	
		4	3	+2			
		4	3	+1			
		4	3	0			
		4	3	−1			
		4	3	−2			
		4	3	−3			

水素のような1電子原子の軌道のエネルギーの順序は，低い方から 1s < 2s = 2p < 3s = 3p = 3d < …… であって，主量子数の値が同じ軌道のエネルギーは等しい。しかし，2電子以上の多電子原子では電子間の静電的な反発があるため，軌道エネルギーの順序は 1s < 2s < 2p < 3s < 3p < 4s ≦ 3d < …… と，同じ主量子数の軌道でも方位量子数によって異なり，しかも電子数が増すと 3d と 4s のように順序が逆になることもある。多電子原子の場合の軌道エネルギーの順序を簡便に知るには，図 2-7 のように軌道の記号を並べ，左下の矢印から矢印に沿って順に右上の矢印へとたどればよい。

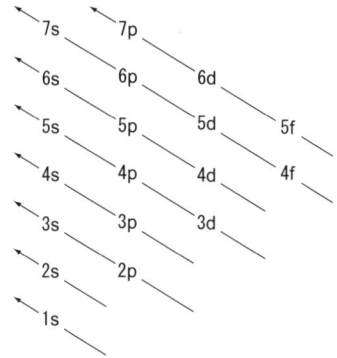

図 2-7　多電子原子の軌道エネルギーの順序

2.6　原子の電子配置

　原子やイオン（原子番号と異なる数の電子をもっている原子で，正または負の電荷をもつ）の全電子が軌道にどのように配置されているかを示したものを電子配置という．原子やイオンが基底状態（最もエネルギーが低い状態）にあるときは，その原子またはイオン中の全電子のエネルギーの和は，可能な電子配置の中で最も低い値になる．H 原子の電子数は 1 であるから，基底状態の H 原子の電子は，エネルギーが最も低い 1s 軌道を占めている．では，電子数が 2 の He 原子では 2 つ目の電子はどの軌道に入るのだろうか．

　電子配置の説明をするために重要な 3 つの規則がある．まず「1 つの原子中では，4 つの量子数（n, l, m_l, m_s）が同じ組み合わせの電子は 1 個しか存在できない」という Pauli の排他原理である．この原理によれば，3 つの量子数で規定されたある 1 つの軌道には，スピン量子数が異なる 2 つの電子が入ることができる．2 つめの規則は「複数の電子が同じエネルギー準位の複数の軌道に入るときは，まず同じスピン量子数で別々の軌道に 1 つずつ入る」という Hund の規則（最大多重度の法則）である．そのような配置の方がエネルギーが低い．さらに基底状態では，電子はエネルギーの低い軌道から順に Pauli の排他原理に従って配置される．これを構成原理とよぶ．

　Pauli の排他原理によれば，He の 2 つの電子は最もエネルギーの低い 1s 軌道に，スピンの向きを逆にして入ることができ，これが He の基底状態の電子配置である．電子配置を記号で表すには，軌道の記号を順に並べそれぞれの軌道の右肩にその軌道を占めている電子の数を記す．H の電子配置は $1s^1$ で，He は $1s^2$ である．次の Li の 3 つめの電子は 1s 軌道の次に低いエネルギーの 2s 軌道に入るから，電子配置は $1s^2 2s^1$ となる．また，軌道の記号の代わりに四角や円または線で軌道を表し，電子とそのスピンの向きを上向きと下向きの矢印で示すこともある．

　原子番号 6 の C の電子配置は $1s^2 2s^2 2p^2$ であるが，2p 軌道には同じエネルギー準位に 3 つの軌道がある．2p 軌道の 2 つの電子は，Hund の規則によって図 2-8 のように別々の 2p 軌道に同じ向きのスピンで入る．7 番元素 N の 3 個の 2p 電子も別々の軌道に入れるが，8 番元素の O では 2p 電子が 4 個あるので，これらは 3 つの 2p 軌道に図 2-8 のように入る

ことになる。スピンを逆にして1つの軌道を占めている2個の電子を電子対といい、1つの軌道に1個だけで入っている電子を不対電子という。電子は負電荷をもっているので、そのスピンによって磁場を生じる。逆スピンの電子が同じ軌道で対をつくっているとそれぞれの磁場は相殺されるが、不対電子をもっている原子や化学種は不対電子のスピンによる磁場をもつ。この性質を常磁性といい、その大きさを測って不対電子の数を知ることができる。このようにしてB原子の不対電子数は1、C原子では2、N原子では3、そしてO原子、F原子ではそれぞれ2と1であることがわかる。

元素	電子配置	電子のスピン状態
$_5$B	$1s^2 2s^2 2p^1$	↑↓ ↑↓ ↑
$_6$C	$1s^2 2s^2 2p^2$	↑↓ ↑↓ ↑ ↑
$_7$N	$1s^2 2s^2 2p^3$	↑↓ ↑↓ ↑ ↑ ↑
$_8$O	$1s^2 2s^2 2p^4$	↑↓ ↑↓ ↑↓ ↑ ↑
$_9$F	$1s^2 2s^2 2p^5$	↑↓ ↑↓ ↑↓ ↑↓ ↑
$_{10}$Ne	$1s^2 2s^2 2p^6$	↑↓ ↑↓ ↑↓ ↑↓ ↑↓

図2-8 BからNeまでの電子配置

3章の表3-1に各元素の原子の電子配置を一括して載せている。原子番号が大きい元素では、エネルギーが比較的高い軌道間のエネルギー差は小さいので、ところどころ順序の逆転が見られる。とくに、エネルギーが同じ複数の軌道に電子がちょうど半分入った配置（半充填殻構造）や全部充たされた配置（閉殻構造）は安定で、その場合に逆転が起こりやすい。

問　題

1. 原子を構成している3種の粒子をあげよ。また、原子は3種の粒子から構成されているのに、原子の種類（核種）を区別するのに原子番号と質量数だけでよいのはなぜか。
2. 1 mol の N_2 分子の質量は何グラムか。その中の N_2 分子の数はいくつか。また、その中にN原子および電子はそれぞれ何molずつ含まれているか。
3. ^{3}H や ^{14}C はそれぞれ12年および5,700年の半減期で β 崩壊している。これらの核種は崩壊後どのような核種になるのか。また、地球の歴史に比べて半減期が短いのに、地球上の炭素や水素の原子中にほぼ一定の割合で存在しているのはなぜか。
4. 原子中のそれぞれの電子の存在状態は、いくつの量子数で表すことができるか。また、それらはそれぞれ電子の存在状態の何を規定しているのか。
5. 原子の電子配置に適用される重要な規則をあげて説明せよ。また、$_1$H原子〜$_{10}$Ne原子の基底状態での電子配置を記し、これらの規則に従っていることを示せ。

3 周期律・周期表

　化学は物質をあつかう自然科学である．物質は元素から構成されているので，物質の多様性の多くは物質を構成している元素の多様性からもたらされるものであるといえる．したがって，物質の多様性や特性を理解するためには元素の特性，いいかえると元素の周期性を理解する必要がある．本章では，まず，元素の周期性——これを周期律という——について考え，次に多様な元素から成る物質群について学んでいこう．

3.1　元素の周期律

　1869年，ロシアのMendeleevは，元素を原子量の増加の順に並べると原子の性質が周期的に変化することに着目し，世界で初めて周期表を発表した．Mendeleevは，元素の周期律は原子量の順に従うということを原則として，それまで知られていた元素の原子量や原子価（あるいは酸化物の化学式）に訂正の必要があるものを指摘したばかりか，その時点で知られていなかった未発見元素11種の存在を予言し，そのうちエカアルミニウム（現在のガリウム），エカホウ素（スカンジウム），エカケイ素（ゲルマニウム）の3つについては，それらの性質まで予言した．これらの元素はいずれも15年以内に発見され，それらの元素は彼の予言した性質を示した．Mendeleevのこの予言行為は当時の化学者の化学に対する方法意識を変えたといわれる．その意味は化学の原理・原則からの推論で実験結果を予測できることを明らかにしたことであり，この点で彼の方法論は現在にも通じる優れたものである．彼の同時代にMeyerらも元素の周期性についての指摘をしたが，化学者の方法意識を変えさせるにいたっていない．Mendeleevの研究の後，Moseleyの法則，同位体の発見などにより現在の周期律と周期表が完成した．

　現在の周期表は表紙の見返しに載せてある．周期表の構成は前章の原子の電子配置の規則性から説明される．繰り返しになるがもう一度説明しよう．

　まず，1つの原子軌道は3つの量子数 n, l, m_l によって決まり，さらに電子のスピンを考慮にいれた量子数 m_s を含む4つの量子数により原子内の電子の状態は決まる．図2-8に種々の量子状態に対応する軌道と，その軌道に電子を入れることによって形成される元素の種類を示してある．ここで軌道のエネルギー準位はほぼ 1s < 2s < 2p < 3s < 3p < 4s ≦ 3d < 4p < 5s ≦ 4d < 5p < 6s < 4f ≦ 5d < 6p < 7s < 5f ≦ 6d < 7p であるので，この順序に従い，HからLrまでの電子が入っていく．

　軌道の右肩の数字は充填されている電子の数を表す．たとえば炭素の場合，$1s^2 2s^2 2p^2$ と

書き表され，1s に 2 個，2s に 2 個，2p に 2 個（ただし，2 つの 2p 軌道に 1 個ずつ）の電子がそれぞれ入っていることを示す。すべての軌道にエネルギー準位の順に電子を入れていくと表 3-1 に示される電子配置表が得られる。

元素の電子配置表は 7 つの周期に分けられるが，これは同じ最外殻電子配置が周期的に現れるためである。各周期は ns^1 をもつ元素（水素あるいはアルカリ金属元素）で始まり，$1s^2$ または ns^2np^6 を有する元素（希ガス元素）で終わる。元素の化学的性質はそれぞれの元素の最外殻電子によって決まるので，元素の化学的性質の周期性が元素の電子配置の周期性に依存しているということがよく理解できるであろう。

3.2 典型元素（s, p ブロック元素）と遷移元素（d, f ブロック元素）

次に各周期にそって電子配置表を見てみよう。

まず，第 1 周期は H と He である。前章でも述べたように，これらは 1s 準位への電子の充填で，その電子配置はそれぞれ $1s^1$, $1s^2$ である。

次に，第 2 周期は Li から Ne である。これらは 2s, 2p 軌道への電子の充填で，電子配置はそれぞれ $1s^22s^1$, $1s^22s^2$, $1s^22s^22p^1$, $1s^22s^22p^2$, ……である。

第 3 周期は Na から Ar である。これらは 3s, 3p 準位への充填で，電子配置は第 2 周期の場合と同様である。

第 4 周期は K から Kr であり，K，Ca までは 3d ではなく 4s 軌道に充填されるが，Sc からは反転して 3d 軌道に充填され，Zn で 4s, 3d 軌道がすべて充たされる。Sc から Zn までの元素は第 1 遷移元素あるいは d ブロック元素とよばれる。これらの元素は内側の 3d 軌道は異なるが，最外殻の電子配置は類似しているため化学的性質はわずかずつ変化していて同族間だけでなく前後の元素どうしもよく似ている場合が多い。**遷移元素**（d ブロック元素）以外の元素は**典型元素**あるいは s および p 軌道に電子が充填されていくという意味合いで s, p ブロック元素とよび，これらは同族間での類似性が著しい。第 4 周期は Zn の次の Ga からは 4p 軌道に電子が充填され，Kr ですべての軌道が充填される。

第 5 周期は第 4 周期の場合と同様である。Y から Cd(Ag) までは 4d 軌道が充填されるためこれらを第 2 遷移元素とよぶ。

第 6 周期では Cs, Ba とまず 6s 軌道が充填され，Ce からは 4f 軌道に電子が充填され，7 個の 4f 軌道への充填が Yb まで続く。Lu から Au までは 5d 軌道が，Tl から Rn までは 6p 軌道が充填される。La から Lu の元素はランタノイドあるいは f ブロック元素とよばれ，内側の 4f 軌道に電子が充填されていく間，外側の電子配置はよく似ているために化学的性質は非常によく似ており，相互分離が難しい。

最後に，第 7 周期は第 6 周期の場合とよく似ていて Pa から 5f 軌道が充填されていく。Ac から Lr をアクチノイドとよぶ。これも f ブロック元素であるがランタノイドの場合ほど相互の化学的類似性は高くない。Np 以降は超ウラン元素とよばれ，人工的に合成されたものである。

表 3-1 原子の電子配置

周期	原子番号	元素	K 1s	L 2s	L 2p	M 3s	M 3p	M 3d	N 4s	N 4p	N 4d	N 4f	O 5s	O 5p	O 5d	O 5f	P 6s	P 6p	P 6d	P 6f	Q 7s
1	1	H	1																		
1	2	He	2																		
2	3	Li	2	1																	
2	4	Be	2	2																	
2	5	B	2	2	1																
2	6	C	2	2	2																
2	7	N	2	2	3																
2	8	O	2	2	4																
2	9	F	2	2	5																
2	10	Ne	2	2	6																
3	11	Na	[Ne] ネオン構造 ($1s^22s^22p^6$)			1															
3	12	Mg				2															
3	13	Al				2	1														
3	14	Si				2	2														
3	15	P				2	3														
3	16	S				2	4														
3	17	Cl				2	5														
3	18	Ar	2	2	6	2	6														
4	19	K						⋯	1												
4	20	Ca						⋯	2												
4	21	Sc	[Ar] アルゴン構造 ($1s^22s^22p^63s^23p^6$)					1	2												
4	22	Ti						2	2												
4	23	V						3	2												
4	24	Cr						5	1												
4	25	Mn						5	2												
4	26	Fe						6	2												
4	27	Co						7	2												
4	28	Ni						8	2												
4	29	Cu						10	1												
4	30	Zn						10	2												
4	31	Ga						10	2	1											
4	32	Ge						10	2	2											
4	33	As						10	2	3											
4	34	Se						10	2	4											
4	35	Br						10	2	5											
4	36	Kr	2	2	6	2	6	10	2	6											
5	37	Rb							⋯	⋯			1								
5	38	Sr							⋯	⋯			2								
5	39	Y	[Kr] クリプトン構造 ($1s^22s^22p^63s^23p^63d^{10}4s^24p^6$)								1	⋯	2								
5	40	Zr									2	⋯	2								
5	41	Nb									4	⋯	1								
5	42	Mo									5	⋯	1								
5	43	Tc									6	⋯	1								
5	44	Ru									7	⋯	1								
5	45	Rh									8	⋯	1								
5	46	Pd									10	⋯									
5	47	Ag									10	⋯	1								
5	48	Cd									10	⋯	2								
5	49	In									10	⋯	2	1							
5	50	Sn									10	⋯	2	2							

第一遷移元素（dブロック元素）: 21 Sc – 30 Zn

第二遷移元素（dブロック元素）: 39 Y – 48 Cd

3　周期律・周期表

周期	原子番号	元素	K			L			M			N				O				P				Q	
			1s	2s	2p	3s	3p	3d	4s	4p	4d	4f	5s	5p	5d	5f	6s	6p	6d	6f	7s				
5	51	Sb				クリプトン構造					10	…	2	3											
	52	Te									10	…	2	4											
	53	I									10	…	2	5											
	54	Xe	2	2	6	2	6	10	2	6	10	…	2	6											
	55	Cs	2	2	6	2	6	10	2	6	10	…	2	6	…	…	1							
	56	Ba	2	2	6	2	6	10	2	6	10	…	2	6	…	…	2							
	57	La	2	2	6	2	6	10	2	6	10	…	2	6	1	…	2							
	58	Ce	2	2	6	2	6	10	2	6	10	2	2	6	…	…	2							
	59	Pr	2	2	6	2	6	10	2	6	10	3	2	6	…	…	2							
	60	Nd	2	2	6	2	6	10	2	6	10	4	2	6	…	…	2							
	61	Pm	2	2	6	2	6	10	2	6	10	5	2	6	…	…	2							
	62	Sm	2	2	6	2	6	10	2	6	10	6	2	6	…	…	2							
	63	Eu	2	2	6	2	6	10	2	6	10	7	2	6	…	…	2							
	64	Gd	2	2	6	2	6	10	2	6	10	7	2	6	1	…	2							
	65	Tb	2	2	6	2	6	10	2	6	10	9	2	6	…	…	2							
	66	Dy	2	2	6	2	6	10	2	6	10	10	2	6	…	…	2							
	67	Ho	2	2	6	2	6	10	2	6	10	11	2	6	…	…	2							
	68	Er	2	2	6	2	6	10	2	6	10	12	2	6	…	…	2							
	69	Tr	2	2	6	2	6	10	2	6	10	13	2	6	…	…	2							
	70	Yb	2	2	6	2	6	10	2	6	10	14	2	6	…	…	2							
6	71	Lu	2	2	6	2	6	10	2	6	10	14	2	6	1	…	2							
	72	Hf	2	2	6	2	6	10	2	6	10	14	2	6	2	…	2							
	73	Ta	2	2	6	2	6	10	2	6	10	14	2	6	3	…	2							
	74	W	2	2	6	2	6	10	2	6	10	14	2	6	4	…	2							
	75	Re	2	2	6	2	6	10	2	6	10	14	2	6	5	…	2							
	76	Os	2	2	6	2	6	10	2	6	10	14	2	6	6	…	2							
	77	Ir	2	2	6	2	6	10	2	6	10	14	2	6	7	…	2							
	78	Pt	2	2	6	2	6	10	2	6	10	14	2	6	9	…	1							
	79	Au	2	2	6	2	6	10	2	6	10	14	2	6	10	…	1							
	80	Hg	2	2	6	2	6	10	2	6	10	14	2	6	10	…	2							
	81	Tl	2	2	6	2	6	10	2	6	10	14	2	6	10	…	2	1						
	82	Pb	2	2	6	2	6	10	2	6	10	14	2	6	10	…	2	2						
	83	Bi	2	2	6	2	6	10	2	6	10	14	2	6	10	…	2	3						
	84	Po	2	2	6	2	6	10	2	6	10	14	2	6	10	…	2	4						
	85	At	2	2	6	2	6	10	2	6	10	14	2	6	10	…	2	5						
	86	Rn	2	2	6	2	6	10	2	6	10	14	2	6	10	…	2	6						
	87	Fr	2	2	6	2	6	10	2	6	10	14	2	6	10	…	2	6	…	…	1			
	88	Ra	2	2	6	2	6	10	2	6	10	14	2	6	10	…	2	6	…	…	2			
	89	Ac	2	2	6	2	6	10	2	6	10	14	2	6	10	…	2	6	1	…	2			
	90	Th	2	2	6	2	6	10	2	6	10	14	2	6	10	…	2	6	2	…	2			
	91	Pa	2	2	6	2	6	10	2	6	10	14	2	6	10	2	2	6	1	…	2			
	92	U	2	2	6	2	6	10	2	6	10	14	2	6	10	3	2	6	1	…	2			
	93	Np	2	2	6	2	6	10	2	6	10	14	2	6	10	5	2	6	…	…	2			
	94	Pu	2	2	6	2	6	10	2	6	10	14	2	6	10	6	2	6	…	…	2			
7	95	Am	2	2	6	2	6	10	2	6	10	14	2	6	10	7	2	6	…	…	2			
	96	Cm	2	2	6	2	6	10	2	6	10	14	2	6	10	7	2	6	1	…	1			
	97	Bk	2	2	6	2	6	10	2	6	10	14	2	6	10	8	2	6	1	…	2			
	98	Cf	2	2	6	2	6	10	2	6	10	14	2	6	10	10	2	6	…	…	2			
	99	Es	2	2	6	2	6	10	2	6	10	14	2	6	10	11	2	6	…	…	2			
	100	Fm	2	2	6	2	6	10	2	6	10	14	2	6	10	12	2	6	…	…	2			
	101	Md	2	2	6	2	6	10	2	6	10	14	2	6	10	13	2	6	…	…	2			
	102	No	2	2	6	2	6	10	2	6	10	14	2	6	10	14	2	6	…	…	2			
	103	Lr	2	2	6	2	6	10	2	6	10	14	2	6	10	14	2	6	1	…	2			

第三遷移元素（dfブロック元素）　ランタノイド（fブロック元素）

第四遷移元素（dfブロック元素）　アクチノイド（fブロック元素）

3.3 金属，非金属および半金属

図 3-1 に示すように，周期表の大部分の元素の単体は金属である。金属の物理的特性として金属光沢，大きな導電率と熱伝導率，延性（引き延ばして細線にできる性質）と展性（広げて箔にできる性質）があげられる。これらの特性はたいてい自由電子（金属内で自由に動き回っている電子）の存在にもとづいて理解できる。

族 周期	1	2	3	4	5	6	7	8	9	10	11	12	13	14	15	16	17	18
1	1 H																	2 He
2	3 Li	4 Be											5 B	6 C	7 N	8 O	9 F	10 Ne
3	11 Na	12 Mg											13 Al	14 Si	15 P	16 S	17 Cl	18 Ar
4	19 K	20 Ca	21 Sc	22 Ti	23 V	24 Cr	25 Mn	26 Fe	27 Co	28 Ni	29 Cu	30 Zn	31 Ga	32 Ge	33 As	34 Se	35 Br	36 Kr
5	37 Rb	38 Sr	39 Y	40 Zr	41 Nb	42 Mo	43 Tc	44 Ru	45 Rh	46 Pd	47 Ag	48 Cd	49 In	50 Sn	51 Sb	52 Te	53 I	54 Xe
6	55 Cs	56 Ba	57-71 *	72 Hf	73 Ta	74 W	75 Re	76 Os	77 Ir	78 Pt	79 Au	80 Hg	81 Tl	82 Pb	83 Bi	84 Po	85 At	86 Rn
7	87 Fr	88 Ra	89-103 **															

*ランタン系列	57 La	58 Ce	59 Pr	60 Nd	61 Pm	62 Sm	63 Eu	64 Gd	65 Tb	66 Dy	67 Ho	68 Er	69 Tm	70 Yb	71 Lu
**アクチニウム系列	89 Ac	90 Th	91 Pa	92 U	93 Np	94 Pu	95 Am	96 Cm	97 Bk	98 Cf	99 Es	100 Fm	101 Md	102 No	103 Lr

☐ 金属　■ 非金属　■ 半金属

図 3-1　金属，非金属，半金属元素の分類

金属表面にあたった光は，ほとんどが自由電子によって反射されるので金属表面が輝いて見え，これが金属光沢の原因である。大きな導電率と熱伝導率も電子が自由に動けることによる。延性と展性も自由電子の存在によるものである。非金属元素の単体はたたくとこわれるが，金属の場合は外力が加わって原子の配列がくずれても自由電子が常に静電気的引力を及ぼし合い，延びたり広がったりすることができる。金属は常温では固体のものが多いが，水銀は常温で液体であり，またガリウム，セシウムは 30°C 付近で液体になる。

金属でないものは非金属である。しかし，その中間に属するものがあり，これらを半金属とよぶ。周期表でホウ素とアスタチンを結ぶ斜線の左側の元素群の単体は金属であり，右側の単体は非金属である。斜線上近辺の元素群（図 3-1 のアミかけ）の単体は半金属としての性質を示すものが多い。半金属は金属と同様に温度上昇に伴って電気抵抗は増加するが，電気抵抗率は金属と較べて非常に大きい。これは金属に比べて半金属中の自由電子

の数が非常に少ないことによる。

問題

1. 次の元素の電子配置を例にならって記せ。
   例：He　$1s^2$
   　　Mg, Fe, K, Cl, S
2. Mendeleev の周期表と現代の周期表との主な相違点をあげよ。
3. 次の事項を簡単に説明せよ。
   a) 典型元素（s, p ブロック元素）　　b) 遷移元素（d, f ブロック元素）　　c) Mendeleev
   d) 半金属
4. 金属の特性（導電率，熱伝導性，金属光沢や延性）は何によるものか。

4 化学結合

　原子やイオンはなぜ結合して分子や結晶をつくるのだろうか。化学の世界では，原子と原子，あるいはイオンとイオンとの間の結合を化学結合とよんでいる。代表的な化学結合にはイオン結合，共有結合，金属結合がある。そのほかの結合として水素結合，配位結合およびファンデルワールス結合がある。本章では化学結合の本質ならびに周期表と化学結合の関連性などについて学んでいく。

4.1　イオン結合とイオン結合形成のエネルギー

　2つの原子が相互に接近して化学結合が形成されるとき，どのようなエネルギー変化が起こるのだろうか。

　イオン結合は陽イオンになりやすい原子と陰イオンになりやすい原子の間で生じる。原子が陽イオンになるために必要なエネルギーをイオン化エネルギー I という。これは基底状態にある原子 M の電子を，原子核との静電相互作用の及ばない無限遠にまで引き離すのに要するエネルギーのことである。最初の1個の電子を引き離すのに必要なエネルギーは第1イオン化エネルギー I_1 とよばれる。これを化学式で表わすと

$$M \xrightarrow{I_1} M^+ + e^-$$

　第1イオン化エネルギーは表紙の見返しにまとめてある。第1イオン化エネルギーは典型元素では周期表の上から下へと減少し，左から右へは増加する。

　次に同一周期の原子を比較してみよう。同一周期では内殻の電子配置は同一であるために，内殻電子による遮蔽効果に差がない。そのうえ同一電子殻から電子を取り除くから核電荷の違いの効果のみがイオン化エネルギーにきいてくる。したがって，周期表で右にいくほど核電荷は増加し，イオン化エネルギーは増大する。

　これに対し，同族間では最外殻電子の主量子数が大きくなるに従って，内殻電子の遮蔽効果が増加し，核電荷の影響が弱められてイオン化エネルギーが減少する。遷移元素でのイオン化エネルギーの変化は典型元素に比べると複雑である。

　原子 X が電子を受け取って陰イオンになるときに放出されるエネルギーを電子親和力 E_A という。

$$X + e^- \xrightarrow{E_A} X^-$$

電子親和力は Born-Haber サイクルから求められるが，直接的には光電子放出法，表面イオン化法，あるいは理論計算法などで求められる。

1 mol のイオン結晶をばらばらの陽イオンと陰イオンにするのに要するエネルギーを格子エネルギー U という。格子エネルギーは Born や Landé らの式によって理論的に求められる。実験的には次に示す Born-Haber サイクルから求められる。

$$\begin{array}{c} \text{Na(s)} \xrightarrow[\Delta H_s]{\text{昇華}} \text{Na(g)} \xrightarrow[I]{\text{イオン化}} \text{Na}^+(\text{g}) \\ \frac{1}{2}\text{Cl}_2(\text{g}) \xrightarrow[\frac{1}{2}D]{\text{解離}} \text{Cl(g)} \xrightarrow[E_A]{\text{イオン化}} \text{Cl}^-(\text{g}) \end{array} \xrightarrow[U]{\text{格子形成}} \text{NaCl(s)}$$

$$\xrightarrow{\text{生成}} \Delta H_f$$

NaCl の Born-Haber サイクル

このサイクルでは Hess の法則（12 章参照）から

$$\Delta H_f = U + \Delta H_s(\text{Na}) + \frac{1}{2}D(\text{Cl}_2) + I(\text{Na}) + E_A(\text{Cl})$$

が成立する。したがって，U 以外の値がわかると U が求まる。NaCl の U は，-770.9 kJ mol^{-1} となる。このようにして求めた値を完全なイオン結晶を仮定して得られる理論値と比較してみると，理論値と実測値との差が大きい結合ほど共有結合性が大きいことがわかる。

4.2 共有結合

H_2 や O_2 などの 2 原子分子や CH_4 のような有機化合物の化学結合は，イオン結合によって説明できない。これらの化合物の結合に対し，Lewis（1916 年）は原子間で電子対を共有することによって結合が形成されているという共有結合理論を提案した。現在，共有結合は量子化学を用いた理論の原子価結合法と分子軌道法で説明されている。原子価結合法で H_2 の共有結合を説明してみよう。

2 個の水素原子核をそれぞれ H_A，H_B とし，2 個の電子をそれぞれ 1，2 とする。$H_A(1)$ および $H_B(2)$ は，H_A および H_B の原子核のまわりでそれぞれ 1 および 2 の電子が動き回って原子を構成している状態を表している。このときの電子 1 および 2 の軌道は原子軌道である。水素原子どうしが近づき電子雲が重なり合い水素分子を形成すると，そのときのエネルギー状態は図 4-1 のように表せる。水素分子の軌道を表している $H_A(1):H_B(2)$ という下の(イ)の表現は，水素分子の軌道が $H_A(1)$ と $H_B(2)$ の原子軌道から構成されていることを表わしている。

$$\begin{array}{cccc} H_A(1):H_B(2) & H_A(2):H_B(1) & H_A(1,2)^-:H_B^+ & H_A^+:H_B(1,2)^- \\ (イ) & (ロ) & (ハ) & (ニ) \end{array}$$

この(イ)の状態を考慮した波動方程式の解から得られた水素分子のエネルギー変化が図 4.1 の曲線 a である。

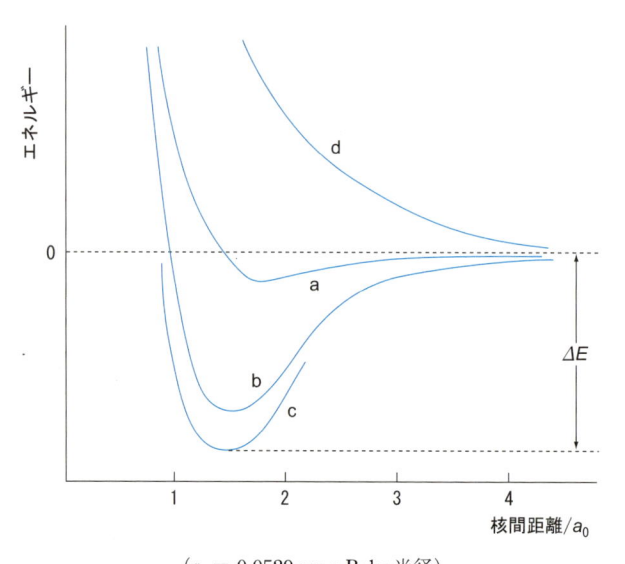

図 4-1　2 個の水素原子の相互作用によるエネルギー変化
($a_0 = 0.0529$ nm；Bohr 半径)
(乾，中原，山内，吉川，『化学』，化学同人)

　曲線 d は水素分子の 2 個の電子が同じスピン量子数をとる場合で，原子が接近するにつれて系のエネルギーは増大し，結合形成が不可能であることを示している。

　異なるスピン量子数をもった場合，ある核間距離（$1.63a_0$）で系のエネルギーが極小値をとる。これはこの核間距離で安定な結合を形成していることを意味している。

　(イ)に，(ロ)と(ハ)と(ニ)の状態も加えた場合のエネルギー変化が曲線 b である。この安定化エネルギーは 387 kJ mol^{-1} となり，実測のエネルギー変化曲線 c および結合エネルギー 432 kJ mol^{-1} に近くなる。ここで，(ハ)および(ニ)の $H_A(1, 2)^-$ と $H_B(1, 2)^-$ は，H_A および H_B に 2 つの電子が局在し，そのため H_A および H_B 原子が負のイオン性を帯びていることを示す。逆に，(ハ)および(ニ)の H_B^+ と H_A^+ は，電子が相手の原子に局在している結果，正のイオン性を帯びていることを示している。

　このように原子価結合法では分子の中でもその電子の波動関数は基本的には原子の場合と同じであると考える。そして分子内の結合の形成は各原子の最外殻電子の電子雲が重なり合い，電子を交換することによって生じるとする。交換される 2 つの電子のスピン量子数は互いに異なるものでなければならない。

　CH_4 の結合を原子価結合法で説明しよう。基底状態にある C に 272 kJ mol^{-1} のエネルギーを与えると，2s 電子の 1 個が 2p 軌道に励起されて $2s^1 2p^3$ となり，4 個の不対電子が生じる。このままの状態でこの C が 4 個の H と結合すると，2s 電子で結合した C-H 結合と 2p 電子で結合した C-H 結合とでは，その性質が異なることになる。しかし実際の CH_4 の 4 個

のC–H結合はまったく同等である。

いま，Cの1つのs軌道関数と3つのp軌道関数を線形結合させ，4つの独立で等価な軌道関数をつくってみる。この4個の軌道は空間的に正四面体の中心から各頂点に向かって広がり，互いに109.5°の角をなす。このようにしてC–H結合を形成することによって安定化するエネルギーは，Cの励起エネルギーをはるかに上回っている。したがって，CH_4のCはこの4つの軌道を用いて4つの水素原子と結合していると考えられる。

2種類以上の軌道を再編成してつくられた等価な軌道を<u>混成軌道</u>という。CH_4分子の軌道はs軌道1個とp軌道3個の混成によって生じた軌道であるので，sp^3混成軌道とよぶ。sp^3以外にも4.6節に示すようないくつかの混成軌道があり，これらを用いてさまざまな分子構造を有する化合物の化学結合を理解することができる。

以上述べたように原子価結合法は共有結合によって生成する分子の構造とその成り立ちを解釈する方法であるのに対し，次に述べる分子軌道法は分子の中で電子がどのような状態にあるかを考えていく方法である。

分子軌道法では，分子の軌道（分子軌道という）を表す関数（固有関数という）は，それぞれの原子の原子軌道を表す固有関数の線形結合で近似的に表すことができるとして分子の軌道を解析する。

例えば水素分子では，電子は分子全体を動き回っているが，下図の1の水素の原子核の近くでは1の原子核の影響を強く受けるから，その状態は1の原子軌道ψ_1で表せるとする。また，もう1つの水素（水素2）の近くでは2の原子軌道ψ_2で近似できるとする。

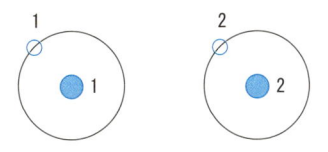

すると，水素分子中の電子の軌道関数ψは

$$\psi = C_1\psi_1 + C_2\psi_2$$

で表すことができる。この式を用いて波動方程式を解くと，水素分子では次の2つの分子軌道$\varPsi_b$，$\varPsi_a$が得られる。

$$\varPsi_b = \left(\frac{1}{\sqrt{2+2S}}\right)(\psi_1 + \psi_2)$$

$$\varPsi_a = \left(\frac{1}{\sqrt{2-2S}}\right)(\psi_1 - \psi_2)$$

上式におけるSは重なり積分とよばれ，ψ_1とψ_2の重なりの程度を表す尺度である。水素分子での1s軌道間の重なり積分の値は0.54に達する。$\varPsi_b$は原子軌道の和の形となっているが，ψ_1やψ_2よりも軌道エネルギーが低くなるので，結合が生成することによって安定化する軌道という意味で結合性軌道とよぶ。一方，$\varPsi_a$は原子軌道の差の形となり，もとの原子軌道より高い軌道エネルギーをもつので，このような状態にある電子は原子ど

うしを引き離すことによって安定な状態をとろうとする。この意味で$\varPsi_a$は反結合性軌道と名づけられている。

図4-2に水素分子中で最も安定な結合性分子軌道σ_{1s}と，それの対としてできる反結合性軌道σ_{1s}^*を，もとの原子軌道との関係を含めて示した。図からもわかるように，分子を形成することによってそれぞれの水素原子に属していた電子は，水素分子の結合性分子軌道に入ってσ_{1s}^2という電子配置をとる。

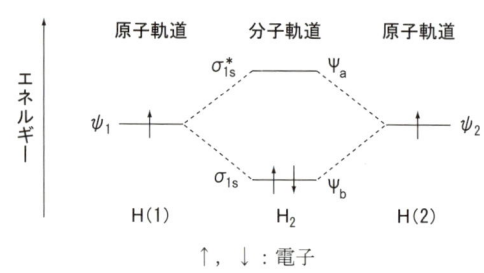

図4-2 水素分子における分子軌道

4.3 結合の極性

同種原子間の共有結合では電子は両原子核に対等に分布しているが，異種原子間のそれでは結合電子対に偏りが生じる。たとえば，H–Cl では H と Cl 原子核の電子に対する親和性に差があるため $H^{\delta+}-Cl^{\delta-}$ で示されるように，わずかに H が正電荷（δ＋）を Cl は負電荷（δ−）を帯び，いくらかイオン性を示すようになる。この電荷の偏りは分子に双極子モーメントを与える。

一般に種々の原子間の結合はいくらかのイオン性を帯びており，電子の完全な共有による共有結合的性質と電子の完全な授受によるイオン結合的性質の中間に位置する性質をもっている。

結合の極性は双極子モーメント（dipole moment）で表す。いま，δ＋ と δ−（1価のイオンがもつ電気量は 1.602×10^{-19} C（クーロン））が距離 d（nm）だけ離れているときの双極子モーメント μ は

$$\mu = \delta d$$

で与えられる。HCl が完全なイオン結合であるとすると，$d = 0.127$ nm，$\delta = 1.602 \times 10^{-19}$ C であるから

$$\mu = 1.602 \times 10^{-19} \times 0.127 \times 10^{-9} = 2.03 \times 10^{-29} \text{Cm}$$

となる。ところが実測の双極子モーメント μ_{obs} は 0.344×10^{-29} Cm であるので，$\mu_{\text{obs}}/\mu \times 100 = 17\%$ は HCl のイオン結合性の割合を表している。

4.4 電気陰性度

原子間の結合において，結合電子対がどちらの原子により多く引きつけられるかを表す

尺度として電気陰性度（electronegativity）がある。

Mulliken は電気陰性度 χ を

$$\chi = \frac{1}{2}(I + E_\mathrm{A}) \quad (I：イオン化エネルギー, E_\mathrm{A}：電子親和力)$$

と定義した。

また，Pauling も別の定義を用いて電気陰性度を求めた。Mulliken の電気陰性度の値と Pauling の値とは同じ傾向を示すので表 4-1 に Pauling の値を示す。この表から，ある化合物の結合の極性は結合している原子間の電気陰性度の差が大きいほど大きく，その結合のイオン性が強いことがわかる。

表 4-1　ポーリングの電気陰性度

Li	Be										B	C	N	O	F
1.0	1.5										2.0	2.5	3.0	3.5	4.0
Na	Mg										Al	Si	P	S	Cl
0.9	1.2										1.5	1.8	2.1	2.5	3.0
K	Ca	Sc	Ti	V	Cr	Mn	Fe	Co	Ni	Cu	Zn	Ga	Ge	As	Se	Br
0.8	1.0	1.3	1.5	1.6	1.6	1.5	1.8	1.8	1.8	1.9	1.6	1.6	1.8	2.0	2.4	2.8
Rb	Sr	Y	Zr	Nb	Mo	Tc	Ru	Rh	Pd	Ag	Cd	In	Sn	Sb	Te	I
0.8	1.0	1.2	1.4	1.6	1.8	1.9	2.2	2.2	2.2	1.9	1.7	1.7	1.8	1.9	2.1	2.5
Cs	Ba	La-Lu	Hf	Ta	W	Re	Os	Ir	Pt	Au	Hg	Tl	Pb	Bi	Po	At
0.7	0.9	1.1-1.2	1.3	1.5	1.7	1.9	2.2	2.2	2.2	2.4	1.9	1.8	1.8	1.9	2.0	2.2
Fr	Ra	Ac	Th	Pa	U	Np-No										
0.7	0.9	1.1	1.3	1.5	1.7	1.3										

4.5　ファンデルワールス力

分子が凝集して結晶となったものを分子性結晶という。分子性結晶では分子間の結合は水素結合あるいはファンデルワールス力によっている。ファンデルワールス力は，分子分極が考えられない等核 2 原子分子間にも生じる。これらの分子中では，電子は結合軸のまわりに時間平均では均一に分布しているが，瞬間的には電子分布に偏りを生じることがあり，その結果，瞬間的な電気双極子が存在する。この誘起された電気双極子によって生じる静電引力などをファンデルワールス力という。

4.6　混成軌道の種類

4.2 節では主に 2 原子分子について考えたが，次に 3 原子以上から構成される分子の構造について考える。水分子 H_2O は 2 つの H と 1 つの O からなり，下図 (a) に示す構造をもっている。ここで ∠H-O-H は 104.45° であり 90° でないことに注目しよう。H_2O は 2 個の H の半分満たされた 1s 軌道と O の 2 個の 2p 軌道が重なり合って形成される。したがって結合角 ∠H-O-H は下図 (b) に示すように 90° をなすと考えられる。しかし実際の構造では 104.45° となっている。この違いを説明するためには次に述べる混成軌道の考えかたが便利である。

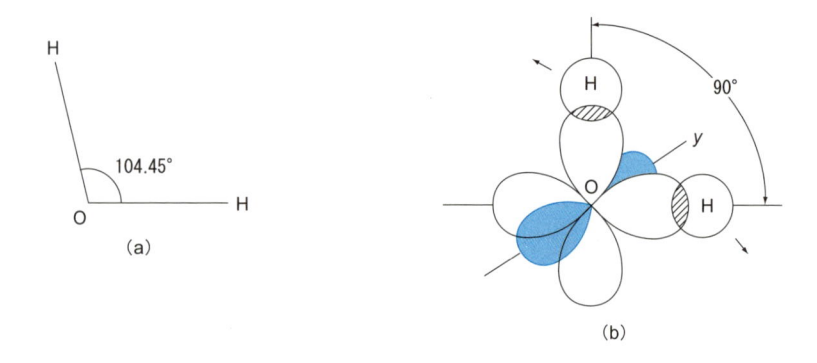

混成軌道は，1つの原子の最外殻軌道の混成によって形成され，(ⅰ)相手原子の軌道と最大の重なりをもつ，(ⅱ)結合電子対どうしの反発が最小になるような方向性をもつ，(ⅲ)等価な軌道である，などの特徴をもつ。混成軌道の波動関数は混成する原子軌道の線形結合で表される。原子軌道の種類，数によって sp, sp^2, sp^3 混成軌道などとよぶ。以下これらについて個々に見ていく。

(1) sp 混成軌道

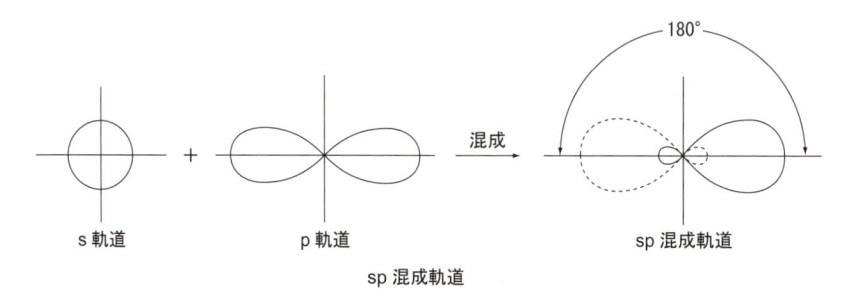

1個の s 軌道と1個の p 軌道が混成されると，互いに 180°をなす2個の sp 混成軌道を生ずる。$BeCl_2$ では，Be $1s^2 2s^2$ の 2s 電子1個が 2p 軌道に昇位される。つぎに s 軌道（この場合 2s 軌道）と p 軌道（この場合 2p 軌道）1個から2個の sp 混成軌道が形成される。最後に，このようにして生じた Be の半分満たされた2個の sp 混成軌道と2個の Cl の p 軌道とが，それぞれの側から重なって $BeCl_2$ が形成される。

(2) sp^2 混成軌道

sp^2 混成軌道は，s 軌道と2個の p 軌道から形成される3個の等価な軌道である。各軌道は同一平面内に互いに 120°をなす。正三角形の中心から各頂点に向かう方向性をもつ。この例として BCl_3 の B がある。BCl_3 は半分満たされた B の3個の sp^2 混成軌道と3個の Cl の p 軌道とが重なり合って分子軌道を形成しているものと考えられる。

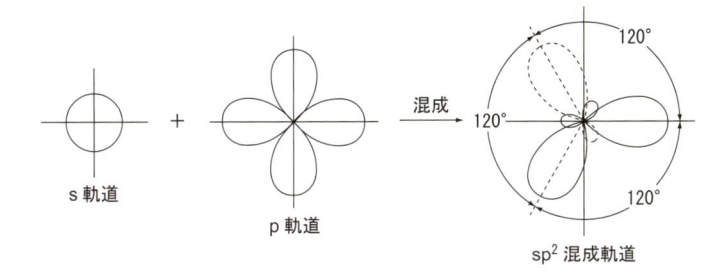

(3) sp³ 混成軌道

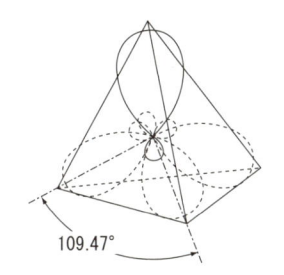

sp³ 混成軌道の例は CH_4 分子の C にみられる。炭素 C の電子配置は $1s^22s^22p^2$ であるが，CH_4 分子をつくるときは，2s 電子の 1 個が 2p に昇位して $2s^12p^3$ となり，さらに sp³ 混成軌道をつくって等価な 4 個の軌道に 1 個ずつ電子が入る。こうして半分満たされた 4 個の sp³ 混成軌道は，それぞれ正四面体の中心から各頂点に向かう方向性をもち，互いに 109.47° をなす。これに 4 個の H の s 軌道が重なり合って CH_4 分子を生じる。

H_2O の構造も sp³ 混成軌道を用いると，よりわかりやすく説明できる。O 原子の電子配置は $1s^22s^22p^4$ で 2 個の孤立電子対をもっている。2 個の 2s 軌道と 4 個の 2p 軌道から形成される sp³ 混成軌道の 2 個は孤立電子対で占められる。その結果，残りの半分満たされた 2 個の sp³ 混成軌道と 2 個の H の s 軌道が重なって H_2O 分子となる。結合角 ∠H-O-H の実測値は 104.45° であり，理論値 109.47° より狭いが，これは 2 対の孤立電子対と結合電子対の反発によると考えるとわかりやすい。

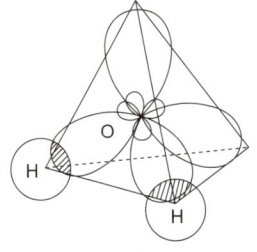

H_2O 分子

4.7 配位結合と配位化合物

配位結合とは，結合に必要な電子対が結合に関与する一方の原子からのみ供与される結合をいう。ここで電子対を供与する原子あるいは分子を電子対供与体といい，一方，電子対を受ける側を電子対受容体という。配位結合は普通，電子対受容体である金属イオン（M^{n+}）と電子対供与体である配位子（$:L^{n-}$）との間で配位子の非共有電子対を共有することによって形成される結合である。

$$M^{n+} + :L^{n-} \rightarrow M:L$$

ここで形成される結合（配位結合）は金属と配位原子の電気陰性度の違いにより，イオン性を帯びる。したがって，配位結合は共有結合とイオン結合の混じり合ったものと考えることができる。配位結合を有する化合物を配位化合物あるいは錯体とよぶ。狭い意味で錯体とよぶ場合は，上の例のように電子受容体は金属イオンである。この場合の錯体を金属錯体ともいう。

配位結合を説明する理論として原子価結合理論，結晶場理論，配位子場理論，分子軌道理論などがある。解明したい配位結合の特性に従い理論を使い分けている。ここではこれらの理論のうち，原子価結合理論と結晶場理論について見てみよう。

(1) 原子価結合理論 (valence bond theory)

Pauling が発展させた理論で，配位結合の磁性をうまく説明できる。まず，Co^{3+} は常磁性を示す。これは Co^{3+} では下図に示すように4個の不対電子を持つことで説明できる。

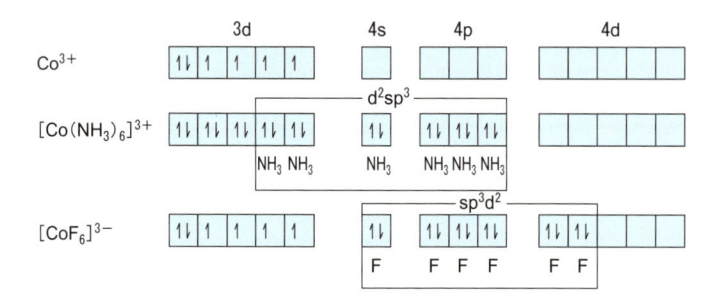

ところが $[Co(NH_3)_6]^{3+}$ は反磁性である。これは $[Co(NH_3)_6]^{3+}$ になると Co^{3+} のときの4個の不対電子を2つの対電子にして d^2sp^3 の混成軌道を形成し，不対電子をもたなくなるからである。一方，$[CoF_6]^{3-}$ が常磁性であるのは $[CoF_6]^{3-}$ では外部軌道 4d を利用して sp^3d^2 の混成軌道を形成し不対電子をもつからである。

d^2sp^3 の混成軌道のように内側の d 軌道を用いて結合を形成する錯体を内軌道錯体という。sp^3d^2 の混成軌道の場合は外側の d 軌道を用いて結合を形成しているので外軌道錯体という。

この原子価結合理論では吸収スペクトルを説明する場合困難を生じる。

(2) 結晶場理論 (crystal field theory)

この理論では金属と配位子との結合は静電的（イオン結合性）であるとする。金属として d 電子をもつものを考える。d 電子は相互作用のないガス状態の場合，図 4-3 の 5 つの軌道をとる。

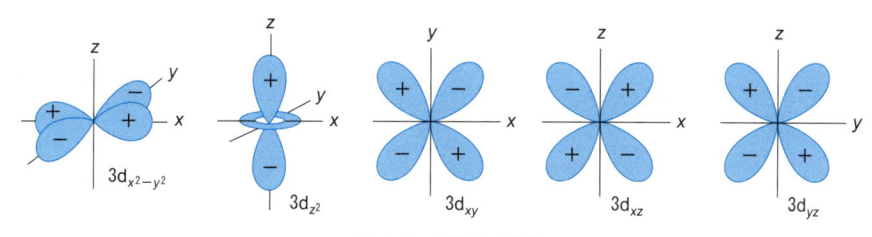

図 4-3　5 種の d 軌道

金属イオン M^{n+} を中心とする正八面体の頂点に配位子（$L^{\delta-}$）6 個が図 4-4 のように位置する場（結晶場）を考える。図 4-3 の場合，5 つの軌道はエネルギー的に同一である。これを縮重しているという。金属イオン M^{n+} が図 4-4 のように負の結晶場に置かれると電子間の反発により軌道のエネルギー準位は高くなる。とくに x, y, z 軸上に最大電子密度をもつ $d_{x^2-y^2}$, d_{z^2} 軌道（$d\gamma$ 軌道という）とは強く相互作用をし，それらの軌道エネルギー準位は高くなる。一方，x, y, z 軸間に最大電子密度をもつ d_{xy}, d_{yz}, d_{zx} 軌道（$d\varepsilon$ 軌道という）と結晶場との反発は小さく，これらの軌道エネルギー準位は低くなる。

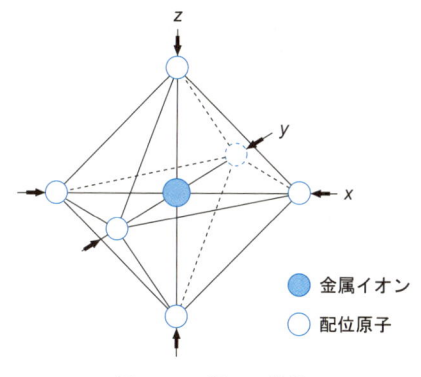

図 4-4　5 種の d 軌道

八面体錯体における軌道の分裂を図 4-5 に示す。ここで，$d\gamma$ と $d\varepsilon$ とのエネルギー差を 10 Dq で表す。$d\varepsilon$ 軌道のエネルギー準位は縮重 d 軌道の場合よりも 4 Dq だけ低い（安定化）ので，このエネルギーを結晶場安定化エネルギーという。$d\gamma$ と $d\varepsilon$ の軌道への電子の入り方は結晶場の強さにより 10 Dq がどれくらい大きくなるかによる。強い結晶場をもつ錯体は弱い結晶場をもつ錯体に比べ不対電子数が少ない。前者は低スピン錯体，後者は高スピン錯体とよばれている。金属錯体に見られる特有の色は，d 電子が光のエネルギーを吸収

してdε軌道からdγに移る（これをd-d遷移という）ことによる。d-d遷移による吸収スペクトルをd-d吸収帯という。Ti^{3+}の酸性水溶液の吸収スペクトルを図4-6に示す。Ti^{3+}はこの溶液中でアクア錯体$[Ti(H_2O)_6]^{3+}$となっている。$[Ti(H_2O)_6]^{3+}$は光を吸収してdε→dγのd-d遷移が起こり，可視部の赤と紫の部分を残して他の部分の光が吸収されるため，赤紫色に見える。

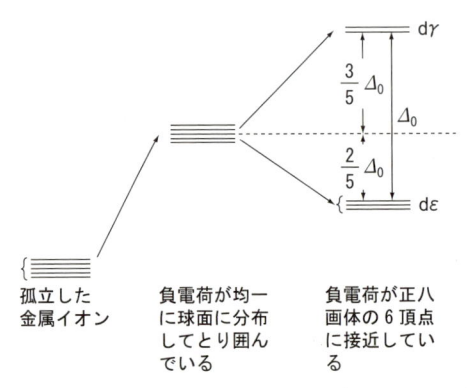

図4-5 正八面体錯体におけるd軌道の結晶場分裂

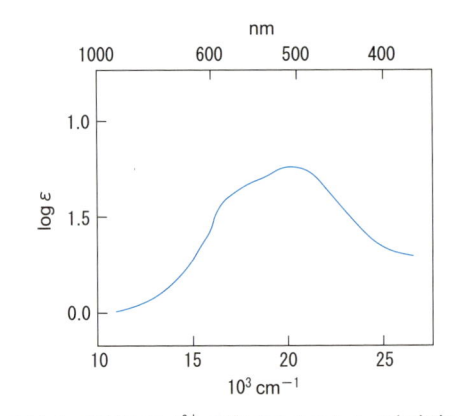

図4-6 $[Ti(H_2O)_6]^{3+}$の電子スペクトル（水溶液）

金属イオンに与える場が強い配位子ほどdγとdεのエネルギー差は大きい。このエネルギー差はd-d遷移に現れるから，したがってd-d吸収帯を測定することによって配位子をその配位子場の強さの順に並べることができる。この序列を分光化学系列（spectrochemical series）といい，次に示す。

$$CO \geqq CN^- > NO_2^- > NH_3 > H_2O > OH^- > F^- > NO_3 > Cl^-$$

問 題

1. 化合物 CaC_2 の性質を電気陰性度から説明せよ。
2. 混成軌道の種類を 3 つあげ，簡単に説明せよ。
3. アンモニア分子の ∠H–N–H はほぼ 106°である。混成軌道を用いてこの理由を解釈せよ。
4. 原子価結合理論と結晶場理論の違いについて述べよ。
5. 次の配位子を配位子場の強さの順に並べよ。

    NH_3, Cl^-, H_2O, CO

5 結晶の化学

　本章では結晶について考えてみよう。結晶は固体の1つである。非常に多数の原子，分子，あるいはイオンの凝集形態をとっているものの1つが固体である。固体を構成しているこれらの成分の秩序性の程度により固体は結晶と非晶質とに分類される。結晶としての秩序性は普通，X線回折法で評価されている。

　一般に，結晶は原子やイオン，または分子がそれぞれある定まった並び方にしたがって3次元的に規則正しく配列したものである。したがって，原子やイオン，または分子は，結晶内部の空間で規則正しく所定の位置——これを格子点という——を占めている。格子点がつくる最小の空間単位を単位格子という。単位格子の3方向の稜の長さ (a, b, c)，および稜のなす角度 (α, β, γ) を合わせて格子定数という。実際の結晶の単位格子は，表5-1に示す7つの結晶系に分類できる。

表5-1　7つの結晶系

結晶系	結晶軸	特徴を表す図形
立方（等軸）晶系 (cubic)	$a = b = c$ $\alpha = \beta = \gamma = 90°$	
正方晶形 (tetragonal)	$a = b \neq c$ $\alpha = \beta = \gamma = 90°$	
斜方晶形 (orthorhombic)	$a \neq b \neq c$ $\alpha = \beta = \gamma = 90°$	
りょう面（三方）晶系 (rhombohedral or trigonal)	$a = b = c$ $\alpha = \beta = \gamma \neq 90°$	
六方晶系 (hexagonal)	$a = b \neq c$ $\alpha = \beta = 90°$ $\gamma = 120°$	
単斜晶系 (monoclinic)	$a \neq b \neq c$ $\alpha = \gamma = 90° \neq \beta$	
三斜晶系 (triclinic)	$a \neq b \neq c$ $\alpha \neq \beta \neq \gamma \neq 90°$	

結晶にX線を照射すると，結晶内部の規則的な原子，イオン，または分子の配列によってX線はそのまま直進したり，散乱されたりする。散乱されたX線（散乱X線）がブラッグの式を満足する場合，散乱X線の振幅が強まる。この散乱X線を回折X線とよぶ。回折X線像は，実際には，結晶に固有のきわめて多数の濃淡のスポットを含むパターンとなる。これを解析することによって結晶中の各原子の座標を決定することができる。

結晶は主にイオン結晶，共有結合性結晶，分子性結晶，金属結晶の4つに分類される。表5-2にそれぞれの結晶の構造と性質の特徴を示した。

表5-2 結晶性固体の構造と性質

	イオン結晶	極性の分子結晶	非極性の分子結晶	網目構造固体	金 属
構 成 粒 子	陽イオンと陰イオン	極性分子	非極性分子	原 子	陽イオンと陰イオン
粒子間引力	静電引力	双極子間静電力	ファンデルワールス力	共有結合	金属結合
融点, 沸点	高 い	低 い	低 い	高 い	高 い
電導度 固体	低 い	低 い	低 い	高 い	高 い
電導度 液体	高 い	低 い	低 い		高 い
硬 度 な ど	硬く砕けやすい	イオン結晶より弱い	柔らかい	硬 い	展延性あり
溶 解 性	極性溶媒にとける	極性溶媒にとける	非極性溶媒にとける	溶媒にとけない	反応する溶媒以外にとけない
例	NaCl KBr $CuSO_4$	H_2O HCl C_6H_5COOH	CO_2 CH_4 CCl_4 I_2	ダイヤモンド SiC SiO_2	金 属 合 金

5.1 イオン結晶

イオン結晶の一般的性質を次にあげよう。
1) 硬くてもろい。
2) かなり高い融点をもつ。
3) 純粋なイオン結晶は動き回るイオンをもたないので電気の不良導体である。しかし，水に溶かしたり，融解するとイオンが動き回れるので電気を通すようになる。

イオン結晶では陽イオンと陰イオンが交互に規則正しく配列してイオン結合を形成し，結晶格子をつくっている。陽イオンと陰イオンのそれぞれの電場は球状に広がっているのでイオン結合には方向性がない。各イオンは反対イオンに取り囲まれており，その数を配位数という。各イオンのまわりの配位数と立体構造は，両イオンの半径比 r^+/r^- に依存する。表5-3に代表的な配位数における最小の半径比と，対応する化合物の例を示した。また，図5-1にはそれらの結晶構造を図示した。

次にいくつかの代表的なイオン結晶の構造を見てみる。

表 5-3 配位数と半径比

配位数	形	極限半径比 r^+/r^-	例	
3	三角形	0.15〜0.22		
4	正四面体	0.22〜0.41	閃亜鉛鉱	0.40
4	正方形	0.41〜0.73		
6	正八面体	0.41〜0.73	塩化ナトリウム	0.52
8	体心立方体	0.73〜1	塩化セシウム	0.93
12	最密充填	1		

(多賀・中村・吉田,『物質化学の基礎』, 三共出版)

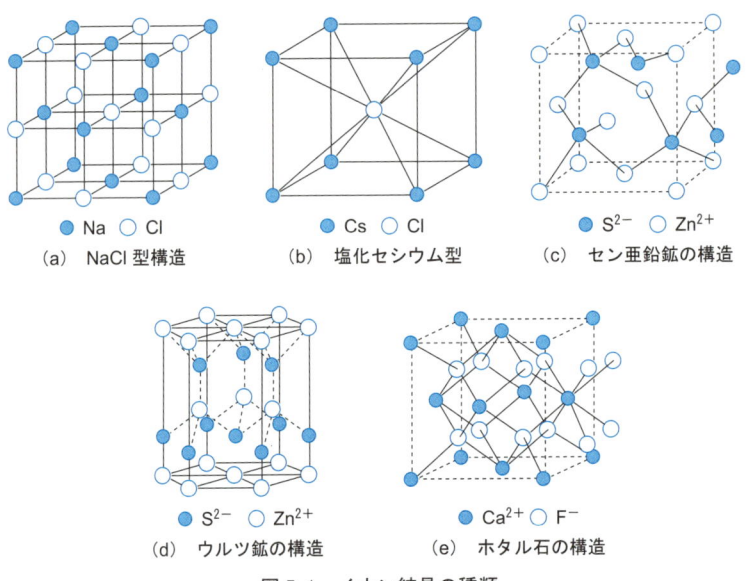

(a) NaCl 型構造 ● Na ○ Cl
(b) 塩化セシウム型 ● Cs ○ Cl
(c) セン亜鉛鉱の構造 ● S^{2-} ○ Zn^{2+}
(d) ウルツ鉱の構造 ● S^{2-} ○ Zn^{2+}
(e) ホタル石の構造 ● Ca^{2+} ○ F$^-$

図 5-1 イオン結晶の種類

(1) 塩化ナトリウム

図 5-1(a)に示した結晶構造で,塩化ナトリウム型構造の代表である。Na$^+$,Cl$^-$ はそれぞれ 6 個の相手イオンによって囲まれ,配位数は 6 である。半径比は 0.52 で配位数 6 に対する最小半径比 (0.414) を満たしている。

(2) 塩化セシウム

図 5-1(b)に示した結晶構造。0.93 の半径比をもち,最小半径比から理解されるように,配位数は Cs$^+$,Cl$^-$ それぞれについて 8 である。

(3) 硫化亜鉛

図 5-1(c),(d)に示すように硫化亜鉛 (ZnS) の結晶は 2 種類あり,それらは閃亜鉛鉱 (zinc-blende) 型 (c) とウルツ鉱 (wurtzite) 型 (d) であり,半径比は 0.40 で配位数は 4 である。

(4) フツ化カルシウム

ホタル石 (fluorite) ともいわれ,正,負イオンの比が 1:2 であるので Ca^{2+} の配位数は 8,F$^-$ の配位数は 4 である。この型をホタル石型構造(図 5-1(e))という。酸化リチウム

Li$_2$O は，逆ホタル石型構造といわれ，ホタル石型構造における正，負両イオンが逆になった型である。

5.2 金属結晶

金属結晶は自由電子をもつため次の特性を示す。

1) 結晶内の結合は強いが方向性がないので変形しやすい。これが延性，展性の原因である。
2) 結合の強さの程度によって融点，硬度はさまざまである。
3) 電気および熱の良導体である。
4) 金属光沢がある。

金属結晶の格子点は最外殻電子を失った金属原子の陽イオンで占められ，最外殻電子は特定の原子間にとどまらず，広く結晶全体を自由に動き回って陽イオンどうしを結びつけている。

各格子点を占める陽イオンを球と考えると，金属結合には方向性がないので，その詰まり方は多くの場合，最密充填（closest packing）となる。最密充填はある空間に同じ大きさの球を最も密に充填する方法で，六方最密充填（hexagonal closest packing）と立方最密充填（cubic closest packing）とがあり，いずれの場合も空間の 74% が球で満たされる。

六方最密充填を図 5-2(a) に示す。まず，ある球の周りに 6 個の球を互いに接するように並べ（これを A 層とする），次に球と球の間に生じた隙間の上に球を置いていく（これを B 層とする）。さらに B 層の球の隙間で，A 層の球の真上にある隙間に球をおく。すると，ABABAB……という繰り返しとなる。

立方最密充填を図 5-2(b) に示す。これは上記の六方最密充填において B 層の上に次の層を置く場合，六方最密充填では A 層の真上にある B 層の隙間に球を充填したが，立方最密充填では A 層の真上にない隙間に球を充填する。これを C 層と称する。C 層の上に A 層を充填すると，ABCABCABC……という繰り返しとなる。

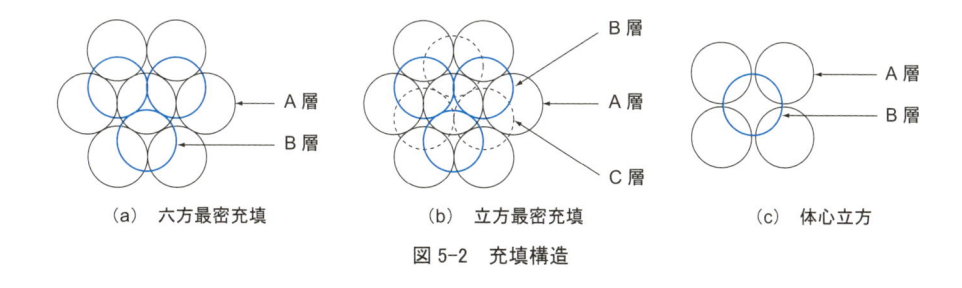

(a) 六方最密充填　　(b) 立方最密充填　　(c) 体心立方

図 5-2　充填構造

金属結晶でよく見られるもう 1 つの原子配列の様式は体心立方型（図 5-2(c)）で，これはイオン結晶における塩化セシウム型構造と同じ充填をする。この方法では空間の 68% が球で占められる。

5.3 共有結晶（共有結合性結晶）

共有結晶の一般的性質をあげよう。
1) 結合力が強いため、硬く、融点も高い。
2) 電子が局在化しているため、一般的に電気、熱の不良導体である。光をほとんど吸収しないので無色透明であるものが多い。

共有結合によって無限に結合した原子が格子点を占める結晶を共有結晶（covalent crystal）という。したがって、共有結晶は、結晶全体が1個の巨大分子であるといえる。ダイヤモンドは、共有結晶の代表的なものである（図 5-3(a)）。いずれの炭素原子も4個の炭素原子に正四面体型に囲まれ、結合距離は 154 pm で C–C 単結合のそれに等しい。一方、グラファイトはダイヤモンドの同素体であるが、その構造は図 5-3(b)に示すように、6員環が平面的に無限に融合した層状構造である。層間距離は 335 pm で、ファンデルワールス力で弱く結合している。

ダイヤモンドとグラファイトはこのような結晶構造の違いによってその性質が異なる。ダイヤモンドは非常に硬く、グラファイトは軟らかい。

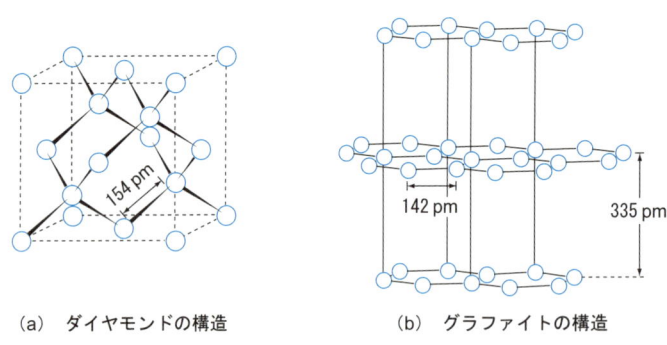

(a) ダイヤモンドの構造　　(b) グラファイトの構造

図 5-3　共有結合

5.4 分子結晶（分子性結晶）

分子結晶（molecular crystal）の特徴をあげよう。
1) 密度が低く軟らかい。
2) 結合力が弱く、融点、沸点ともに低い。
3) ほとんど電気伝導性を示さない。

分子結晶の格子点は原子によって構成されているというより、分子全体によって構成されている。結晶を構成している凝集力（この場合、分子間引力）は水素結合、双極子—双極子相互作用、あるいはファンデルワールス力による。

まず、水素結合による分子性結晶を見てみよう。氷、メタノール、フツ化水素、カルボン酸などの結晶では水素結合が結合力として働いている。図 5-4 に氷の結晶構造を示す。

水素結合は酸素やフッ素のような電気陰性度の大きい2つの原子の間に水素が介在することにより生ずる。このため結合の方向性もある。水素結合の強さは化学結合より小さいが、双極子—双極子相互作用による引力やファンデルワールス力よりも大きい。

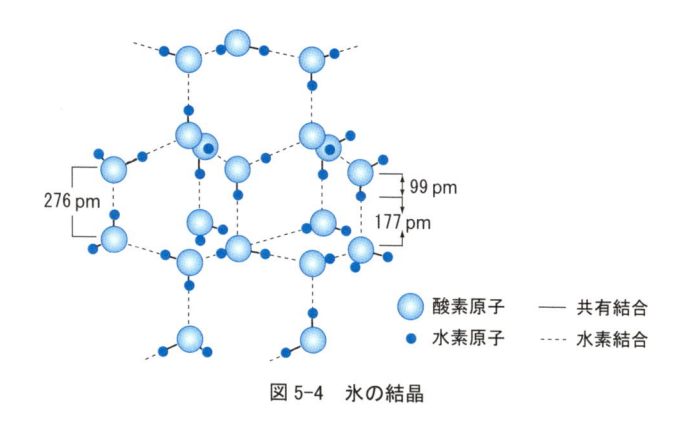

図 5-4　氷の結晶

双極子—双極子相互作用による分子間引力は、双極子モーメントを有する分子間で生じる静電的引力をいう。図5-5(a)に固体二酸化炭素の結晶構造を示す。二酸化炭素中のCO結合は炭素と酸素の電気陰性度の違いからもたらされる電荷の偏りにより、双極子モーメントをもつ。その結果、二酸化炭素分子間で、図5-5(b)に示すように、双極子—双極子相互作用による静電的引力を有することになる。

(a) 固体二酸化炭素の結晶　　(b) 二酸化炭素分子の双極子-双極子相互作用

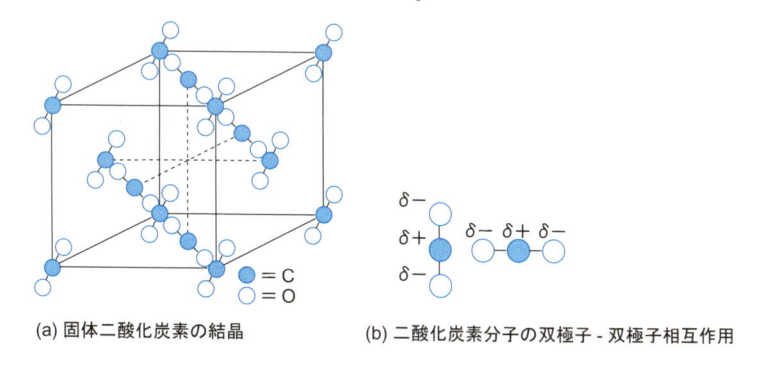

図 5-5　固体二酸化炭素の結晶

ファンデルワールス力による分子間引力とは誘起双極子—双極子相互作用によるものを指す(4.5節)。ファンデルワールス力のエネルギーは水素結合よりも弱く、約 $4~\mathrm{kJ~mol^{-1}}$ である。ファンデルワールス力は原子あるいは分子間の距離の7乗に反比例している。

5.5　半　導　体

半導体(semiconductor)について考えてみよう。半導体材料として代表的な元素はケイ素 Si およびゲルマニウム Ge である。これらの単体は純粋な結晶でもわずかながら電気

伝導性を示す。この性質から半導体とよばれる。

SiとGeは，14族元素で最外殻に4個の電子があり，共有結合を形成する。その結晶構造はダイヤモンド型をとる。これらの結晶では，その共有結合電子の一部が熱エネルギーによって励起されて自由電子となり，そのあとに正孔を残す。その結果，これらの結晶にわずかながら電気伝導性が現れてくる。

SiあるいはGeをきわめて高純度に精製した後，Al，GaあるいはInをごくわずか添加してみる。Al，GaおよびInは最外殻電子が1個少ない13族元素である。このためこれらの元素がSiやGeと共有結合を形成する際，電子が1個不足する。みかけ上，陽電荷が1個生じた状態になり，正孔にもとづく電気伝導性を生じる。このように13族元素を含むSiやGeをp型半導体という（図5-6(a)）。一方，SiやGeに15族元素であるPやAsあるいはSbを微量加えると逆に電子が過剰になり，余った電子が自由電子となって電気伝導性を与える。この型の半導体をn型半導体という（図5-6(b)）。

半導体は多くの用途があるが，その代表的な1つに整流作用がある。整流作用は，p型半導体とn型半導体とを接合させることにより生じる。

⊕ 正孔　　　　●電子
(a) p型半導体　　(b) n型半導体

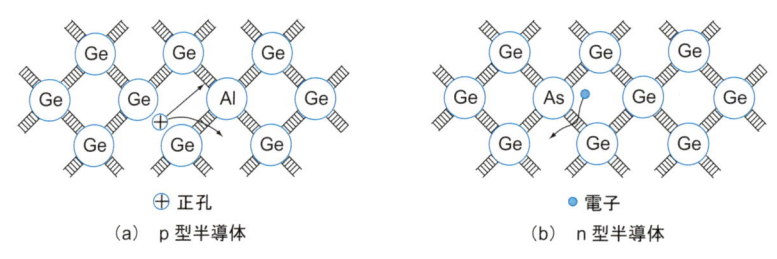

図 5-6　Ge の半導体

問　題

1. イオン結晶，金属結晶，共有結晶の特性を比較して，その特性の違いの原因を論ぜよ。
2. 金属鉄は面心立方型の構造をとっている。鉄原子を球とみなしてその金属結合半径を求めよ。ただし，鉄の密度を $7\,874\ \mathrm{kg\,m^{-3}}$，アボガドロ数を 6.02×10^{23}，鉄の原子量を 55.85 とする。
3. 同じ大きさの球を立方，および六方最密充填したとき，その球の占める体積は最密充填の仕方で異なるか。
4. 分子結晶は一般に柔らかい。分子結晶の例をあげ，この結晶の特性の理由を述べよ。
5. 半導体にはp型とn型があり，これらを接合させて整流させることができる。p型とn型半導体の違いについて述べよ。

6 典型元素（s, p ブロック元素）の化学

　周期表で，1，2族および13族から18族に位置する元素は典型元素とよばれることは3章で学んだ。典型元素の中でも1族と2族の元素は，原子の電子配置が希ガス型の内殻とs軌道電子の最外殻とからなるので，sブロック元素とよばれている。一方，13族から18族に位置する元素は，最外殻にs電子2個といくつかのp電子からなる電子配置の典型元素で，pブロック元素とよばれている。本章では典型元素の中の代表的ないくつかの元素について単体の性質，製法，所在，用途および化合物について学んでいく。

6.1 水　素

　まず，もっとも簡単な元素である水素の単体と化合物について見てみる。水素は周期表上で1族に位置し，電子配置は$1s^1$であるが，17族に位置させてもおかしくない性質をもっている。

(1) 単体とその性質および製法

　ふつうよく知られた水素は，質量数1の同位体であり，その元素記号はHである。しかし，水素には質量数2の同位体もあり，その記号はDと表される。HとDは質量の比が大きいため，それらの単体の性質の違いは他の元素の同位体間にみられるよりもかなり大きい。水素は1族のように陽イオンをつくりやすいが，その一方で17族のように単体は気体で2原子分子H_2である。表6-1に水素単体の性質としてH_2とD_2の物理的性質を示した。水素分子は無色，空気中で燃えて水を生ずる。また，酸素やハロゲン単体と爆発的に激しく反応する。分子は安定で，結合の解離エンタルピーΔHは431 kJ mol^{-1}と大きい。

　実験室ではナトリウムアマルガムやカルシウムに水を作用させるか，亜鉛に水を作用させたり，あるいは水の電気分解などで容易に得られる。

表6-1　水素単体の性質

物理的性質	H_2	D_2
融点/K	13.95	18.75
沸点/K	20.55	23.75
融解エンタルピー /kJ mol^{-1}	0.12	0.22
沸点下の蒸気圧 /kN m^{-2}	101.32	33.33

（合原，井手，栗原，『現代の無機化学』，三共出版）

工業的な水素製造法は石油や天然ガスなどの炭化水素の不完全燃焼や，水蒸気と反応させる水性ガス法などが行われている。

(2) 所在と用途

水素は宇宙における存在度が最も高い。地表では3番目に多い元素で，化学的に結合した形で地殻および大洋の原子の15％を占める。天然物，合成物を含め，他のいかなる元素よりも多くの化合物が知られている。

水素の最も大きな用途はアンモニアの製造である。また，水素は有機化学工業における水素添加反応にもよく用いられる。塩素との直接反応で製造される塩化水素は塩酸の原料であり，塩酸は化学工業における主要原料となっている。このほか金属酸化物や鉄鉱石の還元に用いられている。水素と酸素を混合燃焼させて得られる高温を利用して溶接に使われる。液体水素は，酸素とともにロケット燃料として用いられている。環境を汚さない燃料として水素燃料の実用化が研究されたり，水素の貯蔵や運搬のため金属水素化物の開発が進められている。

(3) 化 合 物

ⅰ）1族と2族元素（BeとMgは除く）は，水素よりも電気陰性度が小さい（表4-1参照）。したがって，これらの元素と水素との化合物においては，1族と2族元素は陽イオンとなり，水素は陰イオン H^- となるイオン結晶を形成する。このような水素化合物を水素化物（hydride）という。水素化物は容易に水を還元して H_2 を発生する。

ⅱ）水素は，13族のホウ素と B_nH_{n+4} と B_nH_{n+6} ($n \geq 2$) で代表される共有結合性水素化物ボラン（borane）をつくる。B_2H_6 はジボランとよばれ，沸点 180.7 K で，図6-1に示す構造をもつ。ジボランは分子中に8つの結合があるにもかかわらず，2原子のBと6原子のHの最外殻電子の合計は12個しかなく $8 \times 2 - 12 = 4$ 個の電子が不足している。このH-B-H結合は図6-2に示される3中心2電子結合で説明される。これは，2つのB原子の2つの sp^3 混成軌道と，H原子の1つのs軌道との重なりで生じる非局在化した軌道に，2個の電子が入ることにより形成される結合である。

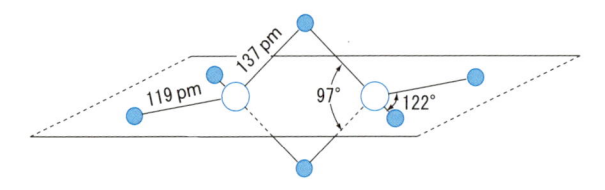

図6-1　ジボラン B_2H_6 の構造

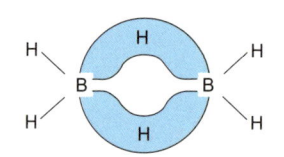

図6-2　ジボランのB-H-B結合

ⅲ）水素は，14族のケイ素と Si_nH_{2n+2} で代表される一群の飽和水素化合物シラン（silane）をつくる。SiH_4 は正四面体構造を有する。炭化水素と異なりシランは強い還元剤であり，空気中で燃え，アルカリ溶液中で容易に加水分解される。

ⅳ）水素は，15族の元素と XH_3 で表される揮発性の水素化合物をつくる。アンモニア

NH$_3$ はその例で，重要な溶媒であり，肥料の原料でもある。

v）水素は，16 族の元素と H$_2$X で表される水素化合物をつくる。5.4 節で見たように，H$_2$O は水素結合が強く，分子量が小さいわりに融点，沸点が際立って高い。

氷の構造は，図 5-4 に示すように，各 O 原子は 276 pm の距離にある 4 個の O 原子によって正四面体形に囲まれている。H 原子は O と O の間に位置し，共有結合の O–H の距離は 99 pm，水素結合の O–H の距離は 177 pm である。この O 原子の配列は隙間の多い構造であり，氷の密度の低い理由である。氷は 0℃を越える温度上昇に伴い，融解によってこの構造が壊れ，体積は減少する。4.2℃よりさらに温度が上昇すると熱振動の増大により体積が膨張する。このように水は 4.2℃で最大密度をもつ。

vi）水素は，17 族元素と HX で表される 2 原子分子（ハロゲン化水素）をつくる。HF は，結晶中で図 6-3 に示すように分極した HF の F が他の分子の H と水素結合している。水溶液中でも HF はこの構造をある程度保っていると考えられる。

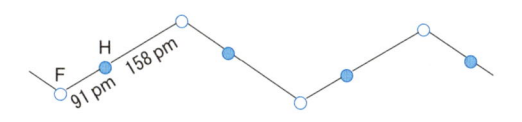

図 6-3　固体 HF 中の結合距離

6.2　酸　　素

次に酸素について見てみよう。酸素は 16 族のトップに位置する元素で電子配置は $1s^22s^22p^4$，生物体の組織・生命活動にとって非常に重要な元素である。

(1)　単体とその性質および製法

酸素単体は，沸点が低く常温常圧で 2 原子分子 O$_2$ として存在する。酸素分子は無色，無臭の気体で，常磁性，きわめて反応性に富む。分子間力は弱く，分子間の結合解離エネルギーは 496 kJ mol^{-1} で N$_2$ よりも小さい。酸素の単体には常温常圧で 3 原子分子 O$_3$ を形成するオゾンもある。このように同じ元素からなる化合物で異なる単体を同素体という。

実験室的には塩素酸カリウム KClO$_3$ や過マンガン酸カリウム KMnO$_4$ などを加熱・分解することによって得られる。また，水の電気分解によっても得られる。

$$2KClO_3 \xrightarrow{400～500℃} 2KCl + 3O_2$$
$$2KMnO_4 \xrightarrow{215～235℃} K_2MnO_4 + MnO_2 + O_2$$

工業的には空気を冷却して液体空気とし，分留を繰り返して窒素やその他の成分と分けることによって製造される。

(2)　所在と用途

酸素は，地殻の 47.4％を，大気の質量の 23％を，水圏のほとんどを占める元素である。宇宙における存在度も 3 番目である。単体の酸素は，緑色植物による光合成の結果遊離されたものがほとんどである。

酸素は鋼その他の金属の溶融，精錬，加工などで，C，P，S のような不純物を酸化除去するため，また，天然ガスの部分酸化によるアセチレン，エチレンの製造などに用いられる。熔接をおこなう際の高温を得るためや，生命の維持や治療のための酸素吸入などに必要である。

(3) 化 合 物

酸素の化合物の種類は多いが，ここでは酸化物，水酸化物，オキソ酸，ケイ酸塩について述べる。

a. 酸 化 物

酸化物には塩基性酸化物，酸性酸化物および両性酸化物がある。一般に塩基性酸化物は金属酸化物でイオン性化合物であり，O^{2-} イオンが水と反応して OH^- となるので溶液はアルカリ性を示す。

一方，酸性酸化物はおもに非金属性元素の酸化物で共有結合性化合物である。水に溶けるものは水溶液中でオキソ酸を生成して酸性を示す場合が多い。

両性酸化物は条件によって酸性酸化物の性質が現れたり，塩基性酸化物の性質が現れたりする。

ⅰ) 13 族元素の酸化物のうち，ホウ素の酸化物 B_2O_3 は共有結合性の酸性酸化物で，水と反応してホウ酸となり，融解すると多くの金属酸化物を溶かしてホウ酸塩ガラスとなる。

アルミニウムの酸化物 Al_2O_3 はアルミナともよばれる両性酸化物で，$\alpha\text{-}Al_2O_3$ と $\gamma\text{-}Al_2O_3$ の 2 つの形がある。$\alpha\text{-}Al_2O_3$ 鋼玉（コランダム）は酸化物イオンが六方最密充填し，その八面体の隙間の 2/3 に対称的にアルミニウムイオンが入った構造をしている。きわめて硬く，酸に侵されにくい。一方，$\gamma\text{-}Al_2O_3$ は含水酸化物を約 720 K の低温で脱水してつくられる。酸に溶けやすい。立方最密充填の酸化物イオンの隙間にアルミニウムイオンが入った構造をしている。

ⅱ) 14 族元素の酸化物のうち，代表的なものは炭素とケイ素の酸化物である。炭素の酸化物で重要なものは CO と CO_2 である。

一酸化炭素 CO は沸点 81.7 K の有毒な気体で，水にわずかしか溶けない。炭素の不完全燃焼で発生する。良い還元剤で高温で多くの金属酸化物を金属に還元するので工業的にも利用されている。CO は非共有電子対をもつため多くの遷移元素に配位結合し，カルボニル化合物をつくる。

二酸化炭素 CO_2 は直線型の分子で，固体はドライアイスである。ドライアイスは冷却剤として使われ，大気圧下で昇華して気体になる。水に溶けて炭酸となる。

ケイ素の酸化物は二酸化ケイ素 SiO_2 である。CO_2 は C が二重結合をつくるので分子状であるが，Si は二重結合をつくらないので，SiO_2 は無限の 3 次元構造をもつ高分子を形成する。SiO_2 の代表的な結晶は石英である。石英では Si 原子の正四面体の頂点方向に O 原子が結合しており，この O 原子は他の Si 原子とも 3 次元的に結合して巨大高分子となっている。

ⅲ）15族元素の酸化物の代表的なものは窒素とリンの酸化物である。窒素の酸化物はいくつかあり，これらを総称してNOX（ノックス）ということがある。NOXはNO_xを意味している。NOXは車の廃棄ガスなどに含まれるところから環境汚染の原因物質と考えられている。

一酸化窒素NOは沸点122 Kの無色の気体で，工業的にはアンモニアを酸化して製造する。空気を高温にしてもわずかに生成する。酸素とはただちに反応してNO_2となる。

二酸化窒素NO_2は，常温で二量体の四酸化二窒素N_2O_4と平行状態にある。NO_2は常磁性分子であるが，N_2O_4はN–N結合をもつ平面構造の反磁性分子である。H_2Oと反応すると，硝酸と一酸化窒素になる。

リンの酸化物の代表的なものは三酸化二リンと五酸化二リンである。両者は図6-4に示すようによく似た構造をしており，それぞれの分子はP_4O_6およびP_4O_{10}からできている。三酸化二リンは空気を制限してリンを燃やすと得られる。これを加水分解すると亜リン酸（ホスホン酸）H_3PO_3となる。

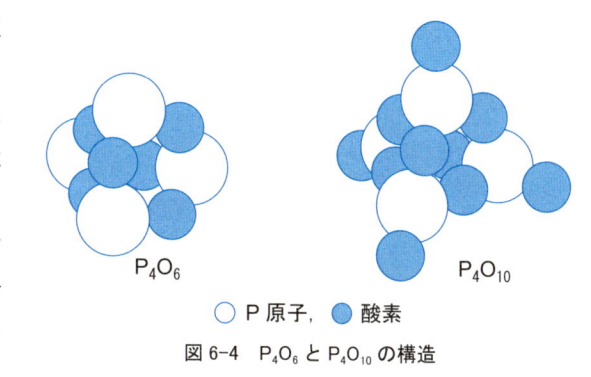

P_4O_6 P_4O_{10}
○ P 原子，● 酸素
図6-4　P_4O_6とP_4O_{10}の構造

五酸化二リンはリンを過剰の空気か酸素中で燃焼して得られる。強力な乾燥剤であり，加水分解するとオルトリン酸H_3PO_4になる。

ⅳ）16族元素の酸化物の代表的なものは硫黄Sの酸化物である。硫黄の酸化物もいくつかあり，これらを総称してSOX（ソックス）ということがある。SOXはSO_xを意味しており，窒素酸化物と並んで環境汚染の原因物質と考えられている。

硫黄の酸化物のおもなものは二酸化硫黄SO_2と三酸化硫黄SO_3である。二酸化硫黄はSを燃焼させると得られる。常温常圧で気体であり，水に溶解すると亜硫酸H_2SO_3となる。三酸化硫黄SO_3は触媒下でSO_2とO_2の直接反応で得られる。SO_3は融点335 Kの固体であるが容易に昇華する。

b. 水酸化物，オキソ酸，ケイ酸塩

ある元素AとOH$^-$との化合物$A(OH)_n$において，Aが電気陰性度の大きい非金属元素の場合，A–O結合は共有結合性を増し，O–H結合の電子分布はO側にかたよる。そのため水溶液中ではH$^+$がH_3O^+を形成して解離する傾向を生じる。こうして，非金属の水酸化物は極性溶媒中で酸として働くことが多く，これをオキソ酸（oxo acid）という。表6-2にオキソ酸の例を示す。オキソ酸でも$HClO_4$，H_2SO_4，HNO_3などは強酸であるが，その他の多くは弱酸である。また多価の酸では第2，第3の解離は進みにくい。

表 6-2 オキソ酸の例

13, 14	15	16	17
H_3BO_3 ホウ酸	HNO_2 亜硝酸	$H_2S_2O_3$ チオ硫酸	$HClO$ 次亜塩素酸
H_2CO_3 炭酸	H_3PO_3 亜リン酸	H_2SO_3 亜硫酸	$HClO_2$ 亜塩素酸
	H_3AsO_3 亜ヒ酸	H_2SeO_3 亜セレン酸	$HClO_3$ 塩素酸
	HNO_3 硝酸	H_2SO_4 硫酸	$HBrO_3$ 臭素酸
	H_3PO_4 オルトリン酸 （リン酸）	H_2SeO_4 セレン酸	HIO_3 ヨウ素酸
酸として遊離できないものも，酸の形で記載した。	H_3AsO_4 ヒ酸	H_2TeO_4 テルル酸	$HClO_4$ 過塩素酸
	$H_4P_2O_7$ 二リン酸	$H_2S_2O_7$ 二硫酸	HIO_4 過ヨウ素酸

　地殻の大部分はケイ酸塩とアルミノケイ酸塩である。ケイ酸塩は，四面体構造の SiO_4^{4-} イオンやこれが O を共有して縮合したポリ酸イオンと陽イオンとの塩である。Si-O 結合は前述のように基本的には共有結合であるが，かなりのイオン性をもっている。アルミノケイ酸塩は，ケイ酸イオンやポリケイ酸イオンの Si の一部が Al で置換されたものである。ケイ酸塩をその陰イオンの形で分類すると図 6-5 に示すようになる。オルトケイ酸塩は陰イオンとして独立の $(SiO_4)^{4-}$ 四面体を含み，陽イオンはこの四面体の O 原子によって配位されている。ケイ酸亜鉛鉱 Zn_2SiO_4 や苦土かんらん石 Mg_2SiO_4 が代表例である。

$(SiO_4)^{4-}$　　　　$(Si_4O_{11})_n^{6n-}$

$(Si_2O_7)^{6-}$　$(Si_3O_9)^{6-}$

$(SiO_3)_n^{2n-}$　　　　$(Si_2O_5)_n^{2n-}$

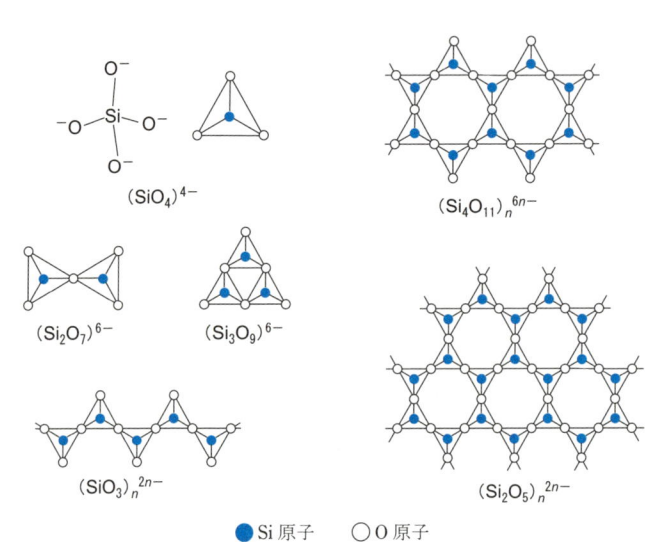

●Si 原子　○O 原子
図 6-5　ケイ酸塩の陰イオンの構造

ニケイ酸塩は2個の四面体が1個のO原子を共有した形の$(Si_2O_7)^{6-}$イオンの塩である。環状ケイ酸塩は各四面体が2個のO原子を共有して環状構造となったイオン$(SiO_3)_n^{2n-}$の塩である。珪灰石$Ca_3(Si_3O_9)$ ($n = 3$),緑柱石$Be_3Al_2(Si_6O_{18})$ ($n = 6$) は代表例である。

鎖状ケイ酸塩は各四面体が2個のO原子を共有して鎖状につながった構造をもつイオンの塩である。$(SiO_3)_n^{2n-}$イオンをもつものは輝石類で,例は頑火輝石$MgSiO_3$がある。

二重鎖イオンである$(Si_4O_{11})_n^{6n-}$をもつ例としては角閃石がある。板状ケイ酸塩は各四面体が3個のO原子を共有すると$(Si_2O_5)_n^{2n-}$で表される2次元シート状の陰イオンとなる。

板状ケイ酸塩は,この2次元シートが金属イオンによって静電的に重ねられた形の塩である。各層間の力はSi-O結合の力よりも弱いので,この鉱物は薄いシートに劈開される。滑石(タルク)や雲母などが例である。

3次元ケイ酸塩は各四面体の4個のO原子がすべて他の四面体と共有されると3次元格子が形成されて,酸化ケイ素$(SiO_2)_n$となる。SiO_2中のSi^{4+}がAl^{3+}によって置換されると,電気的中性を保つため他の金属イオンが格子中に加わる。こうして長石や沸石となる。長石類は重要な造岩鉱物で,正長石$KAlSi_3O_8$や曹長石$NaAlSi_3O_8$などがある。沸石類は水やイオン,分子を取り込むことができる小さな空隙をもつ構造をしている。

6.3 アルカリ金属とアルカリ土類金属

典型元素の中でも1族と2族の元素は,他の族の元素よりも電気陰性度が小さく,単体はすべて金属である。

6.3.1 アルカリ金属

アルカリ金属は1族元素で,外殻電子配置はns^1と表せる。ここではリチウムLi,ナトリウムNa,カリウムKについて見てみよう。

(1) 単体とその性質および製法

1族元素は最外殻にs電子が1個という電子配置なので第1イオン化エネルギーは非常に低く,一方,原子半径はそれぞれの周期の中で最も大きい。

1族元素の単体はいずれも金属であるが,結合に使われる電子が原子あたり1個しかないので結合力はやや弱い。そのため,軟らかく,低密度で融点も低い。結晶構造は体心立方充填構造である。

1族金属は電気的に陽性が高く,ほとんどの他の元素単体と直接反応する。リチウムとナトリウムは水と激しく反応して水素を発生する。それよりも原子番号の大きいアルカリ金属と水との反応は爆発的である。

金属単体は通常,そのハロゲン化物,またはこれと他の金属のハロゲン化物との混合塩を融解電解して得られる。

(2) 所在と用途

地殻中の存在度はナトリウムは6番目,カリウムは7番目である。海水中にナトリウム

イオン Na^+ として多量に溶けている。生体内では，植物ではカリウムの方が多いが，動物ではナトリウムの方が多く含まれる。

金属リチウムは電池の負極として利用されている。$Li \rightarrow Li^+ + e^-$ の電極反応の標準電極電位は $-3.045\,V$ で金属中で最も低く，リチウム負極を用いると高い電圧の電池ができる。

かつてはかなりの量のナトリウムがアンチノック剤の四エチル鉛（または四メチル鉛）の製造にあてられていた。四エチル鉛は，塩化エチルに Na–Pb 合金を高圧で反応させて製造する。ナトリウムは，チタンやジルコニウムの塩化物を還元してそれらの単体をつくるのにも多量に用いられている。ナトリウム蒸気を含む放電ランプは特有の橙黄色を発光し，自動車道路用ランプとして使われている。

(3) 化 合 物

1族の金属を大気圧下で燃焼させると，リチウムは酸化物 Li_2O のみを生じる。燃焼条件によってはナトリウムは過酸化物 Na_2O_2 となり，カリウム，ルビジウム，セシウムは超酸化物 MO_2 にもなる。17族ハロゲン元素は電気陰性度が大きいので，1族元素のハロゲン化物はイオン結合性の結晶となる。

6.3.2 アルカリ土類金属

アルカリ土類金属は2族元素で，その外殻電子配置は ns^2 と表せる。ここではベリリウム Be，マグネシウム Mg，カルシウム Ca について見てみよう。

(1) 単体とその性質および製法

この族の元素はアルカリ金属元素の次に電気的陽性である。単体は金属であり，ベリリウムを除くと，2価の陽イオンとしてイオン性化合物をつくる。この族の元素単体もベリリウム以外は化学的に活発な金属である。1族金属よりも硬く，融点，沸点もやや高い。

ベリリウムはアルミニウムと似ていて化合物は共有結合性である。きわめて硬く，融点，沸点も非常に高い。ベリリウム以外，単体は空気中で速やかに酸化され，常温の水とは徐々に，熱水とは激しく反応する。

ベリリウムは，緑柱石 $Al_2Be_3(Si_6O_{18})$ を Na_2SiF_6 と培焼（融解しない程度の温度であぶり焼く）し，可溶性の BeF_2 を水で抽出し，pH 12 で水酸化物を沈殿させて得る。

マグネシウムは，MgO，MgO・CaO をケイ素鉄で加熱還元し，生成した Mg を蒸留して得られる。

$$MgO \cdot CaO + FeSi \longrightarrow Mg + Ca,\ Fe\ のケイ酸塩$$

カルシウムの単体は塩化カルシウムの融解電解によってつくられる。

(2) 所在と用途

地殻におけるベリリウムの存在度は低いが，緑柱石などの鉱物として産する。

マグネシウムの地殻における存在度は7番目に多く，不溶性の炭酸塩，硫酸塩，ケイ酸塩などとして存在する。植物界では葉緑素中にマグネシウムのポルフィリン錯体として含まれる。

カルシウムは地殻中で5番目に多く，金属元素のうちではアルミニウム，鉄についで3番目に多い元素である。海洋生物の化石化などにより炭酸カルシウムの堆積物の形で，海底や地表に広く存在する。

ベリリウムは低密度でしかも軽い原子核をもっているので，高速中性子の減速剤として使われる。また，電子数が少ないので単位厚さ当たりのX線吸収率が低く，X線発生管の窓として使われている。

マグネシウムは重要な構造材であり，また合金材料として使われている。

カルシウム金属は，還元剤として，トリウム，ウラン，ジルコニウムなどの金属を製造するのに用いられる。アルミニウム-ベアリング金属の合金剤，鉛の硬化剤，融解鉄の脱硫，脱リン剤などとしても用いられる。

(3) 化 合 物

2族の代表的化合物には酸化物，ハロゲン化物と炭酸塩がある。

ⅰ) 2族の酸化物のうち，ベリリウムの酸化物 BeO のみ共有結合性でウルツ鉱型構造であり，他の元素の酸化物はイオン性の塩化ナトリウム型構造である。BeO は水に不溶であるが両性酸化物であって，酸にもアルカリにも溶解する。

MgO は水と反応して難溶性の水酸化物となる弱塩基性酸化物である。その他の酸化物は水と反応して水酸化物となる。

ⅱ) 2族のハロゲン化物のうち，ハロゲン化ベリリウムのみ共有結合性で，融点は低く，電気伝導性も持たない。他の元素のハロゲン化物はイオン結合性である。フッ化物は水に難溶性であるが，他のハロゲン化物は容易に水に溶ける。フッ化カルシウム CaF_2 はホタル石として産する。冶金の融剤として用いられ，また，透明な結晶は紫外線や赤外線を良く透過するので光学材料に用いられる。塩化カルシウム $CaCl_2$ は，吸湿性ですぐに水和物をつくるので乾燥剤として使われている。

ⅲ) 2族の炭酸塩のうち，炭酸マグネシウムは，天然に菱苦土石として産する。炭酸マグネシウムは，ふつう，マグネシウム塩の溶液に炭酸アルカリを加えて生じる白色沈澱を指すが，この組成は $2MgCO_3 \cdot Mg(OH)_2 \cdot 3H_2O$ に近い。これは制酸剤，緩下剤，はみがき粉などに用いる。

炭酸カルシウム $CaCO_3$ は，天然に大理石や石灰岩として産する。大理石は建築用材料として知られている。炭酸カルシウムは，重要な工業用化学品であり，石灰や消石灰製造に不可欠である。また，上質の紙の製造に用いられる。ゴムや，ペイント，エナメル，プラスチックの添加物，制酸剤，はみがき粉，チューインガム，化粧品などの成分として広く用いられる。

6.4 ハロゲン族と硫黄族

6.4.1 ハロゲン族

ハロゲン族は17族元素で，その外殻電子配置は ns^2np^5 と表せる。

(1) 単体とその性質および製法

この族の元素の単体はいずれも単結合による2原子分子である。融点と沸点はいずれも低く，原子番号の増加するにつれて高くなる。いずれも有色である。ハロゲン元素はきわめて反応性に富む。電気陰性度は周期表の順に変化するが，フッ素はとびぬけて電気陰性度が高い。

フッ素分子 F_2 は黄色の気体であり，塩素分子 Cl_2 は常温で淡緑色気体である。臭素分子 Br_2 は室温で重い暗赤色の液体で水に溶ける。ヨウ素分子 I_2 はわずかに金属光沢のある黒紫色固体として存在し，大気圧下で融解せず昇華する。蒸気は紫色である。ハロゲン族単体はいずれも反応性に富み，他のほとんどの元素と直接化合する。

F_2 は約100℃で溶融 $KF \cdot 2HF$ を電気分解して製造する。Cl_2 は食塩水または溶融塩化ナトリウムの電気分解で製造される。Br_2 は海水を硫酸で酸性にして塩素を通じ，臭化物イオンを酸化して製造する。I_2 は I^- イオンを多く含む鹹水（濃い塩類水溶液）に $Cu(Ⅱ)$ 塩を作用させると遊離してくる。

(2) 所在と用途

いずれも海水中にイオンとして豊富に存在する。地殻における存在量も多い。含フッ素鉱物としてはホタル石 CaF_2 がよく知られている。塩素は地殻に塩化物としてかなり豊富に存在する。岩塩 $NaCl$，カリ岩塩 KCl などとして産する。海水には約1.9重量％の塩化物イオンが含まれている。ヨウ素は天然には遊離の形では存在せず，ヨウ化物，ヨウ素酸塩などとして存在する。海水中の存在量は約 $50\,\mu g/L$，海藻灰中の存在量は約0.5％である。

フッ素は耐熱性，耐薬品性のある樹脂として知られるテフロンを構成する元素である。また，フロンガス CCl_2F_2 を構成する元素でもある。フロンガスは，冷蔵庫の冷媒や各種スプレーの噴霧剤として広く用いられているが，オゾン層を破壊することが判明し，現在では用いられていない。

塩素は，実験室では塩酸に過マンガン酸カリウムなどの酸化剤を作用させて得る。

$$2KMnO_4 + 16HCl \longrightarrow 2MnCl_2 + 2KCl + 5Cl_2 + 8H_2O$$

工業的には食塩水あるいは食塩の溶融塩を電解して得ている。

二臭化エチレン $BrH_2C \cdot CH_2Br$ は，農業用の殺虫剤として用いられたが，発がん性が認められ，使用禁止になっている。臭素単体は酸化剤，薫蒸剤，殺菌剤に用いられる。

ヨウ素は医薬品，防腐剤として利用されている。ヨードチンキは医療用消毒剤である。ヨードチンキは $1000\,ml$ 中にヨウ素 $60\,g$，ヨウ化カリウム $40\,g$ を含む70％エタノール溶液である。ヨウ化銀は高感度写真乳剤に含まれている。

(3) 化合物

フッ化水素 HF は，ホタル石と硫酸を加熱して得られる。無色発煙性の気体で，水に溶けてフッ化水素酸となる。この酸はきわめて腐食性に富む。

塩化水素 HCl は無色刺激臭，反応性のある気体であり，水によく溶けて塩酸となる。塩素の酸化物には，一酸化塩素 Cl_2O，二酸化塩素 ClO_2，六酸化二塩素 Cl_2O_6，七酸化二塩

素 Cl_2O_7 などがある。いずれも不安定で爆発性がある。酸素酸としては，次亜塩素酸 HClO，亜塩素酸 $HClO_2$，塩素酸 $HClO_3$，過塩素酸 $HClO_4$ がある。

臭化水素 HBr は，無色発煙性，刺激臭のある気体で，水によく溶け，強酸性を示す。臭素酸 $HBrO_3$ は強力な酸化剤である。臭化銀 AgBr は，淡黄色粉末で，光にあたると銀を遊離し，暗色から黒色へと変化する感光性があるので，写真感光材料として用いられている。

ヨウ化水素 HI は無色発煙性気体で，水によく溶け，ヨウ化水素酸となる。ヨウ化水素酸は強酸である。酸化ヨウ素 I_2O_5 は酸化剤であり，水によく溶けヨウ素酸 HIO_3 となる。HIO_3 は無色結晶で，水によく溶け強い酸となる。

6.4.2 硫黄族

硫黄族は16族元素で，その外殻電子配置は ns^2np^4 と表せる。代表的元素は硫黄とセレンである。

(1) 単体とその性質および製法

硫黄にはいくつかの同素体がある。室温で安定な斜方硫黄と95.5℃以上で安定な単斜硫黄は，いずれも王冠形の S_8 環状分子を含んでいる（図6-6）。溶融した硫黄を加熱すると，159℃以上で急速に褐色となり，粘度が増す。約200℃からは温度上昇とともに再び粘度が低下し，444.6℃で沸騰する。

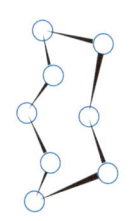

図6-6　S_8 環状分子の構造

セレンも多くの同素体が知られている。主なものは，金属セレン，無定形セレン，単斜セレンである。

硫黄はアメリカの石油地帯では地下に過熱水蒸気を吹き込み，熱水に溶解して取り出している。石油の精製における脱硫操作で多量に得られる。

金属セレンは灰色セレンとよばれ，他の同素体を熱すると得られ，ラセン状の構造をとる。無定形セレンは，融解セレンを急冷すると得られる黒色ガラス状物質である。

(2) 所在と用途

天然に単体，H_2S，SO_2，黄鉄鉱などの硫化物，セッコウなどの硫酸塩として広く存在する。生物体中では含硫黄アミノ酸として重要な役割を担っている。海水中にも硫酸塩として含まれる。

セレンは存在量はきわめて少なく，おもに硫黄や硫化物に伴って産出する。

硫黄はゴムの加硫に用いられるほか，硫酸，二硫化炭素などの工業薬品原料などとして重要である。また，医薬品，農薬，染料などの製造原料としても重要である。

金属セレンは半導体で，光伝導性がある。無定形セレンも光伝導性があり，乾式コピーに利用されている。このほかセレンは合金の材料，顔料の材料，増感剤としての用途がある。

(3) 化 合 物

硫黄は酸化物として，S_2O，SO_2，SO_3 が知られている（6.2節参照）。H_2S は火山ガス中に存在し，また，含硫黄タンパク質の腐敗によっても発生する。水に溶け，弱い酸性を示す。還元剤として働く。金属硫化物は，金属イオンの水溶液に硫化水素を通じて沈澱させる。酸性溶液からは Ag_2S（黒褐色），HgS（黒，赤），PbS（黒），CuS（黒褐色）などとして沈澱する。アルカリ性溶液からは Al_2S_3（黄色），FeS（淡褐色），Fe_2S_3（黒）などとして沈澱する。

セレン化水素 H_2Se は無色，悪臭のある有毒気体で水に溶けて酸になる。

6.5 窒 素 族

窒素族は15族元素で，その外殻電子配置は ns^2np^3 と表せる。代表的な元素は窒素 N，リン P である。

(1) 単体とその性質および製法

窒素は常温常圧で二原子分子であり，沸点の低い（77.4 K）気体である。N_2 の窒素原子間の結合は三重結合で，結合解離エネルギーが大きい。このため N_2 は常温で化学的反応性は小さく，化合物をつくるにはアンモニアの合成にみられるように触媒が必要である。

リンは554 K で蒸気になり，その分子 P_4 は正四面体構造をもつ。これを冷やすと白リン（黄リンともいう）となり，気体と同じ P_4 分子からなる。これを高圧下で熱して得られる黒リン結晶は，図6-7に示す構造をもつ。白リンを400℃に加熱すると赤リンが得られる。白リンの化学的反応性はきわめて高く，空気中で燃焼するので水中で保存する。赤リンと黒リンは空気中で安定である。

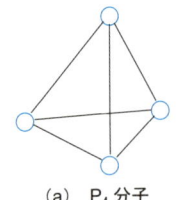

(a) P_4 分子
（正四面体）

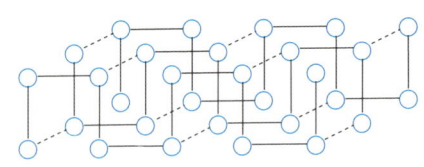

(b) 黒リン結晶
（P—P 217 pm, P--P 220 pm）

図 6-7　リン単体の構造

窒素は工業的には液体空気の分留で製造されている。リンは，リン酸塩鉱石を電気炉中でコークス（炭素）とシリカ（二酸化ケイ素）で還元し，生じた気体を急冷して白リンと

する。これを加熱して赤リンをつくる。

$$2Ca(PO_4)_2 + 6SiO_2 + 10C \longrightarrow P_4 + 6CaSiO_3 + 10CO$$

(2) 所在と用途

窒素は大気中に体積で78％含まれている。主要な鉱物としては，硝石 KNO_3 とチリ硝石 $NaNO_3$ がある。大気圏と生物圏の間のたえまない交換は「窒素サイクル」とよばれている。根粒菌，放射菌などによって大気中の窒素は固定化される。植物は動物によって食べられ，窒素はタンパク質などに変えられる。次に動植物中の窒素は腐敗などによって分解され，アミドやアンモニアになる。硝化細菌はアンモニアを亜硝酸に，脱窒素細菌は嫌気性条件下で硝酸を窒素に変える。このようにして窒素は大気―水圏―地表圏を循環する。

地殻中ではリンはリン酸塩として存在する。リン酸塩鉱物として重要なものはリン灰石（apatite）$3Ca_3(PO_4)_2 \cdot CaX_2$ (X = F, Cl, OH) である。陸地から河川をへて海に流れたリン化合物の一部は植物プランクトンに取り込まれ，それらの死とともに海底に沈積する。生体中には重要なリン化合物が多い。遺伝現象で重要な役割を果たす核酸やアデノシン三リン酸などがそれである。

窒素は不活性気体としての用途のほかに，液体窒素は冷却用に用いられている。また，Haber 法によるアンモニア合成の原料として用いられている。

リンは医薬・農薬の原料，マッチの側薬などに使われている。シリコン半導体のドープ用にも使われる。リン酸その他の化合物としても用いられ，リン酸一アンモニウム $NH_4H_2PO_4$ やリン酸二アンモニウム $(NH_4)_2HPO_4$ はリン酸肥料として重要である。Na_3PO_4 は金属表面の浄化剤として使われる。$CaHPO_4$ は練り歯磨き中の研磨剤である。

(3) 化 合 物

窒素の水素化物はアンモニアである。また，窒素酸化物ならびにそれらの酸についてもすでに学んだ(6.1節参照)。窒化カルシウム Ca_3N_2 は水と反応してアンモニアを生成する。重金属のアジ化物（AgN_3 など）は衝撃または加熱により激しく爆発する。

リンのハロゲン化物のうち三塩化リン PCl_3 は，置換反応を受けやすく，多くの有機リン化合物の出発物質である。

6.6 ホウ素族と炭素族

6.6.1 ホ ウ 素 族

ホウ素族は13族元素で外殻電子配置は ns^2np^1 と表せる。代表的元素はホウ素 B とアルミニウム Al である。

(1) 単体とその性質および製法

ホウ素の単体には3つの同素体がある。基本的な構造は図6-8に示すような正二十面体の頂点に12個のホウ素の原子核が位置する。ホウ素の最外殻電子は3個であるので，この同素体の結合力は $3 \times 12 = 36$ 個の電子の共有によっていると考えられる。結晶ホウ素は化学的にきわめて不活性である。

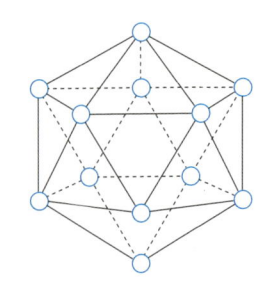

図 6-8 ホウ素単体の基本構造

13族元素はアルミニウムから下の元素は金属性を示す。アルミニウム単体は軽くて強い金属であり，金属特有の最密充填構造をもつ。空気中で速やかに酸化されるが，表面に硬くて緻密な Al_2O_3 の被膜をつくるので，それ以上は腐食されない。この酸化被膜は通常数十 nm 程度の薄いものである。

ホウ素は，三塩化ホウ素または三臭化ホウ素と水素とを電熱フィラメント上で気相還元することによってつくられる。

アルミニウムの製造は，ボーキサイトを水酸化ナトリウム水溶液に溶解し，この溶液に CO_2 を通じて中和し，水酸化アルミニウムを再沈殿させて精製する。これを加熱すると酸化アルミニウム（アルミナ）Al_2O_3 が得られる。アルミナに氷晶石（Na_3AlF_6）とホタル石（CaF_2）を加えて融点を下げ，グラファイトでうちばりした鉄のタンクを陰極とし，グラファイトの陽極を用いて約950℃で電気分解すると得られる。

(2) 所在と用途

地殻中の存在度は低い。ホウ砂 $Na_2B_4O_7 \cdot 10H_2O$ は主要なホウ酸塩鉱物であり，電気石 $NaMg_3Al_6(BO_3)_3Si_6O_{18}(OH)_4$ は主要なホウケイ酸塩鉱物である。

アルミニウムは地殻に最も多く含まれている金属元素であるが，鉱物としてはボーキサイト（酸化水酸化アルミニウム鉱物 $Al_2O_3 \cdot nH_2O$）がある。

ホウ素は低密度，高硬度，高融点であるため，航空機やスペースシャトルなどの構造材料として使用される。ホウ素繊維は引っ張り強度に優れている。

アルミニウム単体金属および合金は，低密度，耐蝕性，強度および高い電気伝導度（重量当たり銅の2倍の伝導性）を利用した用途が広くある。建築材料としては外観がよい，化粧ができる，気候の変化に耐える，加工性がよい，などで優れている。自動車の部品，航空機，船，鉄道車両にもこれらの特徴により用いられている。また，これらの特徴に加えて無毒である特性により，なべや容器などの家庭用品としても用いられている。また，ホイル，缶，絞り出しチューブなどの包装用品としても用いられている。

(3) 化 合 物

金属ホウ化物は一般に硬く，化学的に不活発で，不揮発性，耐火性に優れ，融点や電気伝導度は金属のみより高い。TiB_2 では，電気伝導度が金属チタンの5倍に達する。TiB_2 などのホウ化物はタービン翼，ロケットのノズルなどに用いられる。炭化ホウ素 B_4C は

研磨剤，ブレーキやクラッチなどに使われる。

アルミニウムのおもな化合物としては6.2節で学んだ酸化物があげられる。硫酸アルミニウム $Al_2(SO_4)_3 \cdot 18H_2O$ とミョウバン $KAl(SO_4)_2 \cdot 12H_2O$ は水の清澄剤として使われる。テトラヒドリドアルミン酸リチウム $LiAlH_4$ は $AlCl_3$ と LiH をエーテル中で作用させてできる固体であり，還元剤や水素化剤として重用される。

6.6.2 炭 素 族

炭素族は14族の元素で，その外殻電子配置は ns^2np^2 である。代表的元素は炭素 C，ケイ素 Si，ゲルマニウム Ge である。

(1) 単体とその性質および製法

14族の単体は共有結合で非常に多くの原子が結合している巨大分子である（5.3節参照）。炭素の単体にはダイヤモンドとグラファイト（石墨，黒鉛）があり，その構造は図5-3 に示した。

ダイヤモンドの構造は，各炭素原子とも4つの他の炭素原子に 154 pm の距離で取り囲まれた巨大分子で，各原子の結合軸は正四面体の頂点方向に向いており，sp^3 混成軌道によって結合している（図 5-3(a)）。

グラファイトは図 5-3(b) に示すように層状構造をしている。同一面内の原子核間距離 142 pm はダイヤモンドの原子間距離よりも短く，sp^2 混成軌道による σ 結合と非局在化した π 結合による 1.33 次結合に相当する。この非局在化している π 電子がグラファイトの電気伝導性の原因である。一方，層間の原子間距離は 335 pm と長く，主として分散力による比較的弱い結合である。このため層と層はすべりやすく，軟らかい。熱力学的には常温常圧ではグラファイトの方がダイヤモンドより安定である。化学的反応性はダイヤモンドの方がずっと低いが，ダイヤモンドを空気中で約 600℃ に熱すると燃焼する。

ケイ素とゲルマニウムの単体は，共有結合で非常に多くの原子が結合している巨大分子である。これらはいずれもダイヤモンド型の構造をとる。いずれも典型的な半導体としての性質を示す。

ダイヤモンドはグラファイトを高温高圧下（約 3 000 K, 1.3×10^5 atm 以上）で転換させて製造するが，触媒を用いると数万気圧で転換させられる。グラファイトはコークスなどの粉末を練り固め 3 000℃ で焼いて製造する。

ケイ素の単体は，二酸化ケイ素（ケイ石，ケイ砂）を炭素（コークス）と 1 600～1 800℃ に加熱，還元して得る。半導体用の高純度のものをつくるには，まず塩素を直接作用させて塩化物に変えて蒸留精製し，これを水素で還元して再び単体に変え，帯溶融法（zone melting）によって精製する。

ゲルマニウムは，閃亜鉛鉱などの製錬の際に発生する煙灰中に含まれている。これを原料にして最終的に酸化物として得る。これを水素還元すると単体が得られる。

(2) 所在と用途

炭素は単体としても化合物としても広く産出する。単体はグラファイト，化合物は炭酸

塩が主であり，このほか石炭，石油中に含まれる。大気中に二酸化炭素 CO_2 として存在する。

ケイ素は地球表面近くでは酸素についで多く存在する元素である（27.7 重量％）。ケイ素鉱物については 6.2 節で述べた。

ゲルマニウムを主成分とする鉱物はきわめて少ない。閃亜鉛鉱などの硫化物中に濃縮されて存在する。

ダイヤモンドは工業的には硬さを利用して工具や研磨剤などに多量に用いられている。グラファイトは電気伝導性があり，化学薬品に侵されにくく，軟らかいので電極，化学装置，潤滑剤などに用いられる。

ケイ素単体の用途は，アルミニウムとの合金用，鉄との合金（ケイ素鉄）用，シリコン樹脂などの有機化合物の合成原料などのほか，高純度のケイ素は半導体材料として用いられる。

ゲルマニウムは，トランジスター，ホトダイオードとして半導体工業で利用されている。赤外線を吸収しないので，赤外線用の窓，プリズムなどに用いられる。

(3) 化 合 物

炭素族の化合物として主なものは水素化物と酸化物，およびハロゲン化物である（6.1-3 節参照）。その他のおもな化合物として次のものがある。

炭素は窒素とシアン CN を形成する。ジシアン $(CN)_2$ は無色の気体で猛毒である。シアン化水素 HCN は無色の液体できわめて猛毒である。水に溶け弱酸性を示す。この溶液を青酸という。シアン化カリウム（青酸カリ）KCN は無色，水によく溶け，アルカリ性を示す。

6.7 希 ガ ス

希ガスは 18 族元素で，その外殻電子配置は ns^2np^6 である。おもな元素はヘリウム He, ネオン Ne，アルゴン Ar である。

(1) 単体とその性質及び製法

単体はすべて単原子分子である。イオン化エネルギーが高く電子親和力がゼロのきわめて安定な電子構造をもつ。したがって，他原子との反応性はきわめて低く，単体はすべて沸点の低い気体の単原子分子である。表 6-3 に単体の性質をまとめた。表にみられるように

表 6-3 希ガスの性質

	He	Ne	Ar	Kr	Xe	Rn
融点/K	1.05*	24.55	83.75	116.55	161.65	202.15
沸点/K	4.17	27.15	87.75	120.25	166.05	208.17
(イオン化エネルギー) kJ mol^{-1}	2 372	2 080	1 521	1 351	1 170	1 037
原子半径/pm	93	112	154	169	190	195

*2.533 MPa における値

（相原，井手，栗原，『現代の無機化学』，三共出版）

融点も沸点も非常に低い。これは原子間の相互作用が弱いためである。特にヘリウムの沸点はすべての物質中で最も低い。

空気を液化して得る。ヘリウムはヘリウムを含む天然ガスを液化して取り出す。

(2) 所在と用途

大気中の微量元素として存在する。ヘリウムは天然ガス中に含まれることがある。

ヘリウムは気球のガスに用いられる。超伝導磁石などを用いる装置で極低温を必要とするとき，液体ヘリウムを利用する。ネオンは，真空中で低電圧放電を行うと鮮やかな赤色の発光をするのでネオン灯（ネオンサイン）に用いられている。アルゴンは高温のフィラメントを不活性雰囲気に保つので白熱電球やけい光灯などの充填ガスとして広く用いられている。

(3) 化合物

アルゴン以上の希ガス元素は包接化合物（clathrate）とよばれる化合物を形成する。アルゴンはヒドロキノン $1,4,-C_6H_4(OH)_2$ と図6-9に示す包接化合物を形成する。この化合物はヒドロキノンが水素結合で結び付いた大きな網目構造の中に，アルゴンが捕えられたもので $3C_6H_4(OH)_2 \cdot Ar$ と書くことができる。アルゴンはファンデルワールス力によって捕えられている。

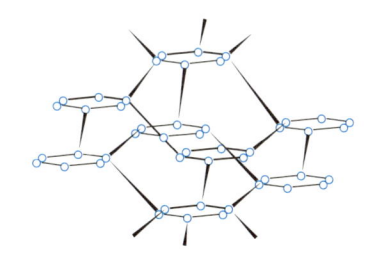

図6-9 クラスレート化合物
○はヒドロキノンの酸素原子を示している。ヒドロキノン分子は水素結合で六角形をつくっている。ヒドロキノンの C_6 の骨格は書いてない。
（馬場久夫編，『元素の事典』，朝倉書店より）

問　題

1. 水は硫化水素やセレン化水素に比較して沸点が異常に高い。これはいかなる理由によるものか。
2. 次の物質の分子式を書き，常温での状態（固体，液体，気体）を示せ。
　　ジボラン，ジシラン
3. つぎの酸からオキソ酸をあげよ。また，選んだオキソ酸の特性を示せ。
　　HCl, H_2SO_4, $HClO$, HBr, HNO_3
4. 雲母は板状の結晶である。この理由を述べよ。
5. 窒素サイクルとは何か。
6. ダイヤモンドとグラファイトの違いを結晶構造から述べよ。

7 遷移元素(d, fブロック元素)の化学

　最外殻の d 軌道に電子が存在し，$(n-1)d^{1\sim10}ns^{0\sim2}$ の電子配置で表わされる 3 族から 12 族までの一連の元素群を d-ブロック元素とよび，f 軌道に電子が満たされていく一連の元素群を f-ブロック元素とよぶ。そして，これら金属元素群をあわせて遷移元素とよぶ。ただし，厳密な定義（d 軌道が不完全に満たされた元素）では，12 族元素（Zn, Cd, Hg）は遷移金属元素とは認められないが，本章ではこれらを含めて遷移元素と定義する。さらに，第 4〜6 周期の遷移元素をそれぞれ，第一，第二，第三遷移元素とよぶ。また，Ce から Lu までの f ブロック元素と La をあわせてランタノイド（Lanthanoids），Th から Lr までの f ブロック元素と Ac をあわせてアクチノイド（Actinoids）とよぶ。これら遷移元素の特徴は金属錯体を形成することである。この章では，まず，金属錯体について見てみよう。

7.1　錯体の構造

　金属原子または金属イオンを中心として配位子（ligand）とよばれる各種の原子，イオン，原子団が結合してできる分子または多原子イオンを金属錯体（metal complex），あるいは略して錯体とよぶ。金属錯体には $[Ni(NH_3)_6]^{2+}$ のような錯イオンのほか，金属カルボニル $Ni(CO)_4$ やメタロセン $Fe(C_5H_5)_2$ などの有機金属化合物も含んでいる。金属錯体は，ふつう，配位結合をもつため配位化合物（coordination compound）とよぶこともある。

7.1.1　錯体化学の言葉

　中心金属と結合する電子供与体である配位子には，H_2O や NH_3 のような中性分子や，CN^- や Cl^- のような陰イオンもある。これらは 1 箇所で中心金属に配位結合していることから，単座配位子という。エチレンジアミン en は，図 7-1 に示すように 2 箇所で中心金属に配位結合しており，二座配位子という。2 箇所以上で配位結合する配位子を多座配位子という。このように，配位子が配位する場所を配位座という。表 7-1 に配位子の例を示す。金属と多座配位子との金属錯体をキレートともよび，このときこの配位子をキレート剤とよぶ。

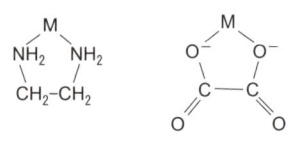

図 7-1　二座配位子

表 7-1 配位子の例

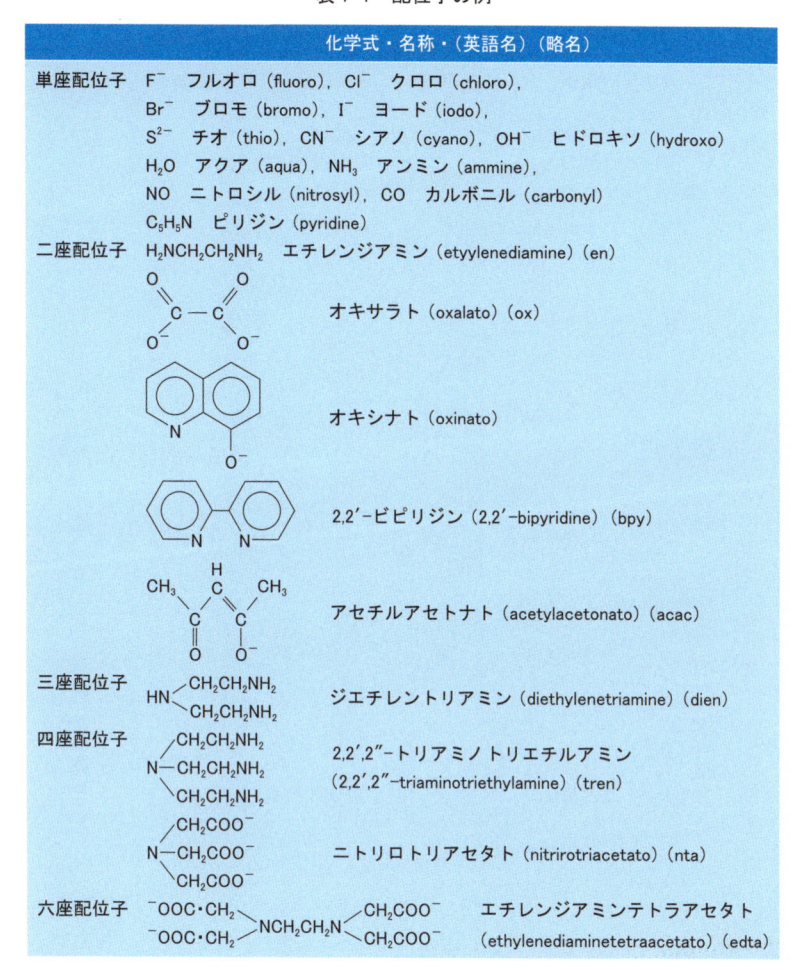

化学式・名称・(英語名) (略名)
単座配位子　F⁻ フルオロ (fluoro), Cl⁻ クロロ (chloro), Br⁻ ブロモ (bromo), I⁻ ヨード (iodo), S²⁻ チオ (thio), CN⁻ シアノ (cyano), OH⁻ ヒドロキソ (hydroxo) H_2O アクア (aqua), NH_3 アンミン (ammine), NO ニトロシル (nitrosyl), CO カルボニル (carbonyl) C_5H_5N ピリジン (pyridine)
二座配位子　$H_2NCH_2CH_2NH_2$ エチレンジアミン (etyylenediamine) (en)
オキサラト (oxalato) (ox)
オキシナト (oxinato)
2,2′-ビピリジン (2,2′-bipyridine) (bpy)
アセチルアセトナト (acetylacetonato) (acac)
三座配位子　ジエチレントリアミン (diethylenetriamine) (dien)
四座配位子　2,2′,2″-トリアミノトリエチルアミン (2,2′,2″-triaminotriethylamine) (tren)
ニトリロトリアセタト (nitrirotriacetato) (nta)
六座配位子　エチレンジアミンテトラアセタト (ethylenediaminetetraacetato) (edta)

　ある1個の中心金属イオンに直接結合している配位原子の数を，その金属イオンの配位数という。定まった配位数を1つしかもたない金属イオンもあれば，いくつかの配位数をもつ金属イオンもある。

　中心金属イオンが1個の金属錯体を単核錯体というが，配位子が2個の金属イオンと結合している錯体は二核錯体という。二核以上の錯体は多核錯体という。さらに，金属イオンと配位子が無限に連なった高分子状の錯体を配位高分子という。

7.1.2　錯体の立体構造

　配位数と中心金属イオンおよび配位原子の立体配置にはさまざまなタイプがある。中心イオンがdブロック元素の場合には，6配位正八面体型錯体と4配位平面型錯体が，また，fブロック元素の場合は7以上の配位数の錯体が多い。

　配位数4の錯体の場合は，平面型と正四面体型が，配位数6の場合は，正八面体型以外に，三角柱型のものもある。表7-2に配位数と立体配置の例をまとめてある。

表 7-2 立体構造

配位数	立体構造	例
2	直線	$[CuCl_2]^-$, $[Ag(CN)_2]^-$
3	三角形	$[HgI_3]^-$
4	正四面体	$[FeCl_4]^-$, $[Zn(CN)_4]^{2-}$
4	正方形	$[AuCl_4]^-$, $[PtCl_4]^{2-}$
5	三方両錐	$[Fe(CO)_5]$, $[CuI(bpy)_2]^+$
5	四角錐	$[SbF_5]^{2-}$, $[VO(H_2O)_4]^{2+}$
6	正八面体	$[Ni(en)_3]^{2+}$, $[Co(NH_3)_6]^{3+}$
6	三角柱	$[Re(S_2(S_2C_2Ph_2)_3]$

7.1.3 異性体

金属錯体ではさまざまな異性体があるが，ここでは正八面体型錯体を中心に幾何異性と光学異性について見てみよう。

(1) 幾何異性（geometrical isomerism）

正八面体型錯体の6個のうちいくつかが異なる配位子の場合には，それらの配位子の相対的な配置により異性体が生ずる。これを幾何異性体といい，例を図7-2に示す。

6個の配位子のうち2個が異なる場合，トランス（*trans*）とシス（*cis*）の異性体が存在する。平面型錯体においてもこれら異性体が存在する。トランス体は，2個の配位子が互いに向い側に配置するものであり，シス体はそれらが互いに隣接する配位座を占めるものである。一方，四面体型錯体では，このような幾何異性体は存在しない。

異なる配位子が3個ずつ配位した場合には，フェイシャル（fac）とメリディオナル（mer）の異性体が存在する。前者は3個の同じ配位子の立体的な関係が，すべて互いにシスであるのに対して，後者では，一対がトランスの関係にある。

図 7-2　幾何異性体の例

(2) 光学異性 (optical isomerism)

光学異性体は光学活性を示す。光学活性とは平面偏光の偏光面を回転させる性質（これを旋光性という）のことである。1個の金属イオンのまわりに3個の二座配位子が配位した場合，光学異性体が生ずる。これら異性体は，Δ 型，Λ 型で区別される（図 7-3）。図の右（Λ 型）と左（Δ 型）の錯体は，左右の間に鏡を立てたときの実像と虚像の関係になっている。2個の二座配位子がシスにキレート配位した場合も同様に光学活性を示す。

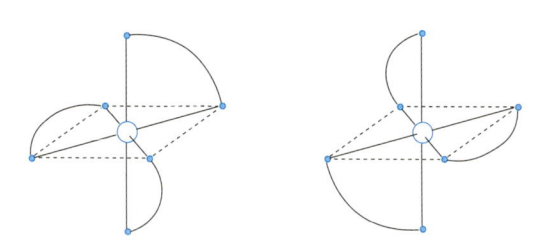

図 7-3　$M(L\text{-}L)_3$ 型光学異性体
(L-L は二座配位子を表す)

7.1.4　錯体の安定度

中心イオン M と単座配位子 L とが溶液中で $[ML_N]$ 型の錯体を生成する場合の安定度を考えてみよう。ここで，M，L の電荷および溶媒和を省略すると，次の N 個の平衡式が考えられる。

$$M + L \underset{}{\overset{K_1}{\rightleftharpoons}} ML \qquad K_1 = \frac{[ML]}{[M][L]}$$

$$\mathrm{ML} + \mathrm{L} \underset{}{\overset{K_2}{\rightleftharpoons}} \mathrm{ML}_2 \qquad K_2 = \frac{[\mathrm{ML}_2]}{[\mathrm{M}][\mathrm{L}]}$$

$$\vdots$$

$$\mathrm{ML}_{N-1} + \mathrm{L} \underset{}{\overset{K_N}{\rightleftharpoons}} \mathrm{ML}_N \qquad K_N = \frac{[\mathrm{ML}_N]}{[\mathrm{M}_{N-1}][\mathrm{L}]}$$

ここで，K_i は ML_{i-1} と L から ML_i が形成される反応の平衡定数である。一方，M と L から ML_N が形成される反応の全体としての平衡反応および平衡定数は次のように書ける。

$$\mathrm{M} + N\mathrm{L} \underset{}{\overset{\beta_N}{\rightleftharpoons}} \mathrm{ML}_N \qquad \beta_N = \frac{[\mathrm{ML}_N]}{[\mathrm{ML}][\mathrm{L}]^N}$$

反応全体としての平衡定数 β_N は，各段階の平衡定数 K_i と次式のように関係づけられる。

$$\beta_N = K_1 \cdot K_2 \cdots K_N = \prod_{i=1}^{i=N} K_i$$

平衡定数が大きいほど溶液中の錯体の濃度は高く，錯体ができやすいことになる。言い換えれば，その錯体は溶液中でより安定に存在することになる。この意味で錯体生成の平衡定数を安定度定数とよび，とくに K_i を逐次安定度定数，β_N を全安定度定数という。

第一遷移金属の 2 価イオンの間では，ある 1 つの配位子について K_i を比較すると次の関係がある。

$$\mathrm{Mn} < \mathrm{Fe} < \mathrm{Co} < \mathrm{Ni} < \mathrm{Cu} > \mathrm{Zn}$$

これはアービング・ウィリアムズ (Irving-Williams) の系列とよばれている。

7.1.5 錯体の反応

金属錯体の示す反応には，構造や酸化数の多様性を反映して様々のタイプのものがある。金属錯体の反応を，中心金属の酸化数の変化を伴うものとそうでないものに分けて考えると，酸化数が変わらないもので最も重要なものは配位子置換反応である。さらに，幾何異性体間の異性化反応，光学異性体間のラセミ化反応などもよく見られる。一方，酸化数の変化を伴うものは，酸化還元反応である。遷移金属元素の特徴の 1 つは，複数の酸化数をとることであるが，酸化還元反応はこの特徴を生かした反応として極めて重要である。ここでは，置換反応と酸化還元反応について見てみよう。

(1) 置換反応

配位子 X が Y に置換されるとき，解離していく配位子 X の解離が先に起こり，配位数が 1 つ減少した中間体を生ずる場合と，進入してくる配位子 Y が結合して配位数の 1 つ多い中間体を生ずる場合が考えられる。前者を D 機構 (dissociative mechanism)，後者を A 機構 (associative mechanism) とよぶ。これらはそれぞれ，有機化学反応における S_N1 機構と S_N2 機構に相当する。

D 機構

$$[\mathrm{ML}_5\mathrm{X}] \longrightarrow [\mathrm{ML}_5] + \mathrm{X}$$
$$[\mathrm{ML}_5] + \mathrm{Y} \longrightarrow [\mathrm{ML}_5\mathrm{Y}]$$

A 機構

$$[ML_5X] + Y \longrightarrow [ML_5XY] \longrightarrow [ML_5Y] + X$$

(2) 酸化還元反応

酸化還元反応では，還元剤から酸化剤に電子が移動する。錯体1が錯体2を酸化する場合を見てみる。図7-4に示すように反応機構により外圏反応と内圏反応とがある。ここで使われている「圏」とは配位圏のことであり，金属錯体の配位子までを含む領域をさす。外圏型反応では，酸化される錯体，還元される錯体のいずれの配位圏にも変化のないまま，電子が還元剤から酸化剤に移動する。一方，内圏反応では，酸化還元過程で配位子により橋架けされた多核錯体が生成し，電子移動が起こる。

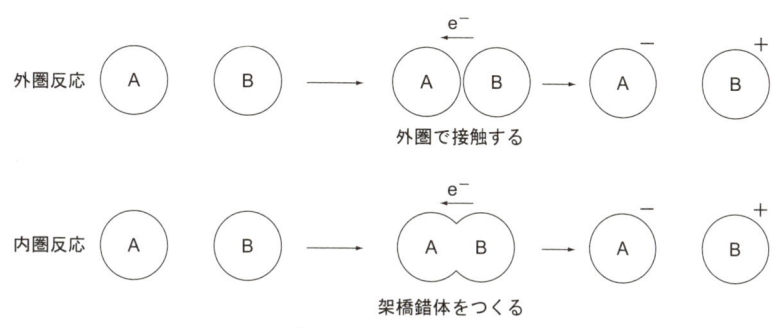

図 7-4　錯体間電子移動反応の2つの例

7.1.6　磁気的性質

物質に磁場をかけたとき，磁場から離れようとする物質を反磁性体，磁場に引き込まれようとする物質を常磁性体という。常磁性は，外部磁場と錯体中の不対電子との相互作用で生じる。常磁性は数値として磁気モーメント μ で表され，その単位は B.M.（ボーアマグネトン）である。金属錯体では，最外殻のdあるいはf軌道の電子数に関係して，常磁性である場合が多い。

Fe(II) や Co(III) イオンの磁気モーメント (μ) の実測値は 4.26〜5.70 B.M. である。μ は不対電子の数を n とすれば

$$\mu \approx \sqrt{n(n+2)}$$

と計算できる。Fe(II) や Co(III) イオンの不対電子数は4であるから，この式より，計算値は $\mu = 4.90$ B.M. と求められる。

7.2　有機金属化合物

有機金属化合物とは，金属原子と炭素との間に直接結合のある化合物をいう。有機金属化合物は，ふつう，有機溶媒によく溶け，空気中で酸化されやすく，湿気で分解されやすい。有機金属化合物は，有機合成のための試薬，中間体として有用であり，また，それ自身種々の目的に用いられている。

例えば，Grignard 試薬（R：アルキルまたはアリル基，X：Br または I）は，図 7-5 に示す 4 配位四面体構造である。この試薬は他の有機金属化合物の合成などに利用されている。

気体の一酸化炭素と金属粉末との直接反応により，有機金属化合物の一種である金属カルボニルが合成される。例を図 7-6 に示す。

図 7-5　Grignard 試薬の構造

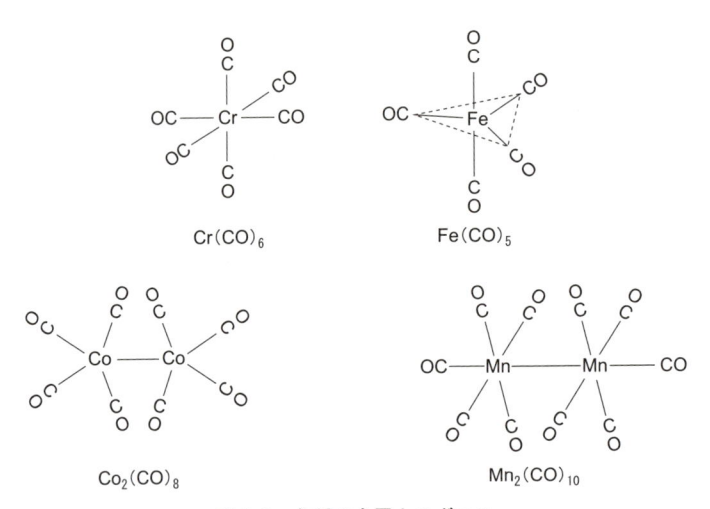

図 7-6　各種の金属カルボニル

7.3　d 遷移元素

d 遷移元素は，電子配置や原子半径が似ているので，これらの元素ならびに化合物の性質も似ている場合が多い。d 遷移元素の特徴としては，前節に述べた磁気的性質や 4.7 節

表 7-3　遷移元素の酸化数

(Ⅰ)	酸化数	(Ⅱ)	酸化数	(Ⅲ)	酸化数
Sc	2 3	Y	3	La	3
Ti	2 3 4	Zr	2 3 4	Hf	2 3 4
V	1 2 3 4 5	Nb	1 2 3 4 5	Ta	2 3 4 5
Cr	1 2 3 4 5 6	Mo	1 2 3 4 5 6	W	1 2 3 4 5 6
Mn	1 2 3 4 5 6 7	Tc	1 2 3 4 5 6 7	Re	1 2 3 4 5 6 7
Fe	1 2 3 4 5 6	Ru	1 2 3 4 5 6 7 8	Os	1 2 3 4 5 6 7 8
Co	1 2 3 4 5	Rh	1 2 3 4 5 6	Ir	1 2 3 4 5 6
Ni	1 2 3 4	Pd	1 2 3 4 5 6	Pt	1 2 3 4 5 6
Cu	1 2 3 4	Ag	1 2 3	Au	1 2 3 4 5
Zn	2	Cd	2	Hg	1 2

で述べた吸収スペクトルなどがあげられる。ここでは，その外の例として遷移元素の酸化状態の特徴をあげよう。

表7-3に可能な酸化数をあげる。ふつう，最外殻のs電子を失い，1価または2価になり，さらにd電子を失い3価の陽イオンになる。化合物になるとより高次の酸化数をとるものがある。以下，d遷移元素の各族について見ていこう。

7.3.1 スカンジウム族

スカンジウム (Sc) とイットリウム (Y) はランタン (La) およびランタノイド元素とともに一緒にまとめて希土類元素 (rare earth element) とよばれている。ランタノイド元素については次節で述べることとし，本節ではスカンジウム族のイットリウムYについて見てみよう。Yは3族で外殻電子配置は$4d^15s^2$である。

（1） 単体とその性質および製法

イットリウムY金属は水あるいは酸と反応する。

$$8Y + 30HNO_3 \longrightarrow 8Y(NO_3)_3 + 3NH_4NO_3 + 9H_2O$$

フッ化水素酸，リン酸，シュウ酸とは難溶性の塩を生じる。

希土類元素の混合物として分離した後，イオン交換樹脂を利用する分離法で分離する。

（2） 所在と用途

地殻中に広く分布している。しかし多くても30 ppm前後である。イットリウムは重希土類元素を含む希土類元素鉱物モナズ石やバストネース石に含まれている。

イットリウムは他の希土類元素とともにファインセラミックスの原料の1つとして重要である。とくに最近注目されている高温酸化物超伝導体の原料の1つになっている。ユウロピウム添加のイットリウムは蛍光体の基質で，赤色を発光するためテレビのブラウン管に用いられていた。

（3） 化合物

化合物の代表は6.3節で学んだ酸化物である。その他，フッ化物やリン酸塩がある。

古くから知られた錯体としては不溶性のシュウ酸塩（オキサラト錯体）がある。アセチルアセトナト錯体 $[Y(acac)_3(H_2O)_2]$ も代表的な昇華性錯体である。図7-7にはアセチルアセトナト錯体の構造を，複雑になるのを避けるために中心金属を除いて配位原子のみを示した。

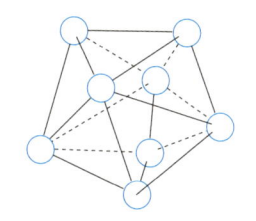

図7-7 Yのアセチルアセトナト錯体
$[Y(acac)_3(H_2O)_2]$

7.3.2 チタン族

チタン族は 4 族でチタン Ti, ジルコニウム Zr, ハフニウム Hf である。ここではチタンについて見てみよう。チタンの外殻電子配置は $3d^24s^2$ である。

(1) 単体とその性質および製法

チタン金属は軽く，強度があり，また耐食性が大きく金属材料として有用である。高温では，空気中のみならず窒素中で燃える唯一の金属である。

チタンはチタン鉄鉱（FeTiO$_3$）やルチル（TiO$_2$）を塩素化により TiCl$_4$ に変え，マグネシウムなどで還元して単体を得る。

(2) 所在と用途

チタンは地殻中に 9 番目に多く存在する。主要鉱物はチタン鉄鉱 FeTiO$_3$ やルチル TiO$_2$ である。地殻中に 0.019% 含まれニッケル，亜鉛，銅より存在度が高い。

チタンは軽く機械的強度が高い特性から航空機や宇宙機器用構造材料として用いられる。

(3) 化 合 物

チタンのおもな酸化数は +2, +3, +4 である。代表的な化合物は TiO$_2$, K$_3$[TiCl$_6$], BaTiO$_3$, CaTiO$_3$（灰チタン石）等がある。BaTiO$_3$ は図 7-8 に示すようにペロブスカイト（perovskite）型結晶構造をとる。

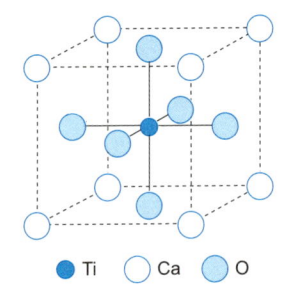

図 7-8　ペロブスカイト型結晶構造

7.3.3 バナジウム族

5 族の代表的な元素はバナジウム V で，その外殻電子配置は $3d^34s^2$ である。

(1) 単体とその性質および製法

高融点で耐食性にすぐれ，硬い金属でチタンに似ている。

五酸化バナジウム V$_2$O$_5$ を圧力容器中でカルシウムで還元して得る。

(2) 所在と用途

地殻中に 0.016% 存在する。おもな鉱物はカルノー石 K$_2$(UO$_2$)$_2$(V$_2$O$_8$)·3H$_2$O やパトロナイト VS$_4$ など。原油に含まれることがある。無脊椎動物のホヤは血液細胞中に 1% 以上のバナジウムを含む。

バナジウムはさびにくいばねや高速度機械用の鋼の添加物として使われている。

(3) 化 合 物

酸化物 V_2O_5 は，多くの有機物の酸化触媒，水素還元触媒として使われている。窯業で，うわ薬やエナメル用に，酸化バナジウムをジルコニア，シリカ，鉛，亜鉛などと組み合わせ，さまざまな色をつくる。

7.3.4 クロム族

6族の代表的な元素は Cr で，その外殻電子配置は $3d^42s^2$ ではなく $3d^54s^1$ である。この不規則な電子配置は，縮重している軌道の一般的性質によるもので，5つの d 軌道が半分充たされた状態である $3d^5$ の方が安定であることによる。

(1) 単体とその性質および製法

光沢のある銀白色の硬くてもろい金属である。常温では水に侵されないが，希塩酸，希硫酸に溶け，2価の青色となるが，空気中の酸素により酸化されて3価の紫色を示す。硝酸には溶けず，不働態化する。

クロム鉄鉱 $FeCr_2O_4$ の細粉をコークスと混合して電気炉中で加熱して得る。

$$FeCr_2O_4 + 4C \longrightarrow Fe + 2Cr + 2CO_2$$

(2) 所在と用途

地殻中の存在量は，1,000 ppm 程度である。クロムのおもな鉱物としてはクロム鉄鉱である。

クロムとニッケルの合金はニクロムとよばれ，電気器具の発熱体として用いられている。クロムは鉄，ニッケルとともに耐腐食性のステンレス鋼となる。クロムを含む顔料は印刷インキ，絵の具に用いられている。酸化クロム(Ⅳ)は磁性体としてカセットテープなどに利用されている。

(3) 化 合 物

クロムは 0～6 の各酸化数の化合物をつくる。とくに安定なのは 3 価 $3d^3$ と 6 価 $3d^0$ である。クロム化合物は，2 価と 3 価は正八面体型，4 価から 6 価は正四面体型錯体となる。

赤色の酢酸クロム(Ⅱ) $[Cr_2(CH_3COO)_4(H_2O)_2]$ は反磁性である。酢酸クロム(Ⅱ)は図 7-13 に示す酢酸銅(Ⅱ)と同じ 2 量体で，Cr^{2+}-Cr^{2+} 間に結合が生じ，2 つの Cr(Ⅱ)の不対電子のスピンが打ち消されるからである。

Cr(Ⅲ)化合物は，安定なため種類も多い。着色した錯体を形成しやすいことを除くと Al の化合物に似ている。酸化物 Cr_2O_3 の結晶は暗緑色で，コランダム Al_2O_3 と同形であり，どちらも酸にもアルカリにも不溶である。Cr(Ⅲ)錯体は，ほとんど六配位八面体型構造をとり，比較的置換不活性な錯形成をする。これは Co(Ⅲ)錯体と似ているが，Co(Ⅲ)錯体がほとんど反磁性であるのに対し，Cr(Ⅲ)錯体は常磁性である。

Cr(Ⅳ)は酸素の結合したオキソ化合物に見られる。CrO_3 は水に溶け H_2CrO_4 となる。CrO_4^{2-} は酸性では縮合して $Cr_2O_7^{2-}$ などになる。これらのイオンの構造を図 7-9 に示す。

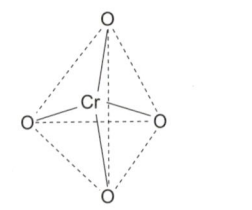

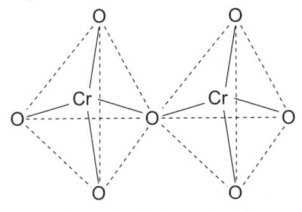

クロム酸イオン CrO_4^{2-} ニクロム酸イオン $Cr_2O_7^{2-}$

図7-9　CrO_4^{2-} と $Cr_2O_7^{2-}$ イオンの構造

7.3.5　マンガン族

7族の代表的元素はマンガンMnであり，その外殻電子配置は $3d^5 4s^2$ である。

(1)　単体とその性質および製法

銀白色で，硬度は高く，融点（1,240℃）は鉄より低い。

純粋なマンガンを得るには，硫酸マンガン（Ⅱ）$MnSO_4$ の水溶液の電気分解が用いられる。

(2)　所在と用途

鉄に次いで地球上に広く分布している。動物や植物組織中にも微量ながら常に存在する。主要なマンガン鉱石としては，軟マンガン鉱 MnO_2 がある。

すべての鉄鋼はマンガンを含んでいる。製鋼過程でのフェロマンガン（鉄とマンガンの合金）の添加は有害な硫黄と酸素の量の制御に有効である。二酸化マンガンは乾電池製造の際に減極剤として用いられてきた。ガラス産業では鉄による着色の補正あるいはピンク色の着色ガラスの製造に用いられている。

(3)　化　合　物

マンガンは0〜Ⅶ価の化合物をつくるが，Mn（Ⅱ）$[3d^5]$ が最も安定な化合物をつくる。Ⅱ〜Ⅳ価の化合物は八面体型構造，Ⅳ〜Ⅶの化合物は四面体型構造をとる。

Ⅱ価化合物はd-d遷移によりピンク色を示し，水溶液中でもピンク色である。過マンガン酸カリウム $KMnO_4$ は深紫赤色結晶である。水に溶かすと紫赤色を示すが，これは電荷移動遷移によるものである。$KMnO_4$ は強力な酸化剤であり，MnO_4^- が酸性溶液中でMn（Ⅱ）になる反応により酸化還元滴定を行うことができる。

$$MnO_4^- + 8H^+ + 5e^- \longrightarrow Mn^{2+} + 4H_2O$$

一方，中性あるいはアルカリ溶液中では MnO_2 の沈殿が生じる。

$$MnO_4^- + 2H_2O + 3e^- \longrightarrow MnO_2 + 4OH^-$$

7.3.6　鉄　　族

8, 9, 10族の代表的な元素は，それぞれ，鉄Fe，コバルトCo，ニッケルNiである。外殻電子配置は，それぞれ，$3d^6 4s^2$, $3d^7 4s^2$, $3d^8 4s^2$ である。これらについては個々に見てみよう。

(1) 単体とその性質および製法

純鉄は光沢のある灰白色で，微粉末は自然発火する。空気中で酸化され，さびができる。希酸に溶けて Fe(II)塩となり，これは空気により Fe(III)となりやすい。

金属コバルトは，鉄に似た光沢をもち，空気中で安定である。微粉末は空気中で熱すると発火する。強磁性体で，融点 1,490℃は鉄より少し低い。塩酸，希硫酸に溶ける。

金属ニッケルは光沢のある銀白色で，融点 1,450℃はコバルトに近い。強磁性体で粉末状のものは空気中で自然発火する。希酸に溶ける。

鉄は，まず，酸化物鉱石を熔鉱炉でコークスと共に加熱還元して銑鉄として得る。銑鉄は炭素などの不純物を多く含むので，転炉で酸素を吹き込み，不純物を燃焼させて鋼をつくる。鋼は鉄と炭素の合金で，炭素量（0.1～2％）によって硬さが異なる。

コバルトは，含コバルト硫化鉱石を焼いて得られるカワの部分に含まれる。カワを希硫酸で抽出し，この溶液を次亜塩素酸ナトリウムで処理すると，コバルトは水酸化コバルト(III)として沈澱する。これを還元して金属とする。

ニッケルは，硫化ニッケルを培焼して酸化ニッケル(II)とし，これを還元して金属とする。

(2) 所在と用途

鉄は地殻中に 4 番目に豊富に存在する元素である。酸素との親和性が大きいため，主要鉱物は，磁鉄鉱 Fe_3O_4，赤鉄鉱 Fe_2O_3，褐鉄鉱 $FeO(OH)$ などの酸化物が多い。

コバルトは，地殻中に広く分布しているが存在量は少ない。ニッケルと常に共存し，銅や鉛の鉱床に含まれる。

ニッケルは，7 番目に多い元素であり，含ニッケルラテライト（紅土）や含硫化ニッケル鉱が主要鉱石である。

鉄は自動車，鉄道，電気機械，産業機械から生活用品にいたるまで幅広く用いられている。鉄化合物としては，赤色顔料としてベンガラ Fe_2O_3 が，また，印刷インキや絵の具の青色顔料としてプルシアンブルー $KFe[Fe(CN)_6]$ がよく用いられている。

コバルトもニッケルも合金として用いられている。コバルトはニッケル，クロム，モリブデン，タングステンと合金をつくり，高温でも耐摩耗性，耐腐食性があるのでジェット航空機，ガスタービンなどに用いられる。ニッケルは，磁性材料，電子材料，めっきの原料，電池の材料などとしてきわめて多く用いられている。

(3) 化　合　物

鉄は 0，II，III，IV，VI価の化合物をつくるが，ふつう，IIとIII価をとる。八面体錯体が多い。鉄のII価の化合物は空気により酸化されIII価となりやすいが，モール塩 $(NH_4)_2SO_4 \cdot [Fe(H_2O)_6]SO_4$ は安定である。この水溶液中には正八面体型錯イオンである淡い緑色の $[Fe(H_2O)_6]^{2+}$ が形成されているが，アルカリ性にするとこれは容易に酸化され，褐色の水酸化鉄(III)となる。フェロシアン化カリ $K_4[Fe(CN)_6] \cdot 3H_2O$ やフェナントロリン錯体イオン $[Fe(phen)_3]^{2+}$（phen：1, 10 フェナントロリン）も正八面体構造をもつ Fe(II)

錯体である。図7-10にフェナントロリン錯体イオンの構造を示す。$[Fe(phen)_3]^{2+}$は水溶液中で濃赤色を示すので，Fe(II)イオンの吸光度分析に用いられる。酸化鉄(III) Fe_3O_3は，赤褐色で常磁性である。Fe(III)の水和イオン$[Fe(H_2O)_6]^{3+}$は淡紫色であるが，微酸性pH 2〜3以上で加水分解しヒドロキソ錯体となり，黄褐色になる。

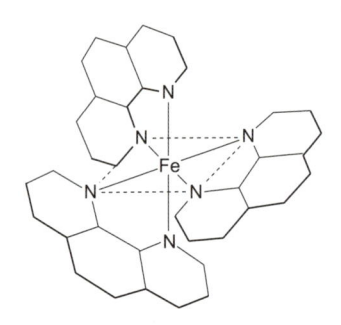

図7-10 トリス（1,10-フェナントロリン）鉄(II)錯体の構造

コバルトは0〜V価の化合物をつくるが，II価とIII価が多い。Co(II)は，ふつう正八面体型または四面体型錯体をつくる。

Co(II)の水和イオン$[Co(H_2O)_6]^{2+}$は淡赤色を示す。これにハロゲンイオンX^-やOH^-を加えると，青色の正四面体型錯体に変わるが，水を加えると，元の淡赤色にもどる。

$$[Co(H_2O)_6]^{2+} + 4X^- \rightleftarrows [CoX_4]^{2-} + 6H_2O$$

これらの錯イオンの電子スペクトルを図7-11に示す。

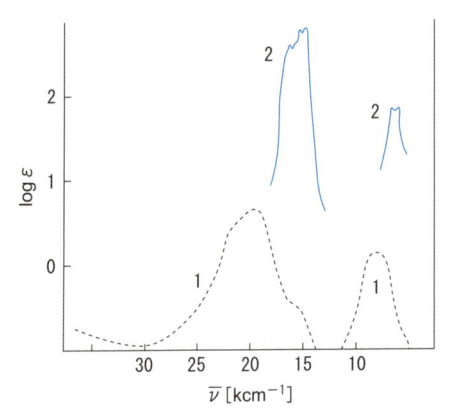

図7-11 $[Co(H_2O)_6]^{2+}$と$[CoCl_4]^{2-}$の電子スペクトル
1：$[Co(H_2O)_6]^{2+}$ 2：$[CoCl_4]^{2-}$

Co(III)の水和イオン$[Co(H_2O)_6]^{3+}$は，Co(II)を水溶液中でO_2やH_2O_2で酸化すると形成される。

ニッケルは，0〜IV価の化合物をつくるが，II価がもっとも多い。II価の錯体には八面体，

平面四角型，および正四面体型構造のものがある。緑色の水和イオン $[Ni(H_2O)_6]^{2+}$ は，八面体型構造で常磁性である。これに対し，黄色の $[Ni(CN)_4]^{2-}$ は，平面四角型構造で反磁性を示す。図7-12に示すNi(Ⅱ)の検出に用いられているジメチルグリオキシム錯体は赤色で反磁性である。$[NiX_4]^{2-}$（X = Br，Cl）は，青色で常磁性を示すが，正四面体型錯イオンである。

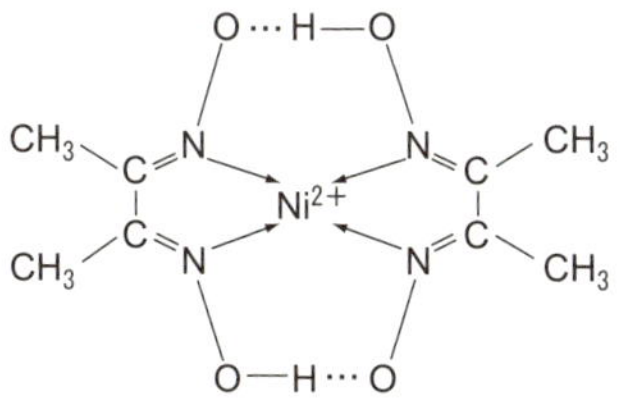

図7-12 ビス（ジメチルグリオキシマト）ニッケル(Ⅱ)

7.3.7　白金族

白金族は8，9，10族の第5，第6周期のルテニウムRu，ロジウムRh，パラジウムPd，オスミウムOs，イリジウムIr，白金Ptでその外殻電子配置は，それぞれ，$4d^75s^1$，$4d^85s^1$，$4d^{10}5s^0$，$5d^66s^2$，$5d^76s^2$，$5d^96s^1$である。この族を代表して白金について見てみよう。

(1) 単体とその性質および製法

きわめて安定な元素で，融点1772℃。酸に侵されにくい。Ptは王水にだけ溶け，$[PtCl_6]^{2-}$となる。銀白色であまり硬くなく，展延性がある。高い耐薬品性をもつ。

砂白金や硫化物から白金の多い部分を分け，これを王水で溶かす。ろ液に塩酸を加え，蒸発するとヘキサクロロ白金(Ⅳ)酸 H_2PtCl_6 が得られ，これに塩化アンモニウムを加えると塩が生成する。これを加熱，融解して金属を得る。

(2) 所在と用途

白金族の地殻中の存在量はわずかで，白金は 10^{-6} ％程度である。単体，あるいは合金，砂白金，硫化物などとして存在する。

安定性と美しさのため装飾品に用いられる。赤熱した白金は水素や酸素を吸収して活性化するので触媒としてよく用いられる。高い耐薬品性からるつぼなどの実験器具に用いられる。

(3) 化合物

化合物はⅡ価とⅣ価のものが最も多い。Ⅱ価のものは平面型4配位，Ⅳ価は正八面体6配位構造をとる。赤色の $[PtCl_4]^{2-}$ を含むテトラクロロ白金酸カリウム K_2PtCl_4 は，他の同種の錯体を合成する際の出発原料である。シス・ジクロロジアンミン白金(Ⅱ) cis[PtCl_2(NH_3)_2] はシスプラチンとよばれ，その抗がん性で注目されている。Ⅳ価の錯体は，ヘキサクロロ白金(Ⅳ)酸 H_2PtCl_6，およびそのカリウム塩 K_2PtCl_6 がよく知られている。

白金は有機金属化合物がよく知られている。1827年，白金にエチレンが配位した［Pt

$(C_2H_4)Cl_2]_2$ が合成され，以来，多くの有機金属化合物が合成されている。

7.3.8 銅　族

11 族は，銅 Cu，銀 Ag，金 Au で，その外殻電子配置は，それぞれ，$3d^{10}4s^1$，$4d^{10}5s^1$，$5d^{10}6s^1$ である。ここでは銅について見てみよう。

(1) 単体とその性質および製法

金属銅は赤色を帯びた光沢をしていて，比較的軟らかく，展延性に富む。銀に次いで熱や電気の伝導性がよい。乾燥空気中でも表面は徐々に酸化され，褐色の酸化銅(I)の皮膜が生じる。湿気のある空気中では表面に緑色の緑青 $CuCO_3 \cdot Cu(OH)_2$ が析出する。

硫化鉱をケイ石と共に炉で空気酸化し，脱硫黄して粗銅を得る。これを陽極，純銅を陰極にして硫酸銅水溶液の中で電解を行うと，陰極に純銅が析出してくる。

(2) 所在と用途

自然界に広く分布し，地殻，海底土，さらには生物にも微量であるが含まれている。色素タンパク質ヘモシアニンは銅の化合物である。これは，節足動物の血液に相当する液に含まれている。銅の主要鉱石は硫化物で，ふつう，黄銅鉱 $CuFeS_2$ である。

孔雀石は塩基性炭酸銅 $CuCO_3 \cdot Cu(OH)_2$ であり，装飾品，顔料，花火の原料などに用いられる。

(3) 化合物

銅は，ふつう，I価とII価の化合物をつくる。Cu(I)の化合物は，$3d^{10}$ の電子配置をとるため反磁性，無色のものが多い。また，その構造は，2配位直線形，3配位三角形，4配位四面体をとるものが多い。Cu(I)の化合物の合成には，Cu(II)化合物を金属銅で還元する方法がある。

$$Cu^{2+} + Cu^0 \longrightarrow 2Cu^+$$

Cu(I)の錯体である $[Cu(CH_3CN)_4]ClO_4$ はアセトニトリル分子が窒素原子で Cu(I) に配位している。

Cu(II)の化合物の外殻電子配置は $3d^9$ であり，1個の不対電子をもつため，常磁性を示す。Cu(II)は強い酸化力をもつ。暗緑色の酢酸銅(II)一水和物 $Cu(C_2H_3O_2)_2 \cdot H_2O$ は，図7-13 に示すような2量体構造である。Cu のまわりは上下に伸びた歪んだ八面体構造となっている。この化合物の磁気モーメントは，1.4 B.M./Cu atom で，単核 Cu(II) 錯体の計算値 1.73 B.M. よりも小さく，2個の Cu(II)イオンの不対電子

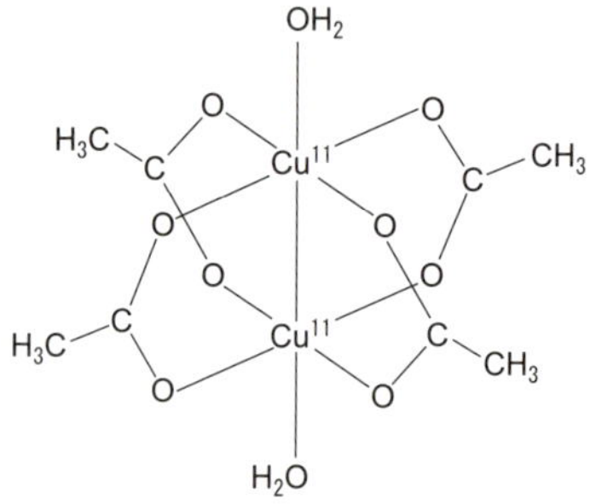

図7-13　$Cu(CH_3COO)_2 \cdot H_2O$ の構造

の間でスピンの打ち消し合いがあることを示している。Cu(II)は，一般に Co(II)や Ni(II)よりも錯形成の安定度定数が大きい。このため，錯体を生成しやすく，4配位（平面正方形，四面体），5配位（四角錐），6配位（歪んだ八面体）などの構造をもつ多くの錯体が合成されている。

7.3.9 亜 鉛 族

12族は亜鉛族といい，亜鉛 Zn，カドミニウム Cd，水銀 Hg で，その外殻電子配置は $3d^{10}4s^2$，$4d^{10}5s^2$，$5d^{10}6s^2$ である。代表的な元素は亜鉛である。

(1) 単体とその性質および製法

金属亜鉛は青白色で，光沢がある。空気中で徐々に酸化される。柔軟性があり，常温で薄板に加工できる。典型元素と遷移元素の両方の性質をもつ。

硫化物鉱石である閃亜鉛鉱 ZnS を，まず，焼いて酸化物にする。これを高温で炭素により還元し，これを蒸留，精錬して亜鉛を得る。

(2) 所在と用途

地殻のうちで24番目に多い元素である。亜鉛を主成分とする鉱物は，ふつう，閃亜鉛鉱 ZnS である。

鉄板を亜鉛の薄膜で覆ったトタン板や，銅との合金である真ちゅうは広く使われている。亜鉛華 ZnO は，毒性のない白色顔料として使われている。

(3) 化 合 物

ZnS の組成をもつ鉱物には閃亜鉛鉱とウルツ鉱があり，結晶構造は図 7-14 に示すように，前者は立方晶系，後者は六方晶系である。亜鉛化合物中の Zn は，Ⅱ価で，最外殻電子は $3d^{10}$ であるので，無色で反磁性を示す。Zn(Ⅱ)錯体の配位数は 4，5，6 である。4 配位の場合は，ふつう正四面体構造をとる。$Zn(NH_3)_4^{2+}$，$Zn(CN)_4^{2-}$ などがある。

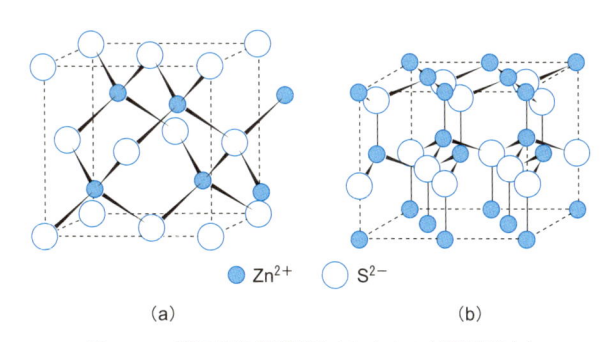

図 7-14　閃亜鉛鉱型構造(a)とウルツ鉱型構造(b)

7.4　f 遷移元素

ランタノイドのうち，Ce から Lu までの 14 元素は 4f 軌道に，アクチノイドのうち，Pa から Lr までの 13 元素は 5f 軌道に電子がつまっていく元素群であることから，これらにそれぞれ，La および Ac を加えて f ブロック元素とよぶ。f ブロック元素では f 電子数の差があるにもかかわらず，一般によく似た性質をもつ。

7.4.1 ランタノイド元素

ランタノイド元素の外殻電子配置は，$4f^{0-14}5s^25p^65d^{0-1}6s^2$ である。Sc と Y も他のランタノイド元素と共に発見され，化学的挙動にも類似点があるので希土類元素に含めている。

(1) 単体とその性質および製法

ランタノイド元素の外殻電子配置と性質を表 7-4 に示す。単体は銀白色の金属である。金属は反応性があり，熱水を分解して水素を発生する。

表 7-4 ランタノイド元素の性質

原子番号	元素名	酸化数	電子配置	原子半径 /pm	イオン半径 M^{3+}/pm
57	ランタン	3	$5d^1 6s^2$	188	106
58	セリウム	3, 4	$4f^1 5d^1 6s^2$	182	103
59	プラセオジム	3, 4	$4f^3\ 6s^2$	183	101
60	ネオジム	3	$4f^4\ 6s^2$	182	99
61	プロメチウム	3	$4f^5\ 6s^2$		
62	サマリウム	2, 3	$4f^6\ 6s^2$	180	96
63	ユウロピウム	2, 3	$4f^7\ 6s^2$	204	95
64	ガドリニウム	3	$4f^7 5d^1 6s^2$	180	94
65	テルビウム	3, 4	$4f^9\ 6s^2$	178	92
66	ジスプロシウム	3	$4f^{10}\ 6s^2$	177	91
67	ホルミウム	3	$4f^{11}\ 6s^2$	176	89
68	エルビウム	3	$4f^{12}\ 6s^2$	176	88
69	ツリウム	3	$4f^{13}\ 6s^2$	174	87
70	イッテルビウム	2, 3	$4f^{14}\ 6s^2$	194	86
71	ルテチウム	3	$4f^{14} 5d^1 6s^2$	173	85

(合原，井手，栗原，『現代の無機化学』，三共出版)

ランタノイド元素は原子番号の増加と共に 4f 軌道に電子が入っていく。4f 電子の増加は，最外殻の電子の増加に比べ，電子雲の広がりの効果は小さく，核電荷の増加と共に電子は強く原子核に引かれ，原子半径およびイオン半径は減少していく。ランタノイド元素のイオン半径と原子番号の関係を図 7-15 に示す。この減少をランタノイド収縮という。III価イオンの磁気モーメントは反磁性の La^{3+} と Lu^{3+} を除き，強い常磁性である。電子スペクトルには，4f 電子にもとづく鋭い吸収が見られる。希土類元素は互いに化学的によく似ているので，鉱石を酸あるいはアルカリで処理し，得られた希土類元素の硫酸塩溶液をリン酸トリブチルを用いて溶媒抽出法で相互分離する。

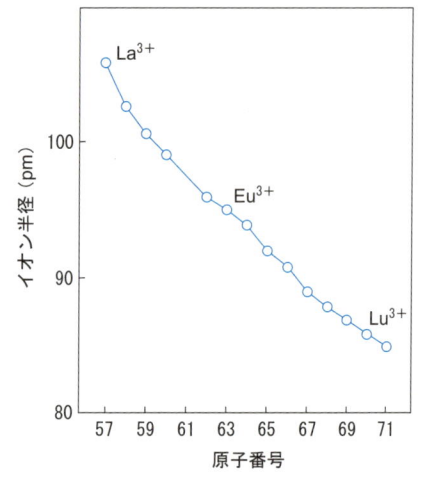

図 7-15 ランタノイド元素の原子番号とイオン半径

(2) 所在と用途

ランタノイド元素は，希土類元素とよばれているが，自然界に広く分布しており，存在量も"希れ"ではない。Ce は Co や Zn よりも地殻中の存在度は高い。おもな鉱物はモナズ石 MPO_4，バストネース石 $M(CO_3)F$ である。

希土類元素の酸化物とジルコニアなどと組み合わせてつくるガラスは高い屈折率をもち，光学機器用レンズやガラスとして用いられる。希土類元素の金属間化合物は水素吸蔵材料として実用化されている。電子工学用セラミックス材料にも使われ，特に，最近注目されている高温超伝導体では希土類元素が重要な構成元素となっている。

(3) 化合物

酸化数はⅡ価，Ⅲ価，Ⅳ価があるが，ふつう，Ⅲ価が安定である。EuはⅡ価が，CeではⅣ価が安定である。化合物としては Ln_2O_3，LnX_3（X：ハロゲン化物イオン），LnN，LnC_2 などがある。

錯体は配位数6から12のものが知られている。結合はイオン結合性が強く，配位数や立体配置はイオン半径に依存する。オキサラト錯体やedta錯体などがよく知られている。

7.4.2 アクチノイド元素

アクチノイド元素は放射性同位体からなり，天然に存在するのは最初の4元素のみである。Np以降のものは超ウラン元素とよばれ，人工放射性元素である。アクチノイド元素の外殻電子配置は $5f^{0-14}6s^26p^66d^{0-2}7s^{1-2}$ である。

(1) 単体とその性質および製法

表7-5にアクチノイド元素の性質を示す。アクチノイド元素もランタノイド収縮を示す。これら一般的性質はランタノイド元素に似ている。Th，Uなどは還元作用が強く，水を分解する。

表7-5 アクチノイド元素の性質

原子番号	元素名	酸化数	主な同位体
89	アクチニウム	3	^{227}Ac
90	トリウム	4	^{232}Th
91	プロトアクチニウム	3, 4, 5	^{231}Pa
92	ウラン	3, 4, 5, 6	^{238}U, ^{235}U, ^{234}U
93	ネプツニウム	3, 4, 5, 6, 7	^{237}Np
94	プルトニウム	3, 4, 5, 6	^{242}Pu
95	アメリシウム	2, 3, 4, 5, 6	^{243}Am
96	キュリウム	3, 4	^{247}Cm
97	バークリウム	3, 4	^{251}Bk
98	カリホルニウム	2, 3, 4	^{252}Cf
99	アインスタイニウム	2, 3	^{254}Es
100	フェルミニウム	2, 3	^{257}Fm
101	メンデレボイム	2, 3	^{257}Md
102	ノーベリウム	2, 3	^{256}No
103	ローレンシウム	3	^{256}Lr

（合原，井手，栗原，『現代の無機化学』，三共出版）

Thはランタノイドの精製過程でリン酸トリウムとして取り出す。Uはウラン鉱石から硫酸か炭酸ナトリウム溶液で抽出する。

(2) 所在と用途

Ac から U までは放射性元素であるが，地殻中に含まれている。Th はモナズ石に 30% 含まれている。U は歴青ウラン鉱 U_3O_8 およびカルノー鉱 $K_2(UO_2)_2(VO_4)_2\cdot 3H_2O$ が主要鉱石である。

U は ^{235}U の核分裂性を利用した核燃料として原子力発電炉に用いられている。Th も核燃料としての利用が考えられている。

(3) 化合物

ThO_2，UO_2 はIV価の化合物である。IV価の化合物には，ウラニルイオン UO_2^{2+} が水和イオンとして安定に存在する。

問 題

1. 光学異性体をつくると考えられる配位子を本文より3つ選び，その構造を推定せよ。
2. 錯体の電子移動反応には2種類ある。例をあげて示せ。
3. 銅(II)イオンの磁気モーメントを求めよ。
4. 鉄の単体の製法について述べよ。
5. ランタノイド元素は化学的に互いによく似ている。この理由を原子レベルで述べよ。

II 物質の状態

物質は多数の分子や原子が集まったものであり，集まり方の違いによって固体・液体・気体などの異なる状態をとる。この集まり方は温度や圧力によって決められる。ここでは，多数の分子・原子の集団が示す性質を取り上げる。

8 物質の状態

　第1部でも示したように，すべての物質は多数の分子や原子が集まったものである。例えば，空気 1 dm^3 中にはおよそ 2×10^{22} 個の窒素分子と 5×10^{21} 個の酸素分子が含まれ，また，1 dm^3 の水はおよそ 3×10^{25} 個の水分子からできている。第II部では，多数の分子や原子が集まったとき，それらが集団として示す性質に目をむける。われわれが身近な現象として日常的に観察できるのは，このような分子・原子の集団の"巨視的"な振舞いである。この振舞いは，集団を構成する個々の分子や原子の性質には無関係に一般的なものである。この後の3つの章で問題とするのはこのような性格のものであり，したがって物質を構成している分子・原子そのものの性質にはあまり注意をはらわない。まず手始めに，分子・原子の集まり方の違いによって現われてくる物質の状態の違いについて見ていこう。

8.1　物質の三態

　集団をつくっている分子の間には力が働く。また，集団の中で分子はたえず無秩序に動きまわっており，この分子の運動を熱運動という。そこで，分子間に働く引力と分子の熱運動のエネルギーのそれぞれの大きさのかねあいによって分子の集まり方に違いがでてくる。分子の集まり方には，大きく分けて3つの形態があり，それに応じて物質は3つの状態をとることになる。もし熱運動のエネルギーが分子間引力よりもはるかに大きければ，分子は広い空間を自由に動き回る。これが気体状態に相当する。一方，逆に分子間引力の方が熱運動のエネルギーよりも充分大きければ，分子は互いに強く引きつけあい，その居場所を変えることすらままにならなくなる。分子がこのような集まり方をしたものが固体である。これら2つの中間の場合，すなわち，熱運動のエネルギーが分子間引力に打ち勝つほどには大きくなく，また，分子間引力が隣の分子が動いていくのを引き止めるほどには大きくない場合，液体状態が出現する。このように，分子のもつ熱運動のエネルギーと分子間に作用する力のかねあいによって物質は固体・液体・気体という3つの異なる状態をとることになり，これを物質の三態という。その様子を模式的に図 8-1 に示した。

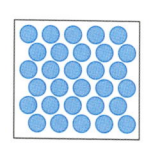

固 体
分子は決まった位置を占める。分子の動きは振動運動のみ。

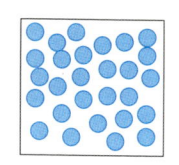

液 体
分子はまわりから束縛されてはいるが，動くことができ，決まった位置は占めない。

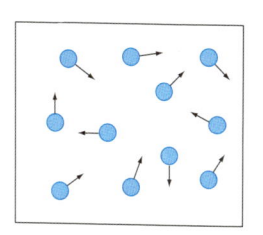

気 体
分子は他から束縛されることなしに自由に動きまわる。

図 8-1　固体，液体および気体での分子の集合状態

8.2　状態の移り変わり—相転移

　前述したように，分子間に作用する力と分子の熱運動のエネルギーの大きさかげんが物質の状態を決める。このうち熱運動のエネルギーは，熱のやり取りによって大きく変わる。したがって，物質にまわりから熱を加えたり取り除いたりすることによって三態の間の移り変わりが起こることは容易に想像がつく。

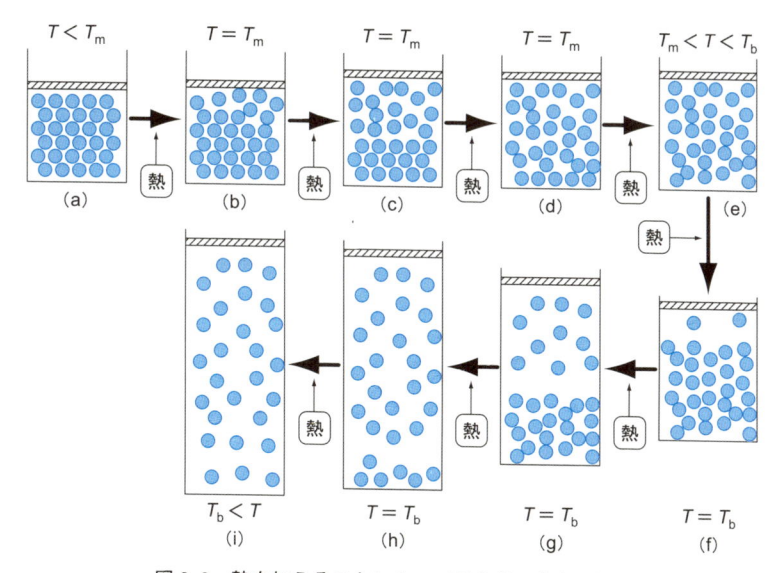

図 8-2　熱を加えることによって引き起こされる相転移

　ここで，一定圧力のもとである物質の固体に周りから熱を加えていくときに起こる変化を考えてみる。図 8-2 はこの状況を模式的に描いたものである。この図の(a)で示した固体を加熱すると，固体中の分子の振動運動が激しくなり温度が上昇する。ある温度 (T_m) に達したとき，分子の一部は周りの分子が引き止めようとする力に打ち勝って動きだし，固体から液体への変化が起こる(図(b))。さらに熱を加え続けると，固体状態の分子が減って液体状態の分子が増えていく（図(c)）。すべての分子が液体状態になるまで（図(d)）

この変化が続き，その間，温度は一定に保たれる。すなわち，図(b)から(d)の間に加えられた熱は固体から液体への変化を引き起こすために消費され，そのため物質の温度は変化しない。さらに加熱を続けると，液体中の分子運動が激しくなり，温度が上昇していく（図(e)）。次いである温度（T_b）に達したところで，分子間の束縛に打ち勝つだけの熱運動エネルギーを手に入れた分子が気体となって逃れていき（図(f)），液体から気体への変化が起こり始める。この変化は，すべての分子が気体に変わるまで続き（図(h)），その間，加えられた熱は液体を気体に変えるために使われ，したがって温度は T_b に保たれる。さらに加熱を続けると，気体の分子運動が激しくなり，その温度が上昇していく（図(i)）。気体から熱を奪っていくと，これとは逆の道筋を通って固体への変化が起こる。

上で見たように，熱のやり取りがあるとき物質の状態の間での移り変わりが起こるが，このような状態変化を一般に相転移といい，また相転移の過程でやり取りされる熱量を相転移熱という。とくに，固体から液体への転移を融解とよび，融解が起こる温度（図 8-2 の T_m）を融点，融解の過程で吸収される熱量を融解熱という。また，液体から気体への変化を蒸発（または気化）とよび，蒸発が起こる温度（図 8-9 の T_b）を沸点，蒸発の過程で吸収される熱量を蒸発熱という。

相転移は個々の物質によって決まったある特定の温度で起こり，また，相転移熱も個々の物質に応じて異なる。これは，(ⅰ)物質の状態が分子間力と分子の熱運動エネルギーのかねあいによって決まること，および(ⅱ)これらの因子はいずれも物質を構成する分子の種類によって違ってくることを考えると容易に理解できる。いくつかの物質について，相転移の温度と相転移熱を表 8-1 に示した。この表を見て，水は分子量が同程度の他の物質に比べて融点や沸点が異常に高く，また融解熱や蒸発熱が異常に大きいことに気がつく。これは，水の場合，分子どうしが水素結合によって強く引きつけ合っているためである。このように，物質をつくりあげている分子の個性が相転移温度や相転移熱に反映されてくる。

表 8-1　いくつかの低分子化合物の融点，沸点，融解熱および蒸発熱
(注がついたもの以外は 1 atm における値)

化合物	分子量	融点 (°C)	沸点 (°C)	融解熱 (kJ mol^{-1})	蒸発熱 (kJ mol^{-1})
CH_4	16	—	−161.5	—	8.18
NH_3	17	−77.7[a]	−33.4	5.66[a]	23.3
H_2O	18	0	100	6.01	40.66
C_2H_6	30	−183.6	−89	2.86	14.72
C_2H_5OH	46	−114.5	78.3	5.02	38.6
$(C_2H_5)_2O$	74	−116.3	34.5	—	26.5

[a] 45.6 mmHg における値

相転移は，一定圧力のもとで温度を変える代わりに一定温度のもとで圧力を変えることによっても引き起こされる。気体は一定温度のもとで圧縮していくと液体に変わり，また，一般に液体を加圧すると固体への相転移が起こる。ガスライターに点火する際，中に入っ

た高圧力状態の液体炭化水素が，その圧力が下がることによって気体に変えられ燃やされる。これは圧力変化による相転移の身近に見られる例である。このように，相転移は温度のみならず圧力を変えることによっても引き起こされ，このことは純粋な物質の状態は温度と圧力の2つの変数で決められることを示している。

この節の最後に，相転移温度では2つの相（状態）が共存して平衡状態が保たれるということに注意しておこう。例えば，融点では（図8-2(b)～(d)）固体と液体の両方が一緒に存在し，固体の量と液体の量はその時までに加えられた熱量によって決められる。いま，図8-2(c)の状態になったとき熱のやり取りが止められたとする。すると，(c)の状態はいつまでも変わることなくそのままに保たれる。このように，見かけ上何ら変化が起こっていないような状態を一般に平衡状態とよび，異なる相（状態）の間の平衡を相平衡という。このような相平衡の見方に立てば，融点とは固体と液体が平衡に共存する温度であり，また沸点は液体と気体が平衡に共存する温度であるということができる。なお，相平衡の状態では変化が起こっていないように見えるだけで，実際に何も変化が起こっていないわけではない。沸点で液体と気体が平衡にあるとき，液体分子の一部は気体に変わり，逆に気体分子の一部は液体に変わるという分子レベルでの変化は起こっている。ただ，単位時間当りに液体から気体に変わる分子の数と気体から液体に変わる分子の数がちょうど等しくなり，巨視的には見かけ上変化が起こっていないように見える状態が相平衡の状態である。

8.3 純物質の相平衡と状態図

純粋な物質のとる状態が温度と圧力の2つの変数で決められることを上で見てきた。すると，縦軸に圧力をとり横軸に温度をとって，ある物質がある温度，ある圧力のもとに置かれたときどのような状態として存在するかを図示すれば何かと都合がよい。このような描き方をした図を状態図（または相図）という。身近な物質として水と二酸化炭素を例にとり，その概略の状態図をそれぞれ図8-3と図8-4に示した。

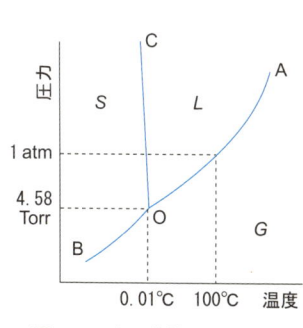

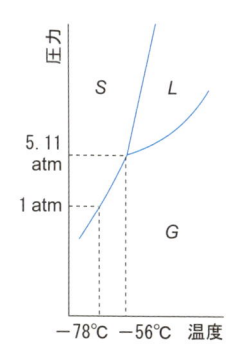

図8-3 水の状態図（概略図）　　図8-4 二酸化炭素の状態図（概略図）

図8-3をもとにして状態図の見方を説明しよう。(i) 図中の記号 S, L, G は水がそれぞれ固体（solid），液体（liquid），気体（gas）として存在する領域を表す。つまり，ある温度・

圧力で規定される点が例えば S の領域にあれば，そのとき水の存在状態は固体すなわち氷である。（ⅱ）曲線 OA は L 領域と G 領域の境目であり，その線上では液体と気体が平衡に共存することを表す。すなわち，ある温度・圧力がちょうど曲線 OA 上にあれば，そのとき液体の水と気体の水（水蒸気）が平衡に存在する。液体と気体が平衡に共存するときの温度を沸点とよぶことは前節でも述べたが，そのときの圧力は蒸気圧とよばれる。したがって，曲線 OA は，水の沸点が圧力によってどう変わるかを表す曲線（沸点曲線）と見ることができるし，あるいは逆のとらえ方をすれば，水の蒸気圧が温度とともにどのように変化するかを表す曲線（蒸気圧曲線）と見ることもできる。圧力 1 atm（1.013×10^5 Pa）のところで引いた水平線と曲線 OA の交点に対応する温度（すなわち 1 atm における水の沸点）が 100℃ となることはおなじみであろう。（ⅲ）L 領域と S 領域の境目に引かれた曲線 OC は固相と液相の共存線であり，温度・圧力がこの線上にあれば氷と水が平衡状態で存在することを表す。したがって，曲線 OC は氷の融点が圧力によってどのように変わるかを教えてくれる。圧力 1 atm の水平線は曲線 OC と 0℃ で交わる。（ⅳ）同様にして，曲線 OB は氷と水蒸気が平衡に共存する温度・圧力に相当する点を結んだものであること，したがってこの曲線は氷の昇華温度の圧力依存性を表すことが理解できるだろう。（ⅴ）点 O は 3 つの相（状態）の境目に当り，この点に相当する温度・圧力のもとでは固体・液体・気体の 3 つの状態が共存して平衡に保たれる。点 O を三重点とよぶ。

上で述べたことを頭に置けば，温度や圧力を変えたとき物質の状態がどのように変わるかを状態図から読み取ることができる。例えば 1 atm のもとで −20℃ の氷の温度を上げていくと，0℃ で液体の水に変化し，さらに温度を上げると 100℃ で水蒸気に変わるということがわかる。図 8-4 に示した二酸化炭素では，液体の存在領域は 5.1 atm 以上の圧力で現れる。したがって，1 atm のもとで固体の二酸化炭素の温度を上げていった場合，−78℃ でいきなり気体に変化し，途中に液体状態を経ることはない。固体の二酸化炭素がドライアイスとよばれるいわれはここにある。

ここで，図 8-3 の中の点 A についてコメントを加えておこう。固体―液体共存線（曲線 OC）と固体―気体共存線（曲線 OB）にははっきりした終わりの点はない。これに対して，液体―気体共存線は点 A で途切れる。この A 点を臨界点とよび，臨界点に対応する温度・圧力をそれぞれ臨界温度・臨界圧力という。臨界温度（または圧力）よりも高い温度（または圧力）のもとでは圧力（または温度）を変えても液体と気体の間の相転移は起こらない。したがって，気体を圧縮して液化しようとする場合，臨界温度よりも低い温度で圧縮することが必要であり，臨界温度が低い気体ほど液化しにくいことになる。臨界点もまた分子間の相互作用で決められ，分子の個性がここにも反映されてくる。

状態図の表す意味が理解できれば次のようなことに気がつく。ⅰ）物質が固体，液体，気体のいずれかひとつの状態をとる場合，それぞれの状態に応じたある範囲内で温度と圧力の両方とも自由に変えることができる。例えば，水は（1 atm, 25℃）でも（10 atm, 50℃）でも，あるいはまた別の（圧力, 温度）の組み合わせでも液体として存在すること

ができる。ⅱ）3つの状態のうち2つが平衡に共存する場合，温度と圧力のうち一方を決めれば他方は自動的に決まる。言い換えれば，2つの状態の平衡を出現させるためには，温度と圧力という2つの変数のうち1つしか自由に変えられない。例えば，液体の水と水蒸気が平衡に共存するのは1 atm のもとでは100℃のときだけであり，また別の圧力のもとで同じ状況を出現させようとすると温度は自動的に決まってしまう。ⅲ）固体・液体・気体の3つの状態が平衡に共存するのは温度・圧力の両方ともある決められた特定の値（三重点）のときに限られる。言い換えると，3つの状態の平衡を出現させるためには，温度・圧力いずれも自由に変えることはできない。例えば，氷と水と水蒸気が平衡に共存するのは (4.58 mmHg, 0.01℃) のときのみである。

こう見てくると，平衡に存在する相（状態）の数とその状況を出現させるために自由に変えることができる変数—温度，圧力など—の数の間にある関係があることがわかる。この関係は次式で表され，相律とよばれる。

$$f = c - p + 2 \tag{8.1}$$

ここで，p は平衡に存在する相の数であり，c は注目した物質を構成する成分—すなわち異なる分子種—の数である。また，f は問題とする状況を出現させるために我々が任意に選ぶことができる変数の数で，これを自由度という。純粋な物質の場合，$c = 1$ だから (8.1) 式は $f = 3 - p$ となる。上で述べたことをこの式と照らし合せて純物質の場合の自由度と相の数の関係を確かめてみよ。

8.4 Clapeyron-Clausius の式

前節では純粋な物質の状態図の全体像をながめた。ここでは，状態図に現れる二相共存線（平衡線）についてもう少し詳しく見てみる。例えば図 8-3 の曲線 OA は水と水蒸気が共存するときの（温度, 圧力）の点を結んだもので，1つの見方では水の沸点が圧力によってどのように変わるかを表すもの，また別のとらえ方をすれば水の蒸気圧が温度によってどう変わるかを表すものであった。したがって，われわれは曲線 OA から，ある任意の圧力のとき水が何℃で沸騰するのか，あるいはまた，ある温度のときの水の蒸気圧はいくらなのかといったことを読み取ることができる。もし，曲線 OA を数式で表すことができれば，状態図がなくてもこのような情報を計算によって手に入れることができ，好都合である。この要求に応えてくれるものが Clapeyron-Clausius の式とよばれる関係である。もっともこれは平衡線そのものを表す関係ではなく平衡線の傾き（勾配）を与えるもので，次式で表される（図 8-5 を参照）。

$$\frac{dP}{dT} = \frac{\Delta H_{tr}}{T(V_m^{(\beta)} - V_m^{(\alpha)})} \tag{8.2}$$

ここで，T および P は2つの相 α と β（具体的には，例えば液体と気体）が平衡に存在するときの温度と圧力であり，$V_m^{(\alpha)}$ と $V_m^{(\beta)}$ はそれぞれ α 相および β 相においてその物質が占める 1 mol 当りの体積，また，ΔH_{tr} は α 相から β 相へ変化する際の 1 mol 当りの相転

移熱である。状態図の平衡線の傾きがなぜこのような関係式で表されるかということにはここでは立ち入らないで，この式は自然界で起こる熱の出入りを伴う現象を支配する"熱力学の法則"から導かれてくるということを指摘するに留めておこう。

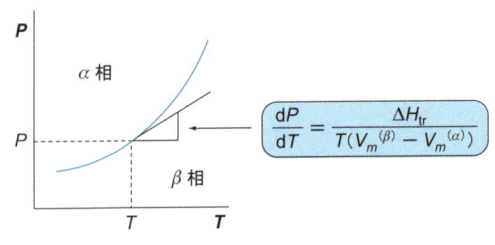

図 8-5　Clapeyron–Clausius の式

(8.2) 式は α 相と β 相が何であっても成り立つ一般的な関係である。これを液相—気相の平衡にあてはめると (8.2) 式はさらに使いやすい形に変形される。まず2つの相が液体と気体であることをはっきりさせるため添字を (l) と (g) に改め，相転移熱を蒸発熱の記号 ΔH_{vap} に変えよう。

$$\frac{dP}{dT} = \frac{\Delta H_{vap}}{T(V_m^{(g)} - V_m^{(l)})} \tag{8.3}$$

液体のモル体積は気体のモル体積に比べて無視できるほど小さいので

$$V_m^{(g)} - V_m^{(l)} \fallingdotseq V_m^{(g)}$$

という近似が使える。さらに気体を理想気体と見なせば

$$V_m^{(g)} = \frac{RT}{P}$$

の関係があるから（この詳細は次章で述べる），(8.3) 式は次のように書ける。

$$\frac{dP}{dT} = \frac{\Delta H_{vap} P}{RT^2} \quad \text{または} \quad \frac{d \ln P}{dT} = \frac{\Delta H_{vap}}{RT^2} \tag{8.4}$$

ここで，R は気体定数である。蒸発熱 ΔH_{vap} は一定であると見なして，(8.4) 式を $T = T_1$，$P = P_1$ から $T = T_2$，$P = P_2$ まで積分すると次式が得られる。

$$\int_{P_1}^{P_2} d \ln P = \int_{T_1}^{T_2} \frac{\Delta H_{vap}}{RT^2} dT$$

$$\therefore \ln \frac{P_2}{P_1} = -\frac{\Delta H_{vap}}{R}\left(\frac{1}{T_2} - \frac{1}{T_1}\right) \tag{8.5}$$

(8.5) 式によれば，蒸発熱が既知の物質について圧力 P_1 のときの沸点 T_1 がわかっていれば，別のある圧力 P_2 のときの沸点 T_2 を，あるいはまた，別のある温度 T_2 のときの蒸気圧 P_2 を計算により求めることができる。

8 物質の状態

【例題 8.1】 大気圧が 760 mmHg の平地では水は 100℃で沸騰する。富士山頂（圧力 450 mmHg）では水は何℃で沸騰するか。ただし，水の蒸発熱は 40.6 kJ mol^{-1} である。

【解】 (8.5) 式に $P_1 = 760$ mmHg, $T_1 = 373$ K, $P_2 = 450$ mmHg, $\Delta H_{\text{vap}} = 40.6$ kJ mol^{-1} を代入すれば

$$\ln \frac{450 \text{ mmHg}}{760 \text{ mmHg}} = -\frac{40.6 \times 10^3 \text{ J mol}^{-1}}{8.31 \text{ J mol}^{-1} \text{ K}^{-1}} \left(\frac{1}{T_2} - \frac{1}{373 \text{ K}} \right)$$

これを解いて，$T_2 = 358.7$ K (85.7℃) が得られる。なお，温度には絶対温度を使用して計算することに注意せよ。また，気体定数 R については次の章で詳しく述べる。

【例題 8.2】 圧力を 1 atm 増すと氷の融点はどれだけ変わるだろうか。次のデータを用いて見積ってみよ。0℃における氷の密度 $= 0.9168$ g cm^{-3}；水の密度 $= 0.9998$ g cm^{-3}；氷のモル融解熱 $= 6008$ J mol^{-1}。

【解】 圧力の変化に対する温度の変わり方を見るわけだから，Clapeyron-Clausius の式を分子・分母を逆にした形で表した方がわかりやすい。すなわち，(8.3) 式から

$$\frac{dT}{dP} = \frac{T(V_{\text{m}}^{(l)} - V_{\text{m}}^{(s)})}{\Delta H_{\text{fus}}} \tag{8.6}$$

密度のデータからモル体積がわかる。H_2O 1 mol は 18.02 g であるから

$$\text{氷のモル体積：} V_{\text{m}}^{(s)} = \frac{18.02 \text{ g mol}^{-1}}{0.9168 \text{ g cm}^{-3}} = 19.655 \text{ cm}^3 \text{ mol}^{-1}$$

$$\text{水のモル体積：} V_{\text{m}}^{(l)} = \frac{18.02 \text{ g mol}^{-1}}{0.9998 \text{ g cm}^{-3}} = 18.024 \text{ cm}^3 \text{ mol}^{-1}$$

これらの値と氷のモル融解熱を (8.6) 式に代入すれば

$$\frac{dT}{dP} = \frac{273 \text{ K} \times (18.024 - 19.655) \times 10^{-6} \text{ m}^3 \text{ mol}^{-1}}{6008 \text{ J mol}^{-1}}$$

$$= -7.41 \times 10^{-8} \frac{\text{K}}{\text{J m}^{-3}} = -7.41 \times 10^{-8} \text{ K Pa}^{-1}$$

1 atm $= 1.013 \times 10^5$ Pa だから

$$\frac{dT}{dP} = -7.50 \times 10^{-3} \text{ K atm}^{-1}$$

すなわち，氷の融点は圧力が 1 atm 増すと 0.0075 K だけ下がる。

問 題

1. 身近に見られる現象の中で、物質の状態変化の例をあげてみよ。
2. 水の状態図（図 8-3）と二酸化炭素の状態図（図 8-4）を比べたとき、固相—液相共存線（融解曲線）の傾きが反対になっているのはなぜか、説明せよ。
3. 1.5 atm に加圧した圧力鍋の中で水は何℃で沸騰するか。また、130℃で調理しようと思えば圧力鍋を何 atm にすればよいか。例題 8.1 を参考にして求めよ。
4. エタノールの沸点は、圧力が 1 atm のとき 78.4℃であり、圧力が 5 atm のときは 126.0℃である。これよりエタノールのモル蒸発熱を求めよ。
5. 液相–気相平衡に対して導かれた (8.5) 式は、同じような考えで固相–気相平衡（昇華）に対しても適用できる（モル蒸発熱 ΔH_{vap} をモル昇華熱 ΔH_{sub} に置き換えればよい）。ドライアイスの蒸気圧は、温度が －103℃のとき 76.7 mmHg、温度が －78.5℃のとき 1 atm である。ドライアイスのモル昇華熱を求めよ。また、1 mol のドライアイスが昇華すると 1 dm^3 の水の温度を何℃下げることができるか。

9 気体の性質

　前の章では多数の分子の集まり具合によって固体・液体・気体という物質の三態が現れることを見てきた。このうち気体では，分子は広い空間を自由に動き回っており，分子間の距離は液体や固体に比べて非常に大きく，したがって分子間に働く力は小さい。分子間距離が大きく分子間力が小さいために，気体には圧縮されやすく，また暖めると膨張しやすいという性質が現れてくる。つまり，気体の体積は圧力や温度によって大きく変化する。この章では，こういった気体の体積・温度・圧力の間の関係について調べていく。

9.1　理想気体の状態式

　温度を一定に保って，ある量の気体の体積をいろいろな圧力のもとで測っていくと，体積は圧力とともに図 9-1 に示すような変わり方をする。これを言葉で表せば，"温度が一定ならば，一定量の気体の体積 (V) は圧力 (P) に逆比例する" ということになり，また，数式で表せば次のように書ける。

$$V \propto \frac{1}{P} \quad \text{または} \quad PV = \text{const.} \tag{9.1}$$

この関係は Boyle によって実験的に見つけられた関係で Boyle の法則とよばれる。

　一方，圧力を一定に保って，ある量の気体の体積をいろいろな温度のもとで測っていくと，体積は温度が 1℃ 上がるごとに 0℃ のときの体積 (V_0) の 1/273 だけ大きくなる（図 9-2）。この関係，すなわち気体の体積 (V) と摂氏温度 (t) の関係を数式で表せば次のように書ける。

$$V = V_0 + \frac{V_0}{273} t = \frac{V_0}{273}(t + 273) \tag{9.2}$$

ここで，$T = t + 273$ として新しい温度の "ものさし" をつくれば (9.2) 式は

$$V = \text{const.} \cdot T \tag{9.3}$$

となって都合がよい。この温度のものさしを絶対温度とよび，その単位として K（ケルビン）を用いる——0℃ は 273 K（もっと精密には 273.15 K）に相当する。そこで，気体の体積と温度の関係を言葉で表せば "圧力が一定ならば，一定量の気体の体積は絶対温度に比例する" ということになる。この関係は Charles によって実験的に見つけられたもので，Charles の法則とよばれる。

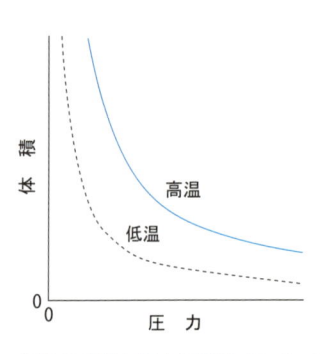

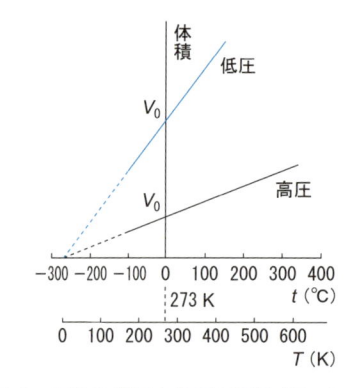

図 9-1　気体の体積と圧力の関係（Boyle の法則）　　図 9-2　気体の体積と温度の関係（Charles の法則）

　さてここで，Boyle の法則と Charles の法則を結び付けてみる．そうすれば気体の P, V, T の間の関係が手に入るだろう．(9.1) 式と (9.3) 式から次式が得られる．

$$V = \text{const.} \cdot \frac{T}{P} \tag{9.4}$$

実験によれば (9.4) 式の const. は気体の種類に無関係に同じ値になる．また，この定数は物質量 (mol) で表した気体の量に比例する．したがって，気体の量が 1 mol のときのこの定数を R で表し，これを気体定数という．そうすると，1 mol の気体に対して

$$PV = RT$$

の関係が，また一般に n mol の気体に対しては

$$PV = nRT \tag{9.5}$$

の関係が得られる．

　気体の P, V, T の間の関係を表す (9.5) 式には "圧力が低いとき" という条件がつき，圧力が高くなるとこの関係はもはや成り立たなくなる．ものごとを考える際，また，現象の本質をとらえるうえで，理想化された状況を考えることがしばしば役に立つ．そこで，どんな圧力のときでも常に (9.5) 式に従うような仮想的な気体を考え，これを理想気体とよぶ．また，(9.5) 式を理想気体の状態式という．この関係は，既に前章の 8.4 節で気体の体積を圧力と温度で表すために用いた．

　ここで気体定数の具体的な値を示しておこう．実験によれば，0℃，1 atm のもとで，1 mol の気体は 22.4 dm^3 の体積を占める．これらの値を (9.5) 式に代入すると R は次の値をもつことがわかる．

$$R = 0.082 \text{ atm} \cdot \text{dm}^3 \text{ K}^{-1} \text{ mol}^{-1}$$

気体定数は上とは違った別の単位を用いても表すことができる．そのためには，圧力 × 体積がエネルギーになることに注意しよう．これはそれぞれの物理量の次元を考えるとわかる．圧力は単位面積当りの力であるから [力] × [長さ]$^{-2}$ の次元をもち，これに体積 ([長さ]^3) を掛けたものの次元は [力] × [長さ] となり，これはエネルギーの次元である．そこで，エネルギーの単位として J（ジュール）を用いれば R の値は

$$R = 8.31 \, \text{J K}^{-1} \, \text{mol}^{-1}$$

となる。8.4 節の例題 8.1 で計算に用いたのはこの値である。

9.2 気体分子運動論

前節では実験によって見つかった気体の P, V, T の間の関係について述べた。この節では，気体を多数の分子の集合体であると考え，また，ある仮定を設ければ理想気体の状態式が自然に導かれてくることを示す。この結果から，われわれは気体が分子から成り立っていることを信じることができるし，また，理想気体がどういうものであるか，その性格もはっきりしてくる。

繰り返しになるが，気体を分子の集まりと考え，また，その分子は無秩序な運動をしていると考える。さらに，状況を簡単化するために，気体分子に対して次のような仮定を設ける。

1) 分子間には何も力が作用しない。
2) 分子は大きさをもたない。
3) 分子と容器の壁との衝突は完全弾性衝突である。すなわち，衝突に際して運動エネルギーが保存される。

このようなモデルに基づいて気体の圧力，体積，温度，および物質量の間の関係を導いてみようというわけだが，まず考え方の大筋を示しておこう。ある容器に閉じ込められた気体が N 個の分子を含むものとする。気体の圧力は，気体分子が容器の壁に衝突することによって生ずる。そこで，(ⅰ) 1 個の分子が衝突するときに壁に及ぼす力がわかれば，(ⅱ) N 個の分子が衝突するときに壁に及ぼす力がわかり，(ⅲ) それを壁の面積で割れば圧力が得られる。(ⅰ) は分子の運動速度に関係し，運動速度は温度に関係する。また，(ⅱ) は容器中の気体分子の個数あるいは物質量に関係する。さらに，(ⅲ) は容器の大きさ，すなわち容器の体積に関係する。したがって，気体の圧力を温度，物質量，および体積で表すことができるだろう。こういう考えのもとに順を追って計算を進めていく。

まず，1 つの分子が衝突することによって壁に及ぼす力を知りたいわけだが，これは単位時間当りの分子の運動量変化に相当する。ニュートンの運動の法則によれば，力 (F) は質量 (m) × 加速度 (a) で定義され，加速度は速度 (v) の変化率 (dv/dt) であり，また，質量 × 速度が運動量であるから，力は運動量の変化率 ($d(mv)/dt$) と次のようにして結びつけられる。

$$F = ma = m\frac{dv}{dt} = \frac{d(mv)}{dt} \tag{9.6}$$

そこで，図 9-3 に示したような直方体の容器に閉じ込められた N 個の気体分子のうち，ある 1 個の分子に目をつけ，その分子が A 面に及ぼす力を求めてみよう（以下では，N 個の気体分子に番号をつけ，i 番目の分子に目をつけるという意味で添え字 i をつける）。分子の速度を u_i とし，その x 成分を u_{xi} とすれば，その分子が A 面との 1 回の衝突でこう

むる運動量の変化は

(衝突後の運動量) − (衝突前の運動量) = $(-mu_{xi}) - (mu_{xi}) = -2mu_{xi}$

で与えられる。ここで，われわれが問題とするのは力の大きさだけだから（向きはどうでもよい），運動量変化の絶対値だけが必要であり，それは $2mu_{xi}$ となる。1回の衝突による運動量変化がわかったので，あとは単位時間当りの衝突回数がわかれば，単位時間当りの運動量変化，すなわち，1個の分子がA面に及ぼす力がわかる。いま目をつけた分子は単位時間（例えば1秒間）に x 軸方向に u_{xi} の距離だけ飛行するので，その間にA面と衝突する回数は

$$\frac{u_{xi}}{2a}$$

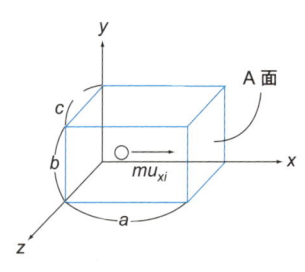

図9-3 直方体の容器に入った気体分子の運動

で与えられる。したがって，注目した分子がA面に及ぼす力は

$$2mu_{xi} \times \frac{u_{xi}}{2a} = \frac{mu_{xi}^2}{a} \tag{9.7}$$

と表される。N 個の分子がA面に及ぼす力は，N 個の分子について(9.7)式の和をとればよいので

$$\sum_{i=1}^{N} \frac{mu_{xi}^2}{a} = \frac{m}{a} \sum_{i=1}^{N} u_{xi}^2 \tag{9.8}$$

として与えられる。

　圧力は単位面積当りの力だから，(9.8)式をA面の面積で割れば N 個の気体分子がA面に及ぼす圧力 P が得られる。すなわち，A面の面積は bc であるから，P は

$$P = \frac{\frac{m}{a}\sum_{i=1}^{N} u_{xi}^2}{bc} = \frac{m\sum_{i=1}^{N} u_{xi}^2}{abc} = \frac{m\sum_{i=1}^{N} u_{xi}^2}{V} \tag{9.9}$$

と表される。上式で，$abc = V$（容器の体積）という関係を用いた。ここで(9.9)式にちょっと工夫を凝らして，分子にいったん N を掛けてまた N で割るという操作をしてみよう。すなわち

$$P = \frac{m\sum_{i=1}^{N} u_{xi}^2}{V} = \frac{Nm\left(\sum_{i=1}^{N} u_{xi}^2\right)/N}{V} \tag{9.10}$$

(9.10)式の分子に現れた $\left(\sum_{i=1}^{N} u_{xi}^2\right)/N$ は，N 個の分子について u_{xi}^2 を足しあわせたものを N で割ったものであるから，u_x^2 の平均値に相当する（このような量を2乗平均という）。これを $\overline{u_x^2}$ で表せば(9.10)式から

$$P = \frac{Nm\overline{u_x^2}}{V} \tag{9.11}$$

が得られる。

(9.11) 式によれば，N 個の気体分子が A 面に対して及ぼす圧力は分子の運動速度の x 成分の 2 乗平均に関係づけられる。次に，圧力を速度の x 成分ではなく速度そのもので表してみる。i 番目の分子の速度 u_i と各座標軸に対するその成分 u_{xi}, u_{yi}, u_{zi} の間には

$$u_i^2 = u_{xi}^2 + u_{yi}^2 + u_{zi}^2$$

の関係があるから，分子の速度の 2 乗平均は各成分の 2 乗平均に次式で関係づけられる。

$$\overline{u^2} = \frac{\sum_i u_i^2}{N} = \frac{\sum_i (u_{xi}^2 + u_{yi}^2 + u_{zi}^2)}{N} = \overline{u_x^2} + \overline{u_y^2} + \overline{u_z^2} \tag{9.12}$$

ところで，気体分子は無秩序な運動をしており，x, y, z 軸の方向に均等に動き回っているので次の関係が成り立つ。

$$\overline{u_x^2} = \overline{u_y^2} = \overline{u_z^2} \tag{9.13}$$

(9.12) 式と (9.13) 式から，分子の速度の x 成分の 2 乗平均と速度そのものの 2 乗平均の間に次の関係が成り立つことがわかる。

$$\overline{u_x^2} = \frac{1}{3}\overline{u^2}$$

したがって，これと (9.11) 式から

$$P = \frac{Nm\left(\dfrac{\overline{u^2}}{3}\right)}{V}$$

$$\therefore \quad PV = \frac{1}{3}Nm\overline{u^2} \tag{9.14}$$

が得られる。こうして気体の圧力が分子の運動速度の 2 乗平均に結び付けられることがわかった。なお，これまでは x 軸に垂直な A 面に対する圧力ということで話を進めてきたが，この考えは y 軸や z 軸に垂直な面についても全く同様に当てはまるので，(9.14) 式の P はもっと一般的に容器に閉じ込められた気体が示す圧力になる。

(9.14) 式は気体の圧力を分子運動の速度と結び付ける関係であるが，次にこれを分子の運動エネルギーで表そう。分子の運動エネルギーは温度と関係づけられるから，そうすることによって (9.14) 式から気体の圧力，体積，分子数，および温度の間の関係が手に入るに違いない。気体分子 1 個の平均運動エネルギー ε_κ は

$$\varepsilon_\kappa = \frac{1}{2}m\overline{u^2}$$

だから，(9.14) 式は

$$PV = \frac{2}{3} N \varepsilon_\kappa \tag{9.15}$$

となる。そこで次は分子の運動エネルギーと温度の関係が必要となるが，Boltzmann の原理によれば ε_κ は絶対温度に次式で関係づけられる。

$$\varepsilon_\kappa = \frac{3}{2} k_B T \tag{9.16}$$

上の式の k_B を Boltzmann 定数という。Boltzmann の原理は統計力学により証明されるが，それには立ち入らないで，上の関係はそのまま受け入れることにしよう。(9.15)式と(9.16)式を組み合わせると

$$PV = N k_B T \tag{9.17}$$

が得られる。ここで Avogadro 数を N_A とすれば，容器中に気体が n mol 入っているとき $N = nN_A$ だから，(9.17) 式は

$$PV = n N_A k_B T \tag{9.18}$$

と書ける。そこで，Avogadro 数と Boltzmann 定数という 2 つの定数の積をあらためて R という記号で表せば $(R = N_A k_B)$，(9.18) 式から

$$PV = nRT \tag{9.19}$$

が得られる。(9.19) 式は前節で見た理想気体の状態式である。こうして気体を無秩序な運動をしている分子の集まりと考えれば，初等力学に基づいて理想気体の状態式に到達することが理解できただろう（ただし，分子の運動エネルギーと絶対温度の関係は証明なしに受け入れざるをえないが）。

以上に示したことをふりかえってみれば，理想気体とは始めに設けた 1)～3)の仮定を満足するような気体であるということができる（これらの仮定が (9.19) 式を導く過程でどこに用いられているか考えてみよ）。実在気体の場合，圧力が低ければ，いいかえると希薄であれば，ⅰ) 分子間の距離が大きいため分子間に働く力は無視でき，さらにまた，ⅱ) 分子自身が占める体積は容器の体積に比べて無視できる。したがって，圧力が低いという状況のもとでは実在気体に対しても理想気体の状態式が当てはまる。

気体分子運動論から理想気体の性格がはっきりしたが，さらにまた温度の実体が明らかになる。Boltzmann の原理によれば絶対温度は分子の運動速度と次式で関係づけられる。

$$\varepsilon_\kappa = \frac{1}{2} m \overline{u^2} = \frac{3}{2} k_B T \tag{9.20}$$

すなわち，温度は分子運動の激しさを表すもので，温度が高いということは分子が大きい速度で運動していることに対応する。いいかえれば，温度が上昇すれば平均 2 乗速度は大きくなり，分子の運動は激しくなる。この関係をもう少し詳しく見てみよう。(9.20) 式に Avogadro 数を掛け，$N_A m = M$（分子の mol 質量，すなわち分子量）および $N_A k_B = R$ であることを頭において整理すると次式がえられる。

$$\overline{u^2} = \frac{3RT}{M}$$

$$\therefore \quad u_{\rm rms} = \sqrt{\overline{u^2}} = \sqrt{\frac{3RT}{M}} \tag{9.21}$$

すなわち，分子の根平均2乗速度 $u_{\rm rms}$ は絶対温度の平方根に比例し，分子量の平方根に逆比例する．この結果をみると，空気中の分子は0℃の寒い日よりも30℃の暑い日の方が平均として約5%だけ速く動き回っていること，また，窒素分子の方が酸素分子よりも平均として約6%だけ大きい速度で運動していることになる．

> 【例題 9.1】 空気中の二酸化炭素分子の 25℃における根平均2乗速度を計算せよ．
> 【解】 $u_{\rm rms}$ の値は (9.21) 式に温度 (298 K) と分子量 (44) を代入すれば簡単に計算できる．
> $$u_{\rm rms} = \sqrt{\frac{3 \times 8.31 \,\mathrm{J\,K^{-1}\,mol^{-1}} \times 298 \,\mathrm{K}}{44 \times 10^{-3}\,\mathrm{kg\,mol^{-1}}}} = 411 \,\mathrm{m\,s^{-1}}$$
> これは時速にして約 1480 km の速さである．

9.3 実在気体

実在気体に対しては圧力が高くなると理想気体の状態式が成り立たなくなるということを前節で述べた．では，どの程度の圧力になるとどれくらい理想気体の振舞いからはずれてくるだろうか．図 9-4 に，いくつかの気体について $Z = PV_{\rm m}/RT$ が圧力によって変わる様子を示した．ここで，$V_{\rm m}$ は気体 1 mol 当りの体積であり，Z は圧縮係数とよばれる．理想気体では圧力 P によらず常に $Z = 1$ である．実在気体の Z は圧力が増すと 1 からずれてきて，そのずれかたは気体の種類に依存する．このように，圧力が高くなったときの理想気体からのずれ具合は個々の気体によって異なり，分子間力や分子の大きさの違いがここに反映されてくる．実在気体に対する P, V, T の関係を表す状態式がこれまで数多く考案されている．そのうち最も有名なものは van der Waals の状態式であり，これがどのような考えのもとに導かれてくるかを以下に示す．

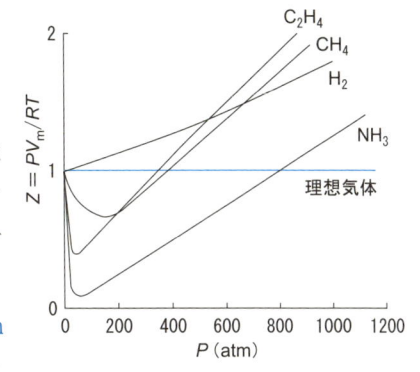

図 9-4 気体の圧縮係数の圧力による変化

前節でも強調したように，理想気体とは ⅰ) 分子が大きさをもたず，ⅱ) 分子間力が作用しない気体であり，その場合に限り理想気体の状態式が成り立つ．ところが実在気体では分子は有限の体積をもち，また，分子間にはある力が働くために理想気体の状態式に従わなくなる．そこで，これら2つの要因に対する補正を加えてみる．

(1) 分子の大きさに対する補正

理想気体の場合，分子の体積はゼロだから気体分子が自由に動き回れる空間の体積は気

体の体積（容器の体積）と等しい。一方，実在気体では分子は有限の大きさをもち，ある分子は他の分子の内部には入り込めないので，この2つは同じではない。容器の体積から分子自身が占める体積（これを排除体積という）を差し引いた分が分子の運動のために残された空間の体積になる。体積 V の容器に n mol の気体分子が入っているとき，分子1 mol 当りの排除体積を b とすれば，$V - nb$ が分子にとって自由に動き回れる空間の体積になる。これは，この気体が仮に理想気体だとしたときに占めるであろう体積 V_{id} に相当する。すなわち

$$V_{id} = V - nb \tag{9.22}$$

(2) 分子間力に対する補正

気体の圧力は，気体分子の壁への衝突によってもたらされる。ある分子が壁に衝突するときの状況を考えてみると（図9-5），実在気体では分子間に引力が作用するため，衝突しようとする分子は隣り合った分子から内部へ引き戻されるような力を受ける。

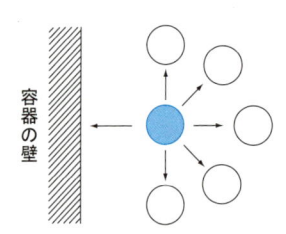

図9-5 気体分子の壁への衝突に対する分子間力の効果

表9-1 いくつかの気体に対する van der Waals 定数

気体	a/atm dm^6 mol^{-2}	b/dm^3 mol^{-1}
He	0.0341	0.0237
H_2	0.241	0.0262
N_2	1.35	0.0386
O_2	1.36	0.0319
CH_4	2.27	0.0431
CO_2	3.61	0.0428
NH_3	4.20	0.0374
H_2O	5.45	0.0304

これは分子の壁への衝突速度を減速する効果をもたらし，したがって，気体の圧力は分子間引力が作用しない場合に比べて低くなる。この圧力の下がり具合は，ⅰ）衝突する分子の隣りに存在する分子の数（これは n/V に比例する）に比例し，さらにまたⅱ）衝突する分子の数（これも n/V に比例する）にも比例する。すなわち，分子間引力による圧力の低下は n^2/V^2 に比例する。そこで，この比例係数を a とすれば，実際の圧力 P は，この気体が仮に理想気体だとしたときの圧力 P_{id} よりも an^2/V^2 だけ低くなる。すなわち

$$P = P_{id} - \frac{an^2}{V^2} \tag{9.23}$$

(9.22)，(9.23) 式の V_{id} および P_{id} を理想気体の状態式 (9.19) 式に代入すると次の関係が得られる。

$$\left(P + \frac{an^2}{V^2}\right)(V - nb) = nRT \tag{9.24}$$

1 mol の気体に対しては

$$\left(P + \frac{a}{V^2}\right)(V - b) = RT \tag{9.25}$$

こうして分子の体積と分子間力を考慮にいれた状態式が手に入った。なお，(9.24), (9.25) 式は van der Waals の状態式とよばれ，また，そこに含まれる 2 つの定数 a と b を van der Waals 定数とよぶ。これらの定数の値は実験によって決められ，また，その導入のいきさつからもわかるように，気体の種類によって異なる。いくつかの気体について，van der Waals 定数の値を表 9-1 に示した。

van der Waals の状態式が実在気体の振舞いをどの程度うまく表すことができるか，二酸化炭素を例にとってみてみよう。温度 320 K で，いくつかの圧力のもとで二酸化炭素 1 mol が占める体積を理想気体の状態式および van der Waals の状態式から計算される値と比較したものを表 9-2 に示す。圧力 10 atm では観測値と理想気体の状態式による計算値の差はおよそ 4%であり，この程度の圧力までは理想気体の状態式も充分によい近似式になっている。圧力が 100 atm にまで高められると，理想気体の状態式がまったく役立たなくなるのに対し，van der Waals の状態式は観測値と非常に近い計算値を与えてくれることがわかる。このように，van der Waals の状態式はその形も，またそこに至る考え方も簡単であり，また実在気体の振舞いをかなり高い圧力までうまく表してくれるたいへん重宝な状態式である。

表 9-2　320 K で 1 モルの CO_2 が占める体積と圧力の関係。実測値と理想気体の状態式による計算値および van der Waals の状態式による計算値の比較

圧　力 P/atm	モル体積 V/dm^3		
	実測値	理想気体の状態式	van der Waals の状態式
0.1	262.6	262.6	262.6
1.0	26.2	26.3	26.2
10	2.52	2.63	2.53
40	0.54	0.66	0.55
100	0.098	0.26	0.10

9.4　混合気体と分圧

この章の最後に，何種類かの気体の混合物すなわち混合気体をとりあげる。ここで考える分圧の概念は溶液の蒸気圧を取り扱う次の章を理解するために必要となる。なお，成分気体はいずれも理想気体であるものとする。

いま，気体 1 の n_1 mol と気体 2 の n_2 mol が体積 V の容器に入っていて，温度 T，圧力 P に保たれている状況を考える（図 9-6(a)）。この混合気体の全物質量 n は

$$n = n_1 + n_2$$

である。したがって，この混合気体の圧力は理想気体の状態式を用いて次のように表される。

$$P = \frac{n}{V}RT = \frac{n_1 + n_2}{V}RT = \frac{n_1}{V}RT + \frac{n_2}{V}RT \tag{9.26}$$

ここで，最右辺の第1項は同じ容器に気体1だけが入っているとしたときの圧力に相当し（図9-6(b)），また第2項は同じく気体2だけが入っているとしたときの圧力（図9-6(c)）に相当する．これらの圧力をp_1およびp_2で表して，それぞれ気体1および気体2の<u>分圧</u>という．また，混合気体全体としての圧力（P）を全圧という．(9.26)式から明らかなように，これら全圧と分圧の間には

$$P = p_1 + p_2$$

の関係がある．もっと多くの成分を含む一般的な混合気体に対しては，全圧と分圧の関係は次式で表される．

$$P = \sum_i p_i \tag{9.27}$$

すなわち，理想混合気体の全圧は各成分気体の分圧の和に等しい．これをDaltonの<u>分圧の法則</u>という．

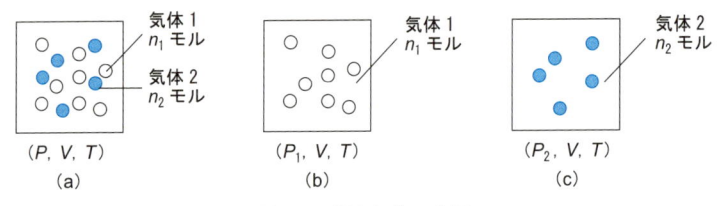

図 9-6　混合気体の分圧

ここで分圧が表す意味を考えてみる．図9-6からわかるように，p_1は気体1が容器の壁に衝突することによって生じる圧力であり，またp_2は気体2に由来する圧力である．われわれは気体1と気体2から生じる圧力を別々に観測することはできず，それらが一緒に合わさった全圧だけを測ることができる．理想気体では分子に大きさがなく，また分子間に何も力が働かないので，混合気体中で気体1が示す圧力（図9-6(a)の状況）は，仮に同じ容器に気体1だけが存在するとしたときの圧力（図9-6(b)の状況）に等しい．また気体2についても同様のことがいえる．したがって，それぞれの成分気体の分圧を足し合わせたものが混合気体の全圧に等しくなる．

分圧は，その成分気体が混合気体中に含まれる割合に依存することが上でみてきたことから見当がつく．そこで次に，この関係を調べてみる．気体1の分圧と組成および全圧の間の関係は次式で与えられる．

$$p_1 = \frac{n_1}{V}RT = \frac{n_1}{n}\frac{n}{V}RT = \frac{n_1}{n}P \tag{9.28}$$

ここで，$n_1/n = n_1/(n_1 + n_2)$は混合気体の全物質量に対する気体1の物質量の割合に相当するもので，これを<u>モル分率</u>とよび，記号x_1で表す．モル分率を用いれば (9.28) 式は

$$p_1 = x_1 P$$

と書ける。気体 2 についても同様に，その分圧は気体 2 のモル分率 $x_2 = n_2/n = n_2/(n_1 + n_2)$ を用いて

$$p_2 = x_2 P$$

と表される。一般に，混合気体中の成分 i の分圧 (p_i) はそのモル分率 (x_i) と全圧 (P) に次式で関係づけられる。

$$p_i = x_i P \tag{9.29}$$

ここで，成分 i のモル分率は

$$x_i = \frac{n_i}{\sum_i n_i}$$

で与えられる。

問　題

1. 2 mol のエタンが 300 K で 1.0 dm^3 の体積を占めている。このときの圧力を，（ⅰ）理想気体として，また，（ⅱ）van der Waals 気体として計算せよ。ただし，エタンの van der Waals 定数は $a = 5.43$ atm dm^6 mol^{-2}，$b = 0.0641$ dm^3 mol^{-1} である。

2. 多孔質の壁を通過する気体分子の速度は分子量に依存する。この拡散速度の違いは，同位体（とくにウランの同位体）の濃縮に利用されている。気体の六フッ化ウラン，^{235}UF$_6$ と ^{238}UF$_6$ の拡散速度の比はいくらか，計算せよ。

3. 太陽表面に存在する ^{57}Fe 原子のスペクトルの観測から，この原子は約 1.6 kms^{-1} の根平均 2 乗速度で動きまわっていることがわかる。このことから太陽表面の温度を推定してみよ。

4. 体積 20 dm^3 の容器に，O$_2$ 0.70 mol，N$_2$ 1.50 mol，CO$_2$ 0.20 mol を入れて 25℃に保った。混合気体の全圧と各成分気体の分圧はそれぞれいくらになっているか，計算せよ。

10 溶液の性質

　前の2つの章では，おもに純物質についてその物理化学的な性質をみてきた。この章では，異なる種類の分子が集まってできる混合物の振舞いを考える。混合物を構成している個々の分子種を成分とよぶ。我々の周りの物質は，ごくまれな例外を除いて，ほとんどのものが多数の成分が混ざり合った混合物である。したがって，混合物の物理化学的な性質を調べることは，我々が実際に身近に観察する現象を理解したり，あるいはまた，それを実用的なことがらに応用したりする上で役立つだろう。

　純物質と同様に混合物も三態のうちのいずれかの状態をとる。ここではとくに液体状態の混合物，すなわち溶液に注目し，溶液（液相）と蒸気（気相）の間の相平衡，および，沸点上昇や凝固点降下などの溶液の性質を取り扱う。なお，ここでは最も簡単な場合，すなわち2種類の成分が混ざり合った二成分溶液に話を限る。

10.1 溶液の濃度

　混合物の中にそれぞれの成分がどれくらいの割合で含まれているかを組成という。混合物の物理化学的な性質は組成に強く依存する。純物質の状態は温度と圧力の2つの変数で決められるということを前の章で述べたが，混合物の場合，その状態を決める変数として温度と圧力以外に組成が付け加わってくる。組成はそれぞれの成分の濃度で表される。

　溶液の濃度を表すにはいくつかの方法があり，そのうち最もよく用いられるものを以下に示す。なお，食塩水のように液体の物質（水）に固体（食塩）が溶けた溶液の場合，溶かす方の成分（液体成分）を溶媒とよび，溶かされる方の成分（固体成分）を溶質という。エタノール水溶液のように，溶かすものと溶かされるものの両方が液体の場合，普通は多量に含まれる成分を溶媒，少量の成分を溶質とよぶ。

（1）　質量パーセント（wt%）

　溶液の質量に対するある成分の質量の割合を百分率で表したもの。x g の溶質を y g の溶媒に溶かした場合，溶質の wt% は次のように表される。

$$\frac{x}{x+y} \times 100$$

（2）　容量モル濃度

　溶液 1 dm^3（1000 cm^3）中に含まれる溶質の物質量として定義される。化学で最もよく用いられる濃度の表し方。分子量 M の溶質 x g をある溶媒に溶かして V cm^3 にした場合，溶

質の容量モル濃度 c は次のように表される。

$$c = \frac{x}{M} \times \frac{1\,000}{V}$$

(3) 質量モル濃度

溶媒 1 kg（1 000 g）当りに溶けている溶質の物質量として定義される。分子量 M の溶質 x g を w g の溶媒に溶かしたとき，溶質の質量モル濃度 m は次のように表される。

$$m = \frac{x}{M} \times \frac{1\,000}{w}$$

(4) モル分率

ある注目した成分の物質量の全物質量に対する割合。成分 1 の n_1 モルと成分 2 の n_2 モルからできた溶液の場合，それぞれの成分のモル分率 x_1，x_2 は次のように表される。

$$x_1 = \frac{n_1}{n_1 + n_2} \qquad x_2 = \frac{n_2}{n_1 + n_2}$$

なお，上の関係からわかるように，2 つの成分のモル分率の間には次の関係がある。

$$x_1 + x_2 = 1$$

10.2 二成分系の液相-気相平衡

8 章では純物質に対する三態の間の平衡すなわち相平衡の問題を取りあげた。混合物になると相平衡の状況はどうなるだろうか。ここでは二成分系の液相-気相平衡について，とくに純物質との違いをみていこう。

8 章で述べたように，純物質の場合 2 つの相を平衡に共存させようとすると，温度と圧力の 2 つの変数のうちいずれか一方だけしか自由に選ぶことはできない。例えば，水（液相）と水蒸気（気相）を共存させる場合，圧力を 1 atm に選べば温度は 100℃ に限られる（図10-1(a)）。ところが，水とエタノールの混合物では，1 atm のもとで液相（エタノール水溶液）と気相（水蒸気とエタノール蒸気の混合気体）が平衡に共存するのは 1 つの温度だけとは限らない。図10-1(b)に示したように，圧力を 1 atm に指定しても，溶液中のエタノールの濃度が 40 wt% のときは 83℃，70 wt% のときは 80℃，90 wt% のときは 78.4℃ というふうに，いろいろな温度のもとで液相と気相を共存させることができる。つまりこの場合，相平衡を出現させるために我々が自由に変えることができる変数の数が純物質の場合に比べて多くなっている。この例をみて，混合物の状態を規定するのに組成が重要な因子となることに気がつく。すなわち，混合物の場合，その状態を決める変数として温度と圧力以外に組成が加わってくる。二成分系では組成は 2 つの成分のうちのどちらかの成分の濃度で表されるので（なぜなら，一方の濃度を指定すれば他方の濃度は自動的に決まってくる），組成を表す変数の数は 1 つになる。したがって，二成分混合系の状態を規定する変数の数は温度・圧力・1 つの成分の濃度の 3 つということになる。

100　II　物質の状態

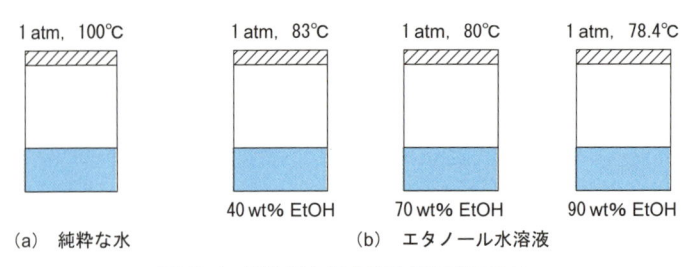

```
1 atm, 100℃    1 atm, 83℃    1 atm, 80℃    1 atm, 78.4℃
```

　　　　　　　40 wt% EtOH　70 wt% EtOH　90 wt% EtOH
　(a)　純粋な水　　　　　(b)　エタノール水溶液

図 10-1　純物質と混合物の相平衡の違い

　上に示したような一成分系（純物質）と二成分系の相平衡の違いを，8 章で述べた相律に基づいてながめてみる．相律（(8.1) 式）は，我々が任意に選ぶことができる変数の数，すなわち自由度 f と成分の数 c および平衡に存在する相の数 p を結び付ける関係である．一成分系（$c=1$）の場合，2 つの相が平衡に共存するとき（$p=2$）の自由度は $f=1$ となり，これは温度と圧力のどちらか 1 つしか自由に選ぶことができないことを意味する．二成分系（$c=2$）になると，$p=2$ のときの自由度は $f=2$ である．このことは，2 つの相を共存させるためには温度・圧力・組成（1 つの成分の濃度）という 3 つの変数のうち 2 つまでを自由に選べることを意味しており，上のエタノール水溶液の例と一致する．

　図 10-1 の例は，別の言い方をすれば，一定圧力のもとで溶液（液相）と蒸気（気相）が平衡に共存する温度（すなわち沸点）が溶液の濃度によって変わることを示している．一定に保つ変数を温度にとれば，溶液と蒸気が平衡に共存する圧力（すなわち蒸気圧）は溶液の濃度によって変わってくることになる．そこで，二成分溶液の蒸気圧が溶液組成によって変化する様子を次の節でみてみよう．

10.3　Raoult の法則と理想溶液

　成分 A と B からできた溶液が，ある温度のもとで気相と共存して平衡状態になっている状況を考える（図 10-2）．気相は A と B の混合気体であり，蒸気を理想気体とみなせば，このときの圧力すなわち蒸気圧 P は A の分圧 p_A と B の分圧 p_B の和として与えられる（9.4 節参照）．まず知りたいことはこれらの分圧と溶液の組成の関係である．

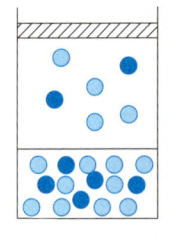

$p_1 \propto n_1 \propto x_1$
p_1：成分 1 の蒸気分圧
n_1：気相中の成分 1 の分子数
x_1：溶液中の成分 1 のモル分率

図 10-2　Raoult の法則

　理想気体の状態式からもわかるとおり，気体の圧力は単位体積中の気体分子の数に比例する．液相と気相が共存する状況では，液相中の分子のうちで高いエネルギーをもったも

のが分子間の束縛力に打ち勝って気相中に逃れていって気体分子となり，また逆に，気体分子のうちエネルギーを失ったものが液相中に戻るという変化が起こっている。8章でも述べたとおり，単位時間当りに液相から気相に逃げ出す分子の数と気相から液相に舞い戻る分子の数が等しくなった状態が相平衡の状態である。液相がAとBが混ざり合った溶液の場合，単位時間当りに液相から逃げ出すA分子の数は溶液中に含まれるA分子の割合に比例するだろう。したがって，いま考えている溶液と平衡に共存する混合気体に含まれるA分子の数は，溶液中のA分子の割合に比例するものと考えられる。このことと，混合気体のある成分の分圧は単位体積当りのその成分の分子数に比例することを考え合わせれば，Aの蒸気分圧は溶液中のAのモル分率に比例するものと考えられる。これを数式で表せば次のように書ける。

$$p_A = x_A p_A^* \tag{10.1}$$

ここで，比例係数の p_A^* は，$x_A = 1$ のときの p_A に相当することからもわかるように，純粋なAが示す蒸気圧である。成分Bについても同様な関係が成り立つ。すなわち

$$p_B = x_B p_B^* \tag{10.2}$$

ここで，x_B は溶液中の成分Bのモル分率であり，p_B^* は純粋なBの蒸気圧である。したがって，全蒸気圧 P はAのモル分率の関数として次のように表される。

$$P = x_A p_A^* + x_B p_B^* = x_A p_A^* + (1 - x_A) p_B^* = p_B^* + (p_A^* - p_B^*) x_A \tag{10.3}$$

上に示した蒸気圧と溶液組成の関係は，Raoult によってある種の溶液について実験的に見いだされたもので，これを Raoult の法則 とよぶ。しかし，この関係はどんな溶液についても常に成り立つとは限らない。それは次の事情を考えるとわかるだろう。二成分溶液では分子間力としてA分子どうし，B分子どうし，およびA分子とB分子の間に働く3種の相互作用が現れてくる。もし，（ⅰ）これら3種の分子間力がすべて同じならば，溶液から気相へ逃れ出るA分子の数は溶液中のAのモル分率に比例するだろう（上で，(10.1)式を得るためにたどった考えは，この状況に当てはまるものである）。ところが，もし，（ⅱ）A分子とB分子が引き合う力がA分子どうしおよびB分子どうしが引き合う力よりも弱ければ，気相に逃れ出るA分子の数は溶液中のAのモル分率から予測されるよりも多くなる。逆に，（ⅲ）A分子とB分子が引き合う力のほうが強ければ，気相中のA分子の数は溶液組成から期待されるよりも少なくなるだろう。これは例えて言えば，家庭内で家族の絆が強ければ家出をする者は少ないだろうし，逆に仲の悪い者どうしが1つ屋根の下にいると外にとびだす者が多くなるようなものである。

現実の溶液では，多くの場合（ⅱ）または（ⅲ）の状況となり，したがって Raoult の法則からのずれが現れるのが普通である（ただし，Aにごくわずかの B が溶けた希薄溶液の場合，A については Raoult の法則が成り立つ）。これに対して，（ⅰ）の状況に当てはまる溶液，すなわち，どんな組成のときも常に Raoult の法則が成り立つような溶液を 理想溶液 という。また，Raoult の法則からずれた振舞いをする溶液を 非理想溶液 とよぶ。似通った分子からできた溶液は理想溶液に近くなるが，これは上に述べたことから考えて理解で

きるだろう。

2成分理想溶液について蒸気圧と組成の関係を図示すると図10-3のようになる。ここで，横軸の組成は成分Aのモル分率で表してある。なお，この図の直線は（10.1）式〜（10.3）式から描かれる。

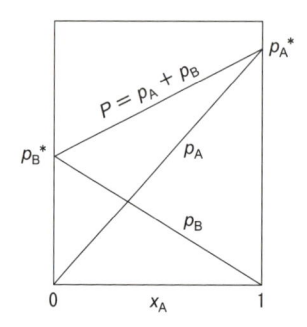

図 10-3　2 成分理想溶液の蒸気圧と組成の関係（Raoult の法則）

> 【例題10.1】 25℃におけるメタノールの蒸気圧は 88.0 mmHg，エタノールの蒸気圧は 44.0 mmHg である。この温度で，メタノールのモル分率が 0.40 の溶液が気相と平衡にあるとき，（ⅰ）各成分の蒸気分圧と全蒸気圧を求めよ。また，（ⅱ）このときの蒸気の組成を求めよ。ただし，メタノールとエタノールの溶液は理想溶液になるものとする。
>
> 【解】（ⅰ）理想溶液だから Raoult の法則が成り立つ。したがって，メタノールの蒸気分圧 p_M およびエタノールの蒸気分圧 p_E はそれぞれ次のように計算される。
>
> $$p_M = x_M p_M{}^* = 0.40 \times 88.0 = 35.2 \text{ (mmHg)}$$
> $$p_E = x_E p_E{}^* = (1 - x_M) p_E{}^* = 0.60 \times 44.0 = 26.4 \text{ (mmHg)}$$
>
> また，全蒸気圧 P は
>
> $$P = p_M + p_E = 61.6 \text{ (mmHg)}$$
>
> （ⅱ）気相中のメタノールのモル分率を x_M' とすれば，分圧の法則（9.4節参照）より
>
> $$p_M = x_M' P$$
>
> の関係があるから
>
> $$x_M' = \frac{p_M}{P} = 0.57$$
>
> が得られる。また，エタノールの気相中のモル分率 x_E' は
>
> $$x_E' = 1 - x_M' = 0.43$$
>
> である。これはもちろん $x_E' = p_E/P$ としても求められる。
>
> 　溶液と蒸気が平衡に共存するとき，溶液の組成と蒸気の組成は同じではないことに注意せよ。この例題の結果は，蒸気の方が溶液よりも蒸気圧が高い方の成分（いいかえると揮発性が高い成分）に富んでくることを示している。

理想溶液に対する蒸気圧と組成の関係は図 10-3 に示したようになるが，非理想溶液の場合，蒸気圧の組成による変わり方には Raoult の法則からのずれ具合によって 2 通りの

型が現れてくる．1つは図 10-4 に示したように蒸気圧が Raoult の法則から予測されるよりも高くなる場合で，もう1つは逆に図 10-5 のように蒸気圧が低くなる場合である．これらの振舞いは上で述べた（ⅱ）および（ⅲ）のいずれの状況に相当するか考えてみよ．

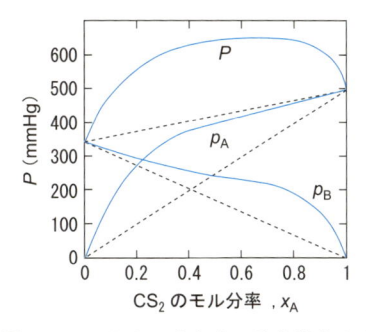

図 10-4　アセトン（B）と二硫化炭素（A）の溶液の蒸気圧（35℃）

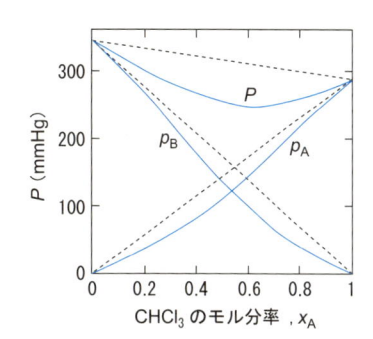

図 10-5　アセトン（B）とクロロホルム（A）の溶液の蒸気圧（35℃）

10.4　溶液の性質

理想溶液の場合，各成分の蒸気分圧は溶液中のその成分のモル分率と比例関係にあることを前節で述べた（Raoult の法則）．非理想溶液ではこの関係からのずれが生じる．しかし，その場合でも溶質の濃度が低ければ，溶媒は理想溶液として振舞う（すなわち，溶媒については Raoult の法則が成り立つ）．以下では，溶媒 A に溶質 B が溶けた希薄溶液を考えることにする（これを理想希薄溶液という）．

10.4.1　蒸気圧降下

理想希薄溶液では溶媒について Raoult の法則が成り立つから，純溶媒 A の蒸気圧 p_A^* とこの溶液の A の蒸気分圧 p_A の差は，(10.1) 式から次のように表される．

$$p_A^* - p_A = (1 - x_A)p_A^* = x_B p_A^* \tag{10.4}$$

あるいは，これを書き換えると

$$\frac{p_A^* - p_A}{p_A^*} = x_B \tag{10.5}$$

ここで，x_A と x_B はそれぞれ溶液中の溶媒および溶質のモル分率である．p_A は溶液と平衡にある蒸気中の A の分圧を表すものだが，もし溶質が不揮発性なら蒸気中には B は存在せず，この場合，p_A は溶液そのものの蒸気圧に相当する．したがって上の関係は，不揮発性溶質が溶けた溶液の蒸気圧は溶媒の蒸気圧よりも低くなり（蒸気圧降下），蒸気圧の相対的な降下度は溶液中の溶質のモル分率に等しい（(10.5) 式）ことを示している．洗濯をしたとき，すすぎが不十分で洗剤が残っていたら乾きが遅いことを経験したことがあるかもしれない．これは，洗剤という不揮発性の溶質を溶かし込んだため，洗濯物についた水の蒸気圧が下がったことによる．

10.4.2 沸点上昇

上でみたように，溶媒に不揮発性の溶質を溶かすと蒸気圧が下がる。その結果，溶液の沸点は上昇する。この現象を沸点上昇という。なぜ沸点が上がるかは図10-6から理解できるだろう。この図の上側の曲線は純物質の状態図に現れる液相─気相平衡線，例えば，図8-3の曲線OAの一部分を示したものである。いま，この物質（溶媒）に不揮発性溶質を溶かしたとする。すると，種々の温度のもとで蒸気圧が下がるから，溶液の蒸気圧と温度の関係は図10-6の下側の曲線のようになる。したがって，図から明らかなように，1 atmのもとでの沸点は溶液の方が溶媒よりも高くなる。

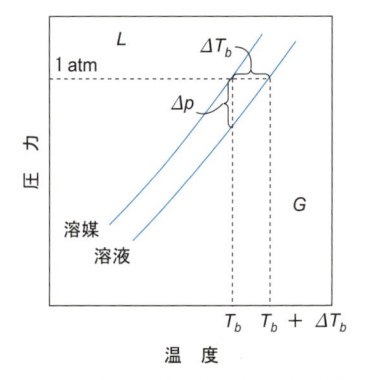

図10-6 蒸気圧降下と沸点上昇の関係

次に，溶液の濃度と沸点の関係を調べてみる。この関係は8章で述べたClapeyron-Clausiusの式を用いて得られる。不揮発性溶質が溶けた希薄な溶液を考える。希薄溶液では蒸気圧の降下度 ΔP および沸点の上昇度 ΔT_b は小さいので，それらの比は（8.4）式を用いて近似的に次のように表される。

$$\frac{\Delta P}{\Delta T_\mathrm{b}} \approx \left(\frac{dP}{dT}\right)_{T=T_\mathrm{b}} = \frac{\Delta H_\mathrm{vap} P}{RT_\mathrm{b}^2} \tag{10.6}$$

したがって

$$\Delta T_\mathrm{b} = \frac{RT_\mathrm{b}^2}{\Delta H_\mathrm{vap} P} \Delta P \tag{10.7}$$

一方，蒸気圧の降下度は（10.5）式により溶質のモル分率 x_B と次のように関係づけられる。

$$\Delta P = x_\mathrm{B} P \tag{10.8}$$

（10.8）式を（10.7）式に代入すれば，沸点上昇度を溶質のモル分率と関係づける次式が得られる。

$$\Delta T_\mathrm{b} = \frac{RT_\mathrm{b}^2}{\Delta H_\mathrm{vap}} x_\mathrm{B} \tag{10.9}$$

モル分率という濃度の表し方は理論的な考えを進めるためには都合がよいけれども，実験

をするうえでは扱いにくい。そこで，次にモル分率を実用的にもっと都合のよい濃度表現法の質量モル濃度に変換する。

溶液が n_A mol の溶媒と n_B mol の溶質を含んでいるとすれば，希薄溶液では溶質のモル分率は次のように近似できる。

$$x_B = \frac{n_B}{n_A + n_B} \approx \frac{n_B}{n_A} \tag{10.10}$$

一方，質量モル濃度 m_B は，溶媒の分子量 M_A を用いて次のように表される。

$$m_B = \frac{n_B}{n_A M_A} \times 1\,000 \tag{10.11}$$

これより，希薄溶液に対するモル分率と質量モル濃度の間の換算関係として次式が得られる。

$$m_B = \frac{1\,000}{M_A} x_B \tag{10.12}$$

したがって，(10.9) 式と (10.12) 式より

$$\Delta T_b = \frac{RT_b^2 M_A}{1\,000 \Delta H_{vap}} m_B \qquad (m_B \to 0) \tag{10.13}$$

が得られる。(10.13) 式は，沸点上昇度が不揮発性溶質の質量モル濃度に比例することを示しており，この関係は普通，次のように表される。

$$\Delta T_b = K_b m_B \qquad (m_B \to 0) \tag{10.14}$$

ここで，比例定数の K_b は $m_B = 1$ mol kg^{-1} のときの沸点上昇度に相当し，モル沸点上昇（またはモル沸点上昇定数）とよばれる。K_b の中身は

$$K_b = \frac{RT_b^2 M_A}{1\,000 \Delta H_{vap}} \tag{10.15}$$

で表される。(10.15) 式の右辺には，溶媒の沸点・モル蒸発熱・分子量という具合にすべて溶媒に関する量が含まれており，K_b が溶媒の種類に応じて決まった値となる定数であることがわかる。いくつかの溶媒に対するモル沸点上昇の値を表 10-1 に示す。

表 10-1 いくつかの溶媒の沸点（T_b）とモル沸点上昇（K_b）

溶媒	T_b (℃)	K_b (Kmol^{-1} kg)
水	100	0.52
二酸化炭素	46.3	2.40
アセトン	56.2	1.69
エタノール	78.3	1.07
ベンゼン	80.2	2.54
四塩化炭素	76.5	5.07

表 10-2 いくつかの溶媒の凝固点（T_f）とモル凝固点降下（K_f）

溶媒	T_f (℃)	K_f (Kmol^{-1} kg)
水	0	1.86
硫酸	10.36	6.12
酢酸	16.64	3.9
ナフタレン	79.25	6.9
ベンゼン	5.46	5.07
ショウノウ	179.5	40

【例題 10.2】 150 g の水に 6.0 g のブドウ糖（$C_6H_{12}O_6$）を溶かした溶液の沸点は何℃か。

【解】 ブドウ糖の分子量は 180 であるから，この水溶液の質量モル濃度は

$$m = \frac{6.0/180}{150} \times 1\,000 = 0.222 \text{ (mol kg}^{-1})$$

これと水のモル沸点上昇 $K_b = 0.52$（表 10.1）を（10.14）式に代入して計算すると，$\Delta T_b = 0.12$℃が得られる。したがって，この溶液の沸点は 100.12℃である。

10.4.3 凝固点降下

溶媒分子と溶質分子が固溶体をつくらない（すなわち固相で混ざり合わない）場合，溶液の凝固点は溶媒の凝固点よりも低くなる。この現象を凝固点降下という。なぜ凝固点が下がるかは直観的には図 10-7 から理解できるだろう。この図も純物質の状態図の一部を抜き出したものであるが，溶液になると蒸気圧が下がり，その結果，三重点は低温側にずれ（O → O'），それにともない固相―液相平衡線も低温側に移動する。したがって，圧力 1 atm のもとでの固体と液体が共存するときの温度（すなわち凝固点）は溶液の方が溶媒よりも低くなる。

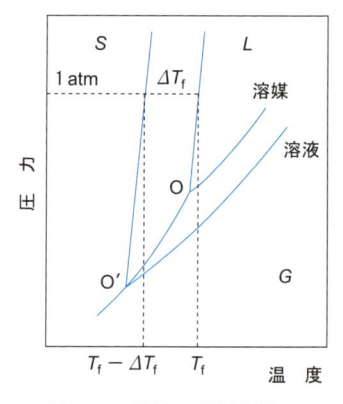

図 10-7 溶液の凝固点降下

溶液の凝固点と濃度の関係は，上でみた沸点上昇の場合と類似している。すなわち，希薄溶液では凝固点降下度 ΔT_f は溶質の質量モル濃度に比例し，この関係は次式のように書ける。

$$\Delta T_f = K_f m_B \qquad (m_B \to 0) \tag{10.16}$$

ここで，K_f は質量モル濃度が 1 mol kg^{-1} の溶液の凝固点降下度に相当するもので，モル凝固点降下（またはモル凝固点降下定数）とよばれる。K_f の中身も K_b と似通っており，次式で表される。

$$K_f = \frac{RT_f^2 M_A}{1\,000 \Delta H_{fus}} \tag{10.17}$$

このように，K_f は溶媒の凝固点・モル融解熱（ΔH_{fus}）・分子量で表される。これらはいず

れも溶媒の性質を反映した量であり，したがって，K_b と同様に K_f も溶媒の種類によって決まった値をもつ定数である。いくつかの溶媒に対するモル凝固点降下の値を表 10-2 に示す。寒冷地で冬場に道路の凍結防止のために塩を撒くことや水にエチレングリコールを混ぜて不凍液がつくられることは凝固点降下からそのわけがわかるだろう。

> 【例題 10.3】 水 500 g にエチレングリコール（$C_2H_6O_2$）を混ぜて -10℃まで凍らない溶液をつくりたい。何 g のエチレングリコールを加えればよいか。
> 【解】 エチレングリコールの分子量は 62 である。加えるエチレングリコールの量を w とすれば，溶液の質量モル濃度は
> $$m = \frac{w/62}{500} \times 1\,000 \; (\text{mol kg}^{-1})$$
> これと水のモル凝固点降下 $K_f = 1.86$（表 10-2）および $\Delta T_f = 10$℃を（10.16）式に代入して w を求めると
> $$w = 166.7 \; (\text{g})$$
> が得られる。ただし，このような濃厚な溶液に対しては（10.16）式は厳密には成り立たず，ここで求めた値は近似的なものである。

10.4.4 浸 透 圧

溶媒分子は自由に通ることができるけれども溶質分子は透過できないような膜を考える。最も単純には，小さい溶媒分子は通れるが大きい溶質分子は通れないような孔が多数あいた膜を思い描けばよい。このような性質をもつ膜を半透膜といい，身近にはセロファン膜が水溶液に対する半透膜となる。さて，いま図 10-8 に示したような容器があって，半透膜で 2 つの部屋に仕切られているとする。この 2 つの部屋の一方に溶媒を，他方に溶液を入れて放置すると，溶媒側から溶液側へ溶媒分子が移動していく（この現象を浸透という）。なぜこういう変化が起こるかは次のように考えればよい。

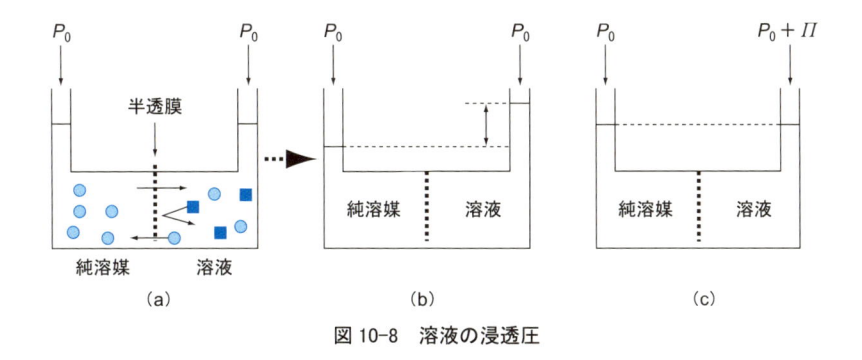

図 10-8 溶液の浸透圧

もし図 10-8(a)の状態で 2 つの部屋の間の仕切りを取れば，溶媒分子は左から右へ，また溶質分子は右から左へ移動して，全体として均一な濃度の溶液になったところで落ち着

く。これと似た現象は，コップの水にインクを一滴落としたときにもみられるだろう。最初に落としたインクのかたまりは，放って置いてもコップ全体に拡がって，やがでは均一な溶液になる。このように，濃度が高い部分から低い部分へ分子が移動することは自然に起こる変化，すなわち自発的に起こる変化である。自発的に起こる変化はエネルギーが高い状態から低い状態への変化であるというのが自然界の法則であるから，濃度が高いところにある分子の方が低いところの分子よりもエネルギーがより高い状態にあるということはうなずけるだろう（ここでいうエネルギーは自由エネルギーとよばれるエネルギーである）。

以上のことを頭において図10-8(a)を見てみる。溶質分子は膜を通れないので移動のしようがないが，溶媒分子は純溶媒の方が溶液よりも濃度が高く，したがって自由エネルギーが高いので，左の部屋から右の部屋への溶媒の移動が起こり，2つの部屋の液面の高さに違いが現れてくる（図10-16(b)）。ところで，溶液にかかる圧力が増すと，自由エネルギーは高くなる。そこで，溶液側（右側）に余分の圧力をかけることによって，その中の溶媒の自由エネルギーを増し，純溶媒側（左側）の溶媒の自由エネルギーにちょうど等しくなるようにすれば溶媒の浸透は起こらなくなる（図10-16(c)）。このように，半透膜を通した溶媒の浸透を阻止するのに必要な圧力を浸透圧とよび，記号 Π で表す。

溶液中の溶媒の自由エネルギーは濃度に依存するので，浸透圧もまた溶液の濃度に関係する。希薄溶液の場合，浸透圧と濃度の関係は次の van't Hoff の法則で表される。

$$\Pi = c_B RT \tag{10.18}$$

ここで，c_B は溶液中の溶質 B の容量モル濃度である。

上の説明では，純溶媒と溶液を半透膜で仕切った状況を考えたが，浸透圧は濃度が異なる溶液を半透膜を介して接したときも現れてくる。この場合，浸透圧の大きさは2つの溶液の濃度差によって決まってくる。細胞膜は一種の半透膜である。キュウリや大根の千切りを塩もみにすればしおれてやわらかくなり，水にさらせば逆に張りがでてくる。これらは日常生活で目にする浸透現象である。

【例題 10.4】 海水は $-2.3℃$ で凍結する。海水の浸透圧は $25℃$ でいくらになるか計算せよ。ただし，海水の密度は 1.0 g cm^{-3} とせよ。

【解】 凝固点降下から海水に含まれる溶質の質量モル濃度 m がわかる。(10.16) 式より

$$m = \Delta T_f / K_f = 2.3/1.86 = 1.24 \text{ (mol kg}^{-1})$$

密度が 1.0 g cm^{-3} だから容量モル濃度は質量モル濃度と等しい（$c = m$）。したがって，van't Hoff の式より

$$\Pi = 1.24 \text{ mol dm}^{-3} \times 0.082 \text{ atm dm}^3 \text{ K}^{-1} \text{ mol}^{-1} \times 298 \text{ K} = 30.3 \text{ (atm)}$$

10.4.5 溶液の束一的性質

これまで溶液の物理化学的性質として蒸気圧降下，沸点上昇，凝固点降下および浸透圧

を取り扱ってきた。これらの性質に共通することとして，その大きさが溶媒の種類と溶質の濃度に依存し，溶質の種類には無関係という点があげられる（ただし，浸透圧は溶媒にも無関係）。この意味で，これらは束一的性質とよばれる。溶液の濃度で決まるということは，逆の見方をすれば，これらの大きさを測定することによって濃度がわかることになる。さらに濃度は溶質の分子量と結び付けられる（10.1 節を見よ）から，これらの束一的性質は分子量を知るための実験方法として利用できる。なお，ここでいう濃度は溶質の粒子としての濃度である。したがって，溶液中で溶質がいくつかのイオンに電離したり（電解質溶液），あるいはいくつかの溶質分子が会合する場合は注意が必要である。例えば食塩（NaCl）の水溶液では，NaCl としての質量モル濃度が m mol kg^{-1} であっても，溶液中では Na$^+$ と Cl$^-$ に電離しているので沸点上昇度や凝固点降下度には $2m$ mol kg^{-1} の濃度として効いてくる。

【例題 10.5】 あるタンパク質の 0.30 g を含む 10.0 cm^3 の水溶液の浸透圧を 25℃で測定したところ 9.4 mmHg であった。このタンパク質の分子量はいくらか。

【解】 タンパク質の分子量を M とすれば，この溶液の容量モル濃度は

$$c = \frac{0.30}{M} \times \frac{1\,000}{10} \text{ (mol dm}^{-3})$$

と表される。これと $\Pi = 9.4/760$ atm を（10.18）式に代入して計算すると $M = 5.9 \times 10^4$ が得られる。

なお，このタンパク質水溶液の ΔT_b や ΔT_f がどの程度になるか見積ってみよ。その結果からみて，高分子物質の分子量を得るのに適した束一的性質は何か考えてみよ。

問　題

1. 500 g の水と 380 g のエタノールを混ぜた溶液のアルコール含量はウィスキーと同程度である。この溶液中のエタノールの重量％濃度，容量モル濃度，重量モル濃度，およびモル分率を計算せよ。ただし，この溶液の密度は 0.92 g cm^{-3} である。

2. 25℃におけるクロロホルムの蒸気圧は 199.1 mmHg，四塩化炭素の蒸気圧は 114.5 mmHg である。クロロホルムと四塩化炭素の溶液を理想溶液として次の問に答えよ。(1) クロロホルムのモル分率が 0.30 の溶液が蒸気と平衡に共存するとき，クロロホルムの分圧，四塩化炭素の分圧，および全蒸気圧はそれぞれいくらか。(2) この溶液と平衡に共存する蒸気中のクロロホルムのモル分率はいくらか。

3. ある不揮発性物質 5.0 g を水 100 g に溶かし，その溶液の蒸気圧を測定したところ，100℃において 750 mmHg であった。この物質の分子量を求めよ。ただし，この物質は非電解質である。また，純水の 100℃における蒸気圧は 760 mmHg である。

4. 20.0 g のベンゼンに 0.292 g の安息香酸（C$_6$H$_5$COOH）を溶かした溶液の凝固点は 5.14℃であった。安息香酸の分子量を求め，分子式から計算される分子量と比較してみよ。また，その結果が意味することについて考察せよ。ベンゼンの凝固点とモル凝固点降下は表 10-1 に与えてある。

III

反応と平衡

ある分子が他の分子と反応して化学結合の組み替えが起これば，元とはまったく異なる別の分子になる。このような変化を化学反応という。ここでは，いくつかのタイプの化学反応について，化学平衡，反応熱，反応の速さなどを取り上げる。

11 化学平衡

　第Ⅰ部では，物質は多数の原子または分子の集合体であること，さらに，分子はそれ自身何種類かの原子が特定の仕方―すなわち化学結合―で結び付いてできていることを学んだ。また，これら多数の原子・分子の集まり方の違いによって物質はさまざまな状態をとることやそれらの状態の間の移り変わり（状態変化）を第Ⅱ部で学習した。さて，ここで分子自身の移り変わりに目をむけてみよう。分子をつくりあげている原子間の化学結合が切れて別の原子と新たな結合ができると，これは前とは違った別の分子―すなわち別の物質―になる。このように，自然界では，分子を構成している化学結合の組み替えによってある物質が別の物質に変化することも起こるわけで，このような変化を化学変化または化学反応とよぶ。

　化学反応には様々なタイプのものがあり，酸と塩基の間で起こる中和反応，反応物の間で電子のやり取りが起こる酸化還元反応，水との反応で起こる加水分解反応，小さい分子が多数つながって巨大分子を形成する重合反応など，反応のタイプによって分類され名前が付けられる。とくに，有機化合物が引き起こす化学反応はきわめて多彩である。これから先の第Ⅲ部と第Ⅳ部では，このような化学変化について考えていくが，この章では化学反応の平衡，すなわち，化学平衡について学ぶ。

11.1　化学変化の表し方－化学反応式

　いくつかの物質が作用しあって化学変化を受け，いくつかの別の物質に変わる。このとき，化学変化を受ける前の物質を反応物，また化学反応により新たに生じた物質を生成物とよぶ。また，化学反応を式で表したものを化学反応式といい，これは次のような形で書き表される。

$$aA + bB + \cdots \longrightarrow mM + nN + \cdots$$

ここで，A，B，M，N は反応にあずかる物質を示し，それぞれの物質に対応する化学式で書き表す。a, b, m, n は化学反応が起こる際の各物質の間の量的な関係を表すもので化学量論係数とよばれる。また，矢印を挟んで左側に反応物を，右側に生成物を書く。以上をまとめると，上の化学反応式から，A の a mol，B の b mol，……が反応して M の m mol，N の n mol，……ができるということが読み取れる。

11.2 可逆反応と化学平衡

化学変化には一方向にのみ進行するもの——すなわち反応物がすべて生成物に変化するもの——だけではなく，生成物から反応物へと逆方向の反応が同時に起こるような場合も多い。例えば，ヨウ化水素を数百度の高温に保つと，ヨウ化水素が分解して水素とヨウ素が生じるが，この反応はヨウ化水素がなくなるまで進行し続けることはない。それは，水素とヨウ素から元のヨウ化水素ができる反応も同時に起こるためである。このように，化学変化が逆方向にも進行するとき，その反応を可逆反応という。可逆反応であることを表すのに両方向の矢印を用いる。いま考えている反応は次のように表される。

$$2HI \rightleftarrows H_2 + I_2 \tag{11.1}$$

可逆反応の場合，反応にあずかる物質に対して反応物あるいは生成物というよび方はあいまいになる。しかし，習慣として，反応式の左辺に書かれた物質（上の例では HI）を反応物，また右辺に書かれた物質（H_2 と I_2）を生成物とよぶ。

さて，(11.1) 式の反応について，反応物および生成物の濃度が反応開始後の時間経過とともにどのような変わり方をするかを考えてみる。そのためには，化学反応の速さ，すなわち反応速度を考えると都合がよい。反応速度は，単位時間当たりの反応物または生成物の濃度の変化量で表される。後に 15 章で詳しく学ぶように，普通，反応速度は反応物質の濃度が高いほど大きい。(11.1) 式の反応が始まると，HI の濃度は減少し，それに応じて H_2 と I_2 の濃度は増加する。したがって，時間がたつにつれ，HI がなくなる速度は小さくなり，逆に H_2 と I_2 から HI ができる速度は大きくなっていく。すると，充分に時間が経った後では，HI の消失速度と生成速度が等しくなるだろう。このとき，HI の濃度は見かけ上変わらなくなる。当然，H_2 と I_2 の濃度も一定になる。この様子を図 11-1 に模式的に示した。このように，可逆反応では，反応開始後，充分長い時間が経過すると，反応物および生成物の濃度がそれ以上変わらない状態に達する。化学反応におけるこのような平衡状態を化学平衡という。

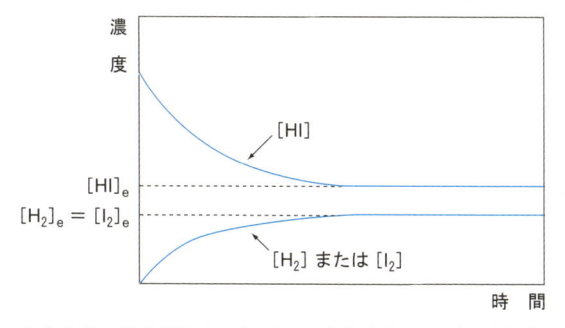

図 11-1 ヨウ化水素の熱分解反応における反応物濃度および生成物濃度の時間変化

反応が化学平衡の状態に達した後では，各物質の濃度は変化しない。かといって，化学

反応そのものが起こらないわけではないことに注意しよう。反応は起こっているが，正反応と逆反応の速度が等しく，見かけ上反応が止っているように見える状態が化学平衡の状態である。

11.3 質量作用の法則

上でみたように，化学反応が平衡状態に達していれば，その反応にあずかる物質（反応種という）の濃度は一定に保たれる。このとき，これらの反応種の濃度（平衡濃度）の間にある関係が成り立つ。それは，(11.1) 式の反応を例にとれば，$[HI]_e^2$ に対する $[H_2]_e[I_2]_e$ の比が一定になるという関係であり，この一定値を平衡定数とよび，普通 K で表す（なお，反応種の濃度を表すのに $[A]$ のように"かぎ括弧"を用いる）。これを式で表せば次のように書ける。

$$K = \frac{[H_2]_e[I_2]_e}{[HI]_e^2} \tag{11.2}$$

一般的な反応

$$aA + bB + \cdots \rightleftarrows nM + nN + \cdots \tag{11.3}$$

に対する平衡定数は次式で与えられる。

$$K = \frac{[M]_e^m[N]_e^n\cdots}{[A]_e^a[B]_e^b\cdots} \tag{11.4}$$

平衡濃度の間に (11.4) 式のような関係が成り立つことを質量作用の法則という。平衡定数は温度の関数であり，温度が変われば K は異なった値をとる。温度が一定のもとでは平衡定数は決まった値となり，したがって，(11.4) 式のような平衡濃度の比は，始めに存在した反応種の濃度によらず一定になる。なお，(11.2) 式あるいは (11.4) 式に現われる濃度は，平衡状態 (equilibrium state) に達したときの濃度であることをはっきりさせるため添字 e をつけた。普通は，煩雑さを避けるため添字を省略する場合が多いが，平衡定数の式に現われる濃度は常に平衡濃度である。

質量作用の法則は，ある場合には，反応速度の考えに基づいて理解できる。再び (11.1) 式の反応を例にとって考えよう。この反応式に従って正方向に反応が起こるためには，2つの HI 分子が衝突しなければならない。したがって，その反応の速さは単位時間当たりの HI 分子どうしの衝突回数に比例する。さらにまた，この衝突回数は HI の濃度の 2 乗に比例するので，結局，反応速度は HI 濃度の 2 乗に比例することになる。このときの比例定数（これを速度定数という）を k_f とすれば，(11.1) 式の正反応の速度 v_f は次式で表される。

$$v_f = k_f[HI]^2$$

逆反応の速度 v_b は，同様にして，H_2 濃度と I_2 濃度の積に比例すると考えられるので，その比例定数を k_b とすれば

$$v_b = k_b[H_2][I_2]$$

で与えられる。v_f と v_b が等しくなった状態が平衡状態であるから，平衡状態では次の関係が成り立っている。

$$k_f[HI]_e^2 = k_b[H_2]_e[I_2]_e$$

これより，次の関係が得られる。

$$\frac{[H_2]_e[I_2]_e}{[HI]_e^2} = \frac{k_f}{k_b} \tag{11.5}$$

ここで，速度定数 k_f および k_b は温度に応じてある決まった値になるので（詳しくは15章をみよ），(11.5) 式の左辺は温度によって決まる一定値を示すことになる。つまり，質量作用の法則が成り立つ。こうして，(11.1) 式の反応については，反応速度を考えることから質量作用の法則が理解できる。

平衡定数は (11.4) 式のような濃度の比で与えられるが，反応物も生成物もすべて気体であるような化学反応（気相反応）の場合，次に示すように，濃度の代わりに分圧を用いて平衡定数を表すこともできる。(11.3) 式で表される一般的な気相反応を考える。いま，体積 V dm^3 の容器中で反応が起こり，平衡状態に達したときに A が n_A mol だけ存在しているとしよう。このとき，気体を理想混合気体とみなせば，A の分圧 p_A は

$$p_A = \frac{n_A}{V}RT$$

で与えられる（第2部9.4節参照）。ここで，n_A/V は mol dm^{-3} の単位で表した濃度であるから，これより混合気体中の A の濃度は分圧と次式で関係づけられる。

$$[A] = \frac{n_A}{V} = \frac{p_A}{RT}$$

他の反応種についても同様な関係があるので，これらを (11.4) 式に代入すれば，次の関係が得られる。

$$K = \frac{[M]^m[N]^n\cdots}{[A]^a[B]^b\cdots} = \frac{p_M^m p_N^n \cdots}{p_A^a p_B^b \cdots}(RT)^{-\Delta\nu} \tag{11.6}$$

ここで

$$\Delta\nu = (m + n + \cdots) - (a + b + \cdots)$$

であり，これは生成物と反応物の化学量論係数の差に相当する。$(RT)^{-\Delta\nu}$ は，与えられた反応に対しては，温度によって決まるある一定値になる。したがって

$$K_p = \frac{p_M^m p_N^n \cdots}{p_A^a p_B^b \cdots} \tag{11.7}$$

もまた，温度が決まれば，決まった値となる。この K_p を圧平衡定数とよぶ。これに対して，濃度で表した平衡定数を濃度平衡定数とよび，K_c で表す（ただし，濃度平衡定数を表すのに，添字なしの K を用いる場合も多い）。K_p と K_c の関係は，(11.6) 式から明らかなように，次式で与えられる。

$$K_p = K_c(RT)^{\Delta\nu} \tag{11.8}$$

$\Delta \nu = 0$ ならば，すなわち，反応物から生成物に変化する際，気体の分子数に増減がなければ，K_p と K_c は等しくなる。

11.4 平衡定数の有用性

平衡定数が役立つところは，平衡状態に達したとき何がどれくらいの割合で存在しているか―すなわち反応混合物の組成―を知ることができる点にある。アンモニアは次の反応式により窒素と水素から合成される。

$$N_2 + 3H_2 \rightleftarrows 2NH_3$$

平衡定数を用いれば，反応混合物の平衡組成を予測することができ，したがって，目的とするアンモニアをどれくらい手に入れることができるかがわかる。以下の例題で，平衡定数の使い方を示す。

【例題 11.1】 酢酸とエタノールが反応すると酢酸エチルと水ができる。この反応は可逆反応であり，100℃のときの平衡定数は $K_c = 4.0$ である。（ⅰ）酢酸 1 mol とエタノール 1 mol を混ぜて 100℃に保ったとき，酢酸エチルは何 mol 生成しているか。（ⅱ）1 dm³ の水に酢酸とエタノールをそれぞれ 1 mol ずつ溶かして 100℃に保った場合，生成する酢酸エチルは何 mol か。

【解】（ⅰ）この反応の反応式および各物質の物質量の関係は次のように表せる。ただし，平衡に達したときの酢酸エチルの物質量を n mol とした。

$$CH_3COOH + C_2H_5OH \rightleftarrows CH_3COOC_2H_5 + H_2O$$

始め	1	1	0	0
平衡時	$1-n$	$1-n$	n	n

溶液の体積を V とすれば

$$K_c = \frac{[CH_3COOC_2H_5][H_2O]}{[CH_3COOH][C_2H_5OH]} = \frac{\frac{n}{V} \cdot \frac{n}{V}}{\frac{1-n}{V} \cdot \frac{1-n}{V}} = \frac{n^2}{(1-n)^2} = 4.0$$

この 2 次方程式を解いて適する解を選べば，$n = 2/3$ が得られる。すなわち，化学平衡に達したとき酢酸エチルは 2/3 mol 生成している。なお，この例のように，化学量論係数の和が反応式の両辺で等しい場合，平衡定数を表す濃度比はモル比と同じになる。

（ⅱ）水 1 dm³ ≅ 1 kg ≅ 55.6 mol であるから

$$CH_3COOH + C_2H_5OH \rightleftarrows CH_3COOC_2H_5 + H_2O$$

始め	1	1	0	55.6
平衡時	$1-n$	$1-n$	n	$55.6+n$

したがって

$$K_c = \frac{n(55.6+n)}{(1-n)^2} = 4.0$$

これを解けば $n = 0.063$ が得られ，この場合，平衡状態で存在する酢酸エチルは 0.063 mol となる。ここで，（ⅰ）の場合との違いに注意せよ（11.5 節を見よ）。

【例題 11.2】 四酸化二窒素 N_2O_4 が分解すると二酸化窒素 NO_2 ができる。この反応は，常温・常圧のもとでは可逆的で，N_2O_4 と NO_2 の間に化学平衡が成り立つ。（ⅰ）27℃，1 atm における N_2O_4 の解離度が 0.2 であるとき，この反応の圧平衡定数を求めよ。（ⅱ）27℃，5 atm のときの N_2O_4 の解離度はいくらか。

【解】 一般に，ひとつの物質の可逆的な分解反応を解離とよび，平衡状態に達したときに分解している割合を解離度という。

（ⅰ）最初に存在していた N_2O_4 の物質量を n mol とし，解離度を α とすれば，それぞれの物質量の関係は次のように表される。

$$N_2O_4 \rightleftharpoons 2NO_2 \quad 全物質量$$

始　め　　n　　　　 0　　　　n
平衡時　$n(1-\alpha)$　$2n\alpha$　$n(1+\alpha)$

これより，平衡状態における N_2O_4 および NO_2 のモル分率が計算され，それぞれ次のようになる。

$$x_{N_2O_4} = \frac{1-\alpha}{1+\alpha}, \quad x_{NO_2} = \frac{2\alpha}{1+\alpha}$$

また，全圧が 1 atm であるから，それぞれの分圧は

$$p_{N_2O_4} = x_{N_2O_4} \times 1 \text{ (atm)} = \frac{1-\alpha}{1+\alpha} \text{ (atm)}$$

$$p_{NO_2} = \frac{2\alpha}{1+\alpha} \text{ (atm)}$$

したがって

$$K_p = \frac{p_{NO_2}^2}{p_{N_2O_4}} = \frac{\{2\alpha/(1+\alpha)\}^2}{(1-\alpha)/(1+\alpha)}$$

$\alpha = 0.2$ を代入して計算すると $K_p = 1/6$ atm となる。

（ⅱ）全圧が 5 atm のとき，それぞれの分圧は

$$p_{N_2O_4} = x_{N_2O_4} \times 5 \text{ (atm)} = \frac{5(1-\alpha)}{1+\alpha} \text{ (atm)}$$

$$p_{NO_2} = \frac{10\alpha}{1+\alpha} \text{ (atm)}$$

これより

$$K_p = \frac{\{10\alpha/(1+\alpha)\}^2}{5(1-\alpha)/(1+\alpha)} = \frac{1}{6}$$

これを解いて，$\alpha = 0.091$ が得られる。全圧の違いによる解離度の違いに注意せよ（11.5 節参照）。

11.5　化学平衡に対する外的条件の影響

可逆反応が平衡状態に達したところでの反応の進行程度——いいかえると，どの程度反応が進んだところで平衡状態になっているか——を，平衡の位置という言葉で表すことにしよう。この節では，平衡状態になっている反応系に対して，温度や圧力などの外的条件を変

えたときに，平衡の位置がどのような影響を受けるかについて考える．これに関しては，次のような規則が Le Chatelier によって実験的な観測に基づいて見いだされた．

「平衡状態にある反応系がある条件の変化を受けた場合，その変化が緩和される方向に反応が進行し，組成が再調整される」

これを Le Chatelier の原理という．以下，基本的な3つの条件の変化，すなわち反応種の濃度，圧力および温度の変化に対して，平衡の位置がどのように変わるかを Le Chatelier の原理と関連づけながら考えてみる．

11.5.1 濃度変化により平衡はどう変わるか

化学反応が平衡状態にあるとき，反応種のひとつを外から加えた場合どのような変化が起こるだろうか．これを考えるうえで重要な点は，平衡定数は個々の反応種の濃度には無関係に一定の値になるということである．したがって，K_c の値が一定に保たれるように組成が調整される．【例題 11.1】の反応を例にとって考えよう．

$$CH_3COOH + C_2H_5OH \rightleftharpoons CH_3COOC_2H_5 + H_2O \tag{11.8}$$

$$K_c = \frac{[CH_3COOC_2H_5][H_2O]}{[CH_3COOH][C_2H_5OH]} = 4.0 \ (100℃) \tag{11.9}$$

この反応が平衡にあるとき，外から水を加えたとする．水の濃度が増加するから，(11.9)式の分子は大きくなる．そこで，$K_c = 4.0$ という要請が満たされるためには，分子の $[CH_3COOC_2H_5]$ が減って，分母の $[CH_3COOH]$ と $[C_2H_5OH]$ が増さなければならない．したがって，(11.8) 式の反応が，水を加える前に比べて，より左側に進行したところで新しい平衡状態に達する．いいかえれば，水の濃度増加という外的条件の変化を緩和する方向に平衡が移動するわけで，これは Le Chatelier の原理にかなっている．【例題 11.1】の (ⅰ) と (ⅱ) におけるエステルの生成量の違いも，この原理に基づいて理解できる．水溶液中で酢酸とエタノールを反応させることは，酢酸とエタノールから出発した平衡混合物に後から水を加えることと等価である．

11.5.2 圧力変化により平衡はどう変わるか

圧力変化の影響を最も強く受けるのは気相反応である．アンモニアの合成反応

$$N_2 + 3H_2 \rightleftharpoons 2NH_3 \tag{11.10}$$

を例にとって，圧力変化が平衡の位置をどう変えるかをみてみよう．(11.10) 式の圧平衡定数は次式で与えられる．

$$K_p = \frac{p^2_{NH_3}}{p_{N_2} p^3_{H_2}} = \frac{(x_{NH_3} P)^2}{(x_{N_2} P)(x_{H_2} P)^3} = \frac{x_{NH_3}^2}{x_{N_2} x_{H_2}^3}(P)^{-2} \tag{11.11}$$

ここで，p は分圧を，x はモル分率を，また P は全圧を表す．いま，平衡にある混合気体を圧縮して全圧を増したとする．P が増したとき，(11.11) 式の K_p が一定値に保たれるためには，$x_{NH_3}^2/x_{N_2} x_{H_2}^3$ が大きくならなければならない．したがって，x_{N_2} と x_{H_2} は減少し，一方 x_{NH_3} は増大する．すなわち，(11.10) 式の反応は，圧力が増す前に比べて，より右側へ進行したところで新しい平衡状態に達する．このことは，気相化学平衡では圧力の増加

とともに気体の分子数が減少する方向に平衡の位置が移動することを示している。一定体積のもとでは，気体の分子数が減少するほど圧力は低くなる。したがって，上の結果は，圧力の増加という条件の変化を緩和する方向（すなわち，気体分子数の減少方向）へ平衡位置が移動することに対応しており，Le Chatelier の原理と一致する。

　反応物と生成物の化学量論係数の和が同じなら，いいかえると反応が起こっても分子数の増減がないならば，平衡の位置は圧力によって影響を受けない。また，式（11.10）の反応とは逆に，正反応によって分子数が増加する場合は，圧力の増加が反応物側への平衡の移動をもたらすことは，【例題 11.2】で示されている。

11.5.3　温度変化により平衡はどう変わるか

　上で示したように，平衡状態の反応系に対して，反応種の濃度あるいは圧力という条件の変化を与えると，平衡定数が一定に保たれるように組成の再調整が起こり，平衡の位置が移動する。温度を変えても平衡移動が起こるが，この場合は上の2つとはその仕組みが異なる。平衡定数は温度の関数であり，温度を変えると平衡定数そのものが変化する。その結果，新しい平衡定数で規定される組成になるように反応が進行し，新たな平衡状態に達する。したがって，化学平衡に対する温度の影響の仕方を知るためには，平衡定数が温度によってどんな変わり方をするかについて知ることが必要である。

　平衡定数の温度による変わり方は，反応熱 ΔH^0 と関係づけられ，次式で表される。

$$\left(\frac{\partial \ln K}{\partial T}\right)_P = \frac{\Delta H^0}{RT^2} \tag{11.12}$$

ΔH^0 は反応物が生成物に変わるときに出入りする熱であり，吸熱反応の場合は正，逆に発熱反応の場合は負の量になる（(11.12) 式の関係は，"熱力学の法則" に基づいて導かれる）。

　温度変化が化学平衡に及ぼす影響について，(11.12) 式に基づいて定性的に調べてみる。(ⅰ) $\Delta H^0 > 0$ のとき，すなわち吸熱反応の場合，$(\partial \ln K/\partial T)_P > 0$ だから，T が高くなると K は大きくなる。したがってこの場合，温度を上げると，反応は，温度が上がる前に比べて，より右側へ進行したところで新たな平衡状態になる。(ⅱ) $\Delta H^0 < 0$，すなわち発熱反応では，$(\partial \ln K/\partial T)_P < 0$ だから，T が高くなると K は小さくなる。この場合，温度を上げると平衡は左側へ移動することになる。(ⅰ)，(ⅱ) いずれの場合も，T が高くなると反応は吸熱方向に進行する。すなわち，温度を上げるという条件の変化をできるだけやわらげる方向に平衡が移動する。これは Le Chatelier の原理から予測される結果である。なお，ある温度での平衡定数の値と反応熱がわかっていれば，(11.12) 式を用いることにより，別の任意の温度での平衡定数を知ることができる。

【例題 11.3】 次式で表されるアンモニア生成反応の 300 K における平衡定数は 760 atm^{-1} であり，また反応熱は $\Delta H^0 = -39.7$ kJ mol^{-1} である。反応熱が温度によらず一定であるとして，400 K における平衡定数を計算せよ。

$$\frac{1}{2}N_2 + \frac{3}{2}H_2 \rightleftharpoons NH_3$$

【解】 温度が T_1 および T_2 のときの平衡定数をそれぞれ K_1 および K_2 として（11.12）式を積分すると

$$\int_{K_1}^{K_2} d\ln K = \frac{\Delta H^0}{R}\int_{T_1}^{T_2}\frac{1}{T^2}dT$$

$$\therefore \ \ln\frac{K_2}{K_1} = -\frac{\Delta H^0}{R}\left(\frac{1}{T_2}-\frac{1}{T_1}\right)$$

これに $T_1 = 300$ K，$K_1 = 760$ atm^{-1}，$T_2 = 400$ K，$\Delta H^0 = -39.7 \times 10^3$ J mol^{-1} および $R = 8.31$ J K^{-1} mol^{-1} を代入して K_2 を求めると

$$K_2 = 14\ \text{atm}^{-1}$$

が得られる。アンモニアの生成は発熱反応であるから，温度が高くなると平衡定数は小さくなる。

問　題

1. 次の反応に対する平衡定数の式を書け。なお，反応式中の (g) と (aq) は，それぞれ，その化合物が気体であることおよび水溶液中の溶質であることを表す。気体反応の場合，K_p の表式を示し，かつ，K_p と K_c の関係も示せ。また，溶液反応の場合は濃度平衡定数の表式を示せ。
   (1) $2SO_2(g) + O_2(g) \rightleftharpoons 2SO_3(g)$
   (2) $PCl_5(g) \rightleftharpoons PCl_3(g) + Cl_2(g)$
   (3) $CO_2(g) + H_2(g) \rightleftharpoons CO(g) + H_2O(g)$
   (4) $I_2(aq) + I^-(aq) \rightleftharpoons I_3^-(aq)$
   (5) $CH_3COOH(aq) \rightleftharpoons CH_3COO^-(aq) + H^+(aq)$

2. 気体と固体の両方が反応にあずかる場合，純粋な固体の"濃度"は一定だから，固体化合物は平衡定数の表式には入れる必要がない。このことを念頭において，次の反応の平衡定数の式を書け。また，これらの反応が平衡状態になっているとき，外から CO_2 を加えるとどのような変化が起こるか。
   (1) $CaCO_3(s) \rightleftharpoons CaO(s) + CO_2(g)$
   (2) $C(\text{graphite}) + CO_2(g) \rightleftharpoons 2CO(g)$

3. PCl_5 の蒸気を加熱すると，PCl_3 と Cl_2 への解離が起こり，問題 1 の (2) で示されるような平衡状態に達する。いま，1 mol の PCl_5 を 1 atm，230℃に保ったところ，この気体試料の密度が 4.80 g dm^{-3} であったとすれば，この温度における平衡定数はいくらになるか，計算せよ。

4. 問題 1 の反応 (4) は，ヨウ化カリウム (KI) 水溶液にヨウ素 (I_2) を溶かしたときに溶液中で起こる反応であり，25℃における平衡定数は 667 mol^{-1} dm^3 である。25℃で，濃度 0.20 mol dm^{-3} の KI 水溶液 500 cm^3 に 0.020 mol の I_2 を溶かしたときに溶液中に存在する各化学種の濃度を求

めよ．

5. 安息香酸のベンゼン溶液では次のような会合平衡が成り立っている（ここで，安息香酸を A で表している）．

$$2A \rightleftharpoons A_2$$

濃度 0.40 mol dm^{-3} の安息香酸溶液について凝固点降下の測定を行ったところ，溶かした安息香酸のうち 96.0% が会合していることがわかった．（ⅰ）この会合平衡の平衡定数を求めよ．（ⅱ）濃度が 0.10 mol dm^{-3} の溶液では何%の安息香酸が会合しているか．（ⅲ）上の結果は，会合度が濃度によって異なることを示している．この濃度による会合度の違いを Le Chatelier の原理に基づいて説明せよ．

12 熱力学第一法則と熱化学

物質の状態変化には熱の出入りが伴われることを8章でみてきた。化学変化も熱の出入りを伴う。このような熱が関係する自然現象は熱力学の法則に基づいて理解することができる。熱力学の3つの法則のうち、この章で熱力学第一法則を取り上げる。熱力学は抽象的でわかりにくいところがあるが、第一法則はエネルギー保存則でもあり、比較的わかりやすい。また、化学の分野で熱力学第一法則と密接に関連する熱化学についても学んでいく。

12.1 熱力学第一法則

12.1.1 熱力学で使用される用語と概念について

系と外界 我々が考察の対象とする部分を系とよび、それ以外の部分（すなわち、まわり全体）を外界とよぶ。例えば、「コップに入った食塩水を冷却したとき何℃で凍るか」ということに関心をもって、それを調べようとする場合、"コップに入った食塩水"が系であり、そのまわり全体が外界である。系は、外界との間でやり取りするものの違いによって、いくつかの種類に分けられる。1つは外界との間でエネルギーと物質の両方の出入りがある場合で、これを開放系（開いた系）という。一方、外界との間でエネルギーの出入りはあるが物質の出入りはない場合、この系を閉鎖系（閉じた系）とよぶ。また、外界との間でエネルギーも物質も出入りがない系は孤立系と呼ばれる。このうち、この章で取り扱うのは閉鎖系である。

変数 系の状態は温度・圧力などで変わる。系の状態を決める温度・圧力などを変数（状態変数）とよぶ。変数には温度 (T) や圧力 (P) などの強さを表す変数と、体積 (V) や物質量 (n) などの量を表す変数があり、それぞれ示強性変数、示量性変数とよばれる。

状態量 系の状態によって決まった値をもつ物理量を状態量または状態関数という。例えば、n mol の物質が温度 T、圧力 P のもとにおかれているとき（n, T, P でこの状態が決まる）、体積 V は決まった値になる。つまり、V は状態量である。熱力学では、系と外界の間でのエネルギーのやり取りと、それに伴って起こる系の変化を取り扱うが、系がもつエネルギーも状態量である。状態量は系の状態が決まれば決まった値になるから、系の状態が変化するとき、状態量の変化量は変化の道筋に無関係に最初と最後の状態だけで決まる。例えば、n mol の気体が (P_1, T_1, V_1) の状態から (P_2, T_2, V_2) の状態まで変化する場合、体積の変化量 $\Delta V = V_2 - V_1$ は次の①, ②のいずれの変化の仕方をしても同じになる。

　　　　　最初　　　　　途中　　　　　最後
① $(P_1, T_1, V_1) \longrightarrow (P_2, T_1, V_x) \to (P_2, T_2, V_2)$
② $(P_1, T_1, V_1) \longrightarrow (P_1, T_2, V_y) \to (P_2, T_2, V_2)$

エネルギーと仕事と熱　上に述べたように，熱力学では系と外界の間のエネルギーのやり取りを考える。このエネルギーのやり取りは仕事と熱の形で行われる。エネルギーとは"他に対して仕事をすることができる能力"のことであり，系が外界から仕事をされると系のエネルギーは高くなり，逆に，系が外界に対して仕事をすると系のエネルギーは低くなる。一方，仕事は熱に変わるし，逆に，熱は仕事に変えることができるということをわれわれは経験的に知っている。このことから熱もエネルギーのひとつの形態であることがわかる。すなわち，系が外界から熱をもらうと系のエネルギーは高くなり，系が外界に熱を放出すると系のエネルギーは低くなる。

　仕事の量を測るものさし（仕事の単位）としてはJ（ジュール）が用いられており，これは，物体に1Nの力を加えて1mだけ動かすときの仕事を1Jと定義する。一方，熱量の単位としては古くからcal（カロリー）が用いられており，現在でもしばしば使用される。これは，おおざっぱには，1gの水の温度を1℃だけ上げるために必要な熱量を1 calと定義する。Jとcalの間には次のような換算関係があり，これを熱の仕事当量という。

$$1 \text{ cal} = 4.18 \text{ J}$$

12.1.2　熱力学第一法則

　これまでしばしば述べたように，物質は多数の分子や原子の集りである。このような多数の分子や原子の集団はエネルギーをもつ。このエネルギーを内部エネルギーと呼び，記号Uで表す。理想気体の場合，分子間に相互作用が働かないので，気体分子の運動エネルギーが内部エネルギーに相当する。一般には，系の内部エネルギーは，分子間の相互作用から現れてくるポテンシャルエネルギーと分子の運動エネルギーの和になる。

　系と外界の間で熱や仕事のやり取りが起これば，系の内部エネルギーが変化する。内部エネルギーU_Aをもつ系が，外界との間で熱Qと仕事Wをやり取りすれば，何らかの変化が起こり系の内部エネルギーはU_Bに変わる（図12-1）。このとき，内部エネルギーの変化量$\Delta U = U_B - U_A$は熱Qと仕事Wの和に等しくなる。これが熱力学第一法則である。数式で表せば，

$$\Delta U = Q + W \tag{12.1}$$

微小変化に対しては（微分形で書くと）

$$dU = d'Q + d'W \tag{12.2}$$

ここで，微分の記号の違いはその量の性格の違いから来るものである。内部エネルギーは状態量であり，その微分は完全微分となり，記号dを用いる。それに対して，熱や仕事は状態量ではなく，その微分は不完全微分であり，記号d'が用いられている。このような事情から記号の使い分けがされているが，さしあたってはあまり気に留めずに，いずれも微小な変化量を表すものと理解しておけばよい。

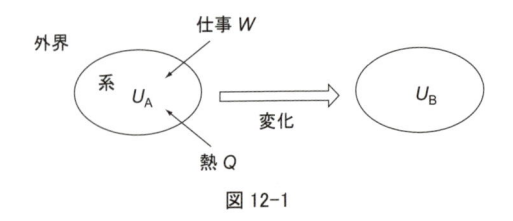

(12.1) 式や (12.2) 式は，「系が外界から熱と仕事の形でエネルギーをもらったとき，系の内部エネルギーはちょうどその2つを足した分だけ増える（それ以上でも，それ以下でもない）」ということを意味しており，熱力学第一法則はエネルギー保存の法則であるといえる。以下では熱力学第一法則に現れる仕事と熱について細かく見ていく。なお，仕事も熱も「系のエネルギーが増すとき正とする」という約束ごとを設ける。

12.1.3 体積変化に伴う仕事

系が外界とやり取りする仕事として，ここでは気体が膨張したり圧縮されたりするときに外界との間でやり取りされる仕事（体積変化の仕事）のみを考える。

図 12-2 に示したように，面積 A のピストン付きシリンダーに気体が入っている状況を考える。いま，ピストンに P_{ex} の圧力をかけて dr の距離だけ押したとする。圧力は単位面積当たりの力であることを考えると，このとき系がなされる仕事は次のように表される。

$$\text{(仕事)} = \text{(力)} \times \text{(変位)}$$
$$= P_{ex} \times A \times dr$$
$$= P_{ex} dV$$

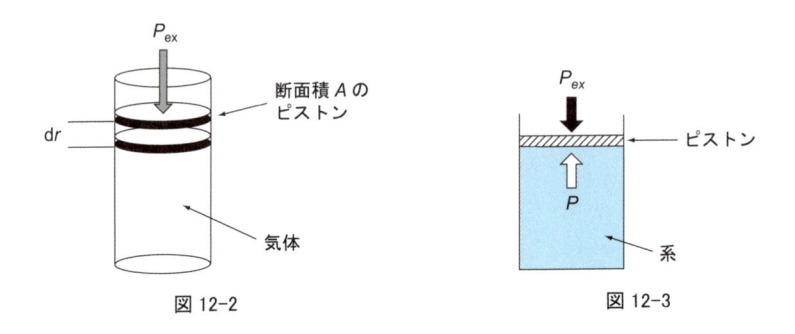

圧縮されるとき $dV < 0$ であるので，このままだと仕事は負になる。「系のエネルギーが増すときの仕事を正とする」という規約に合わせるため，マイナスの符号をつける。したがって，外圧 P_{ex} のもとで系の体積が dV だけ変化したときの仕事 $d'W$ は次式で与えられる。

$$d'W = -P_{ex}dV \tag{12.3}$$

外圧 P_{ex} を系（ここでは気体）の圧力 P よりほんのわずかだけ小さくしていくと，系は外界とほぼ平衡を保ちながら膨張する（図 12-3 参照）。このように，平衡状態の連続として進行する過程を準静的過程または可逆過程という（なお，可逆過程ではない過程は不可逆

過程とよばれる)。可逆過程の場合

$$\text{外圧 } P_{ex} \cong \text{系の圧力 } P$$

としてよいから，このときの体積変化の仕事は

$$d'W = -PdV \tag{12.4}$$

で与えられる。したがって，n mol の理想気体が一定温度 T のもとで体積が V_1 から V_2 まで可逆的に膨張するときの仕事は

$$W_{rev} = -\int_{V_1}^{V_2} PdV = -\int_{V_1}^{V_2} \frac{nRT}{V} dV = -nRT\int_{V_1}^{V_2} \frac{1}{V} dV = -nRT \ln \frac{V_2}{V_1} \tag{12.5}$$

で与えられる。なお，この仕事は図 12-4 で斜線を施した部分の面積に相当する。

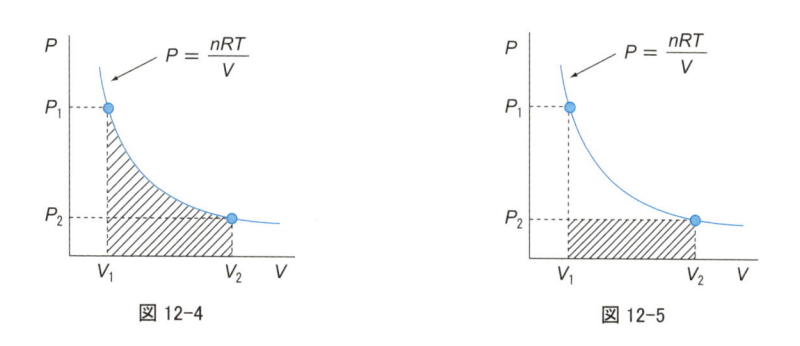

図 12-4

図 12-5

一方，n mol の理想気体が一定温度 T で一定外圧 P_2 のもとで体積が V_1 から V_2 まで不可逆的に膨張するときの仕事は（図 12-6 参照)，

$$W = -\int_{V_1}^{V_2} P_2 dV = -P_2(V_2 - V_1) \tag{12.6}$$

で与えられ，この仕事は図 12-5 で斜線を施した部分の面積に相当する。

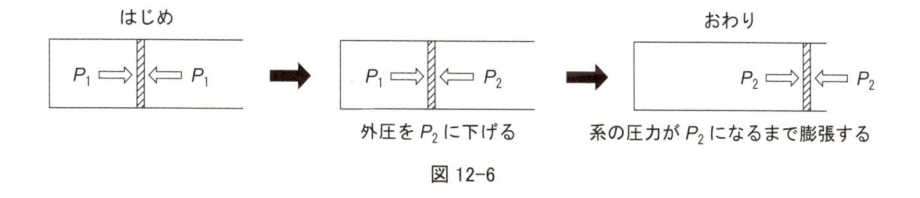

図 12-6

図 12-4 と図 12-5 を比較すると，可逆膨張の仕事は不可逆膨張の仕事より大きいことがわかる。

【例題 12.1】 1 mol の理想気体は温度 300 K のもとで，① 圧力 $P = 4.98 \times 10^5$ Pa のとき体積 $V = 5.0$ dm^3 を占め，② 圧力 $P = 1.25 \times 10^5$ Pa のとき体積 $V = 20.0$ dm^3 を占める。① から ② への等温膨張に関する次の問に答えよ。

(1) ① から ② へ等温可逆的に膨張するときの仕事を求めよ。また，このとき外界から吸収する熱はいくらか。

(2) ① の状態から圧力をいっきに 1.25×10^5 Pa に下げて ② まで膨張させたときの仕事を求めよ。

【解】

(1) 仕事は，等温可逆膨張だから $R = 8.31$ JK^{-1} mol^{-1}，$T = 300$ K，$V_1 = 5.0$ dm^3，$V_2 = 20.0$ dm^3 を (12.5) 式に代入して計算すればよい。

$$W_{\text{rev}} = -8.31 \times 300 \times \ln(20.0/5.0) = -3456 \text{ (J)} \quad \therefore \quad -3.46 \text{ kJ}$$

前に述べたように，理想気体の内部エネルギーは気体分子の運動エネルギーに相当するが，この運動エネルギーは温度だけの関数である（9 章の (9.20) 式参照）。したがって，等温変化では内部エネルギーは変化しない。つまり，$\varDelta U = 0$ である。よって，熱力学第一法則より

$$Q = \varDelta U - W = 0 - (-3456) = 3456 \text{ (J)}$$

∴ 外界から吸収する熱は 3.46 kJ

等温体積変化では，外からもらった熱はすべて仕事として使われることになる。

(2) 一定圧力のもとでの不可逆膨張だから，(12.6) 式に $P_2 = 1.25 \times 10^5$ Pa，$V_1 = 5.0 \times 10^{-3}$ m^3，$V_2 = 20.0 \times 10^{-3}$ m^3 を代入して計算すると，

$$W = -1.25 \times 10^5 \times (20.0 - 5.0) \times 10^{-3} = -1875 \text{ (J)} \quad \therefore \quad -1.88 \text{ kJ}$$

12.1.4 熱

仕事として体積変化の仕事のみを考え，熱の項を左辺に抜き出すと，熱力学第一法則は次のように書ける。

$$d'Q = dU + PdV \tag{12.6}$$

外界との熱のやり取りが体積一定の条件で行われると（これを定積過程という）

$$dV = 0$$

である。したがって，(12.6) 式より

$$d'Q = dU \quad \text{または積分形で書くと} \quad Q_V = \varDelta U \tag{12.7}$$

この関係は，「定積変化では，系に出入りする熱は内部エネルギー変化に等しい」ということを意味している。すなわち，体積一定の条件で系が吸収した熱は，すべて内部エネルギーとして蓄えられる。

外界との熱のやり取りが圧力一定の条件で行われる場合（これを定圧過程という），(12.6) 式は

$$d'Q = dU + PdV = d(U + PV) \tag{12.8}$$

と書ける。これより，定圧変化では系に出入りする熱は $U + PV$ という量の変化量に等しいことがわかる。そこで，$U + PV$ を H という記号で表して，エンタルピーと名付ける。

すなわち
$$H = U + PV$$
H を用いて（12.8）式を書き直せば
$$d'Q = dH \quad \text{または積分形で書くと} \quad Q_P = \Delta H \tag{12.9}$$
この関係は，「定圧変化では，系に出入りする熱はエンタルピー変化に等しい」ということを意味している。すなわち，圧力一定の条件で系が吸収した熱は，一部は系が膨張するための仕事に使われ，残りが内部エネルギーとして蓄えられる。この2つを合わせたものがエンタルピーということになる。なお，エンタルピーも内部エネルギーと同様に状態量である。

実験条件として達成しやすいのは定圧過程である。したがって，化学反応や相変化に伴って出入りする熱はエンタルピー変化（ΔH）で表される場合が多い。液体や固体の場合，体積変化の仕事は小さいので近似的に $\Delta H \cong \Delta U$ と考えてよい。

12.1.5 熱容量

系が $d'Q$ の熱を吸収したとき，系の温度が dT だけ上昇したとする。このとき
$$C = \frac{d'Q}{dT} \tag{12.10}$$
を系の<u>熱容量</u>という。熱の吸収が体積一定あるいは圧力一定のもとで起こる場合の熱容量をそれぞれ<u>定積熱容量</u>（C_V で表す）あるいは<u>定圧熱容量</u>（C_P で表す）という。熱容量は物質の量に依存するので，比較のためには単位量当たりの熱容量を定義するのが便利である。よく用いられるのは，物質1 mol 当たりの熱容量で，これを<u>モル熱容量</u>とよぶ。物質1 g 当たりの熱容量もしばしば用いられ，これは比熱とよばれる。

熱容量の定義の関係（12.10）式と（12.7）式を結びつけると，定積熱容量は次式のように書ける。
$$C_V = \frac{d'Q_V}{dT} = \left(\frac{\partial U}{\partial T}\right)_V \tag{12.11}$$
この関係から，C_V は「温度が1度上がったときの内部エネルギーの増加量」という意味をもつことがわかる。すなわち，C_V が分かって入れば，系の温度が変わったときの内部エネルギーの変化量を次式にしたがって求めることができる。
$$dU = C_V dT \quad \Rightarrow \quad \Delta U = \int_{T_1}^{T_2} C_V dT \tag{12.12}$$
定圧熱容量についても同様に
$$C_P = \frac{d'Q_P}{dT} = \left(\frac{\partial H}{\partial T}\right)_P \tag{12.13}$$
C_P は「温度が1度上がったときのエンタルピーの増加量」という意味をもち，C_P が分かって入れば，系の温度が変わったときのエンタルピーの変化量を次式にしたがって求めることができる。

$$dH = C_p dT \quad \Rightarrow \quad \Delta H = \int_{T_1}^{T_2} C_p dT \tag{12.14}$$

【例題 12.2】 273 K，1 atm で 1 mol の理想気体がある．
(1) 閉じた容器中で 273 K から 373 K まで熱するとき，吸収される熱はいくらか．また，そのときの内部エネルギーの増加量はいくらか．
(2) 1 atm のもとで 273 K から 373 K まで熱するとき，吸収される熱およびエンタルピーの増加量はいくらか．また，そのとき外界に対してなす仕事はいくらか．
ただし，理想気体のモル熱容量は $C_V = 12.5$ J K^{-1} mol^{-1} および $C_p = 20.8$ J K^{-1} mol^{-1} である．

【解】 (1) 体積一定だから $Q_V = \Delta U$ である．
$$Q_V = \Delta U = \int_{237}^{373} C_V dT = 12.5 \times (373 - 273) = 1250 \text{ (J)}$$

(2) 圧力一定だから $Q_p = \Delta H$ である．
$$Q_p = \Delta H = \int_{237}^{373} C_p dT = 20.8 \times (373 - 273) = 2080 \text{ (J)}$$

仕事 W は熱力学第一法則 $\Delta U = Q_p + W$ より
$$W = \Delta U - Q_p = 1250 - 2080 = -830 \text{ (J)}$$

12.2 熱化学—熱力学第一法則の応用

12.2.1 反応熱と熱化学方程式

一般に化学反応は熱の出入りを伴う．この熱を反応熱とよぶ．一般的な化学反応式を次式で表す（11.1 節参照）．

$$aA + bB + \cdots \longrightarrow mM + nN + \cdots$$

体積一定の条件で化学反応が起こるときに出入りする熱を定積反応熱といい，これは生成系と反応系の内部エネルギーの差に相当する．すなわち

$$\Delta U = U_{\text{生成系}} - U_{\text{反応系}}$$
$$= (m\bar{U}_M + n\bar{U}_N + \cdots) - (a\bar{U}_A + b\bar{U}_B + \cdots)$$

ここで，$\bar{U}$ は 1 mol 当りの内部エネルギーを表す．圧力一定の条件で化学反応が起こるときに出入りする熱を定圧反応熱といい，これは生成系と反応系のエンタルピーの差に相当する．すなわち，

$$\Delta H = H_{\text{生成系}} - H_{\text{反応系}}$$
$$= (m\bar{H}_M + n\bar{H}_N + \cdots) - (a\bar{H}_A + b\bar{H}_B + \cdots)$$

実際には定圧反応熱を用いる場合が多いので，反応熱の記号として ΔH がよく用いられる．熱の吸収を伴う反応を吸熱反応といい，この場合，$\Delta H > 0$ または $\Delta U > 0$ である．また，逆に，熱の放出を伴う反応は発熱反応とよばれ，この場合，$\Delta H < 0$ または $\Delta U < 0$ である．

化学反応式に反応熱（ΔH または ΔU）を付記したものを熱化学方程式という．その際，例えば生成物に水が含まれる場合，同じ水でも気体 (g) の水か液体の水 (l) かによって反

応熱が異なるので，物質の状態を明記する。次式は熱化学方程式の一例である。

$$\text{H}_2(\text{g}) + \frac{1}{2}\text{O}_2(\text{g}) \longrightarrow \text{H}_2\text{O}(\text{g}) \qquad \Delta H_{298} = -242 \text{ kJ mol}^{-1}$$

この式は，298K（25°C）において 1 mol の気体の H_2 と 1/2 mol の気体の O_2 が反応して 1 mol の気体の H_2O ができるとき 242 kJ の熱が放出されることを示している。

12.2.2 反応熱の分類

反応熱は，化学反応の種類によって分類され，それぞれに応じた名称でよばれる。

(1) 燃焼熱

物質 1 mol が完全燃焼するときに発生する熱量を燃焼熱という。例えば，メタンの燃焼熱は 890.3 kJ mol^{-1} であり，熱化学方程式は次式で表される。

$$\text{CH}_4(\text{g}) + 2\text{O}_2(\text{g}) \longrightarrow \text{CO}_2(\text{g}) + 2\text{H}_2\text{O}(l) \qquad \Delta H_{298} = -890.3 \text{ kJ mol}^{-1}$$

アルカン（鎖状飽和炭化水素）は燃焼熱が大きく，燃料として利用される。いくつかのアルカンの燃焼熱を表 12-1 に示す。1 mol 当りの燃焼熱および気体 1 L（= 1 dm^3）当たりの燃焼熱はアルカン分子の炭素数が増すとともに大きくなり，分子量との間にほぼ直線的な関係がある。単位質量当りで比較すると，燃焼熱は炭素数が増すとともに減少しながら一定値に近づいており，メタンからプロパンくらいまでの低分子量の炭化水素が燃料としての効率が高いことがわかる。表 12-1 のデータを用いて，薬缶（やかん）に入れた 20°C の水 1 L を 100°C まで熱するのにどれくらいの体積のプロパンがあればよいか，計算してみよ（ただし，プロパンの燃焼熱はすべて水の温度を上げるために使われるものとする）。

表 12-1 アルカンの燃焼熱

化合物名	分子式	分子量	燃焼熱（$-\Delta H$）		
			kJ mol^{-1}	kJ g^{-1}	kJ L^{-1}
メタン	CH_4	16	890.3	55.6	39.7
エタン	C_2H_6	30	1559.8	52.0	69.6
プロパン	C_3H_8	44	2220.0	50.5	99.1
ブタン	C_4H_{10}	58	2876.2	49.6	128.4
ペンタン	C_5H_{12}	72	3535.4	49.1	157.8
ヘキサン	C_6H_{14}	86	4163.3	48.4	
ヘプタン	C_7H_{16}	100	4817.2	48.2	
オクタン	C_8H_{18}	114	5470.1	48.0	
ノナン	C_9H_{20}	128	6124.9	47.9	
デカン	$\text{C}_{10}\text{H}_{22}$	142	6778.2	47.7	

(2) 生成熱

化合物 1 mol が，その成分元素の単体から生成するときに発生または吸収する熱量を生成熱という。なお，単体としては 1 atm，25°C で最も安定な形のものを選ぶ。ベンゼン C_6H_6 の生成熱を表す熱化学方程式は次のようになる。

$$6\text{C}(\text{graphite}) + 3\text{H}_2(\text{g}) \longrightarrow \text{C}_6\text{H}_6(l) \qquad \Delta H_{298} = 49.0 \text{ kJ mol}^{-1}$$

標準状態にある化合物が標準状態にある成分元素の単体から生成するときの反応熱をと

くに標準生成熱または標準生成エンタルピーと呼び，記号 ΔH_f^0 で表す。標準状態は圧力 1 atm (1.013×10^5 Pa) の状態とし，温度はとくに指定しないが 298K (25°C) を選ぶことが多い。後述の Hess の法則を用いれば，標準生成熱のデータから反応熱を知ることができる。その際，単体の標準生成熱はゼロとする。

(3) 溶解熱

溶質 1 mol を多量の溶媒に溶かしたときに発生または吸収する熱量を溶解熱という。例えば，25°C における塩化ナトリウム NaCl の水への溶解熱を表す熱化学方程式は次式で示される。

$$\text{NaCl (s)} + \text{aq} \longrightarrow \text{NaCl (aq)} \qquad \Delta H_{298} = 3.88 \text{ kJ mol}^{-1}$$

ここで，左辺の aq は大量の水を表し，右辺で NaCl の直後に付けた (aq) は水溶液であることを表す。

(4) 中和熱

酸と塩基の反応で 1 mol の水が生成するときに発生する熱量を中和熱という。例えば，塩酸と水酸化ナトリウム水溶液の中和反応の熱化学方程式は次の通り。

$$\text{HCl (aq)} + \text{NaOH (aq)} \longrightarrow \text{NaCl (aq)} + \text{H}_2\text{O} (l) \qquad \Delta H_{298} = -56.5 \text{ kJ mol}^{-1}$$

中和熱は，本質的には $\text{H}^+ \text{(aq)} + \text{OH}^- \text{(aq)} \longrightarrow \text{H}_2\text{O} (l)$ の反応熱であるから，酸や塩基の種類にかかわらずほぼ一定の値になる。

12.2.3 Hess の法則

Hess はさまざまな化学反応の反応熱を測定し，「反応熱は，反応の経路によらず反応の始めの状態と終りの状態で決まる」ということを見出した。これを Hess の法則または総熱量保存の法則という。エンタルピーや内部エネルギーは状態量だから，その変化量は始めの状態と終わりの状態だけで決まり，変化の道筋には依存しない。つまり，反応熱は途中の反応の経路には依存しないことになる。Hess の法則はエンタルピーや内部エネルギーが状態量であるという熱力学第一法則の帰結ということができる。例として A と B から C ができる反応が 1 段階で起こる場合と，途中に D を経て 2 段階で起こる場合を考える。すなわち，

$$\begin{aligned}
&1\text{ 段階}: \text{A} + \text{B} \longrightarrow \text{C} \qquad \Delta H_1 \qquad &① \\
&2\text{ 段階}: \text{A} + \text{B} \longrightarrow \text{D} \qquad \Delta H_2 \qquad &② \\
&\qquad\qquad\quad \text{D} \longrightarrow \text{C} \qquad \Delta H_3 \qquad &③
\end{aligned}$$

2 段階で起こる場合の反応熱 ΔH は第 1 段目の反応熱 ΔH_2 と第 2 段目の反応熱 ΔH_3 の和になるが，これは 1 段階で起こる場合の反応熱 ΔH_1 と等しい。これは次のことからわかる。

$$\begin{aligned}
\Delta H &= \Delta H_2 + \Delta H_3 = H_D - (H_A + H_B) + H_C - H_D \\
&= H_C - (H_A + H_B) = \Delta H_1
\end{aligned}$$

あるいは，図 12-7 のエネルギー図からも容易に理解できるだろう。Hess の法則に基づいて，ΔH を直接測定できないよう

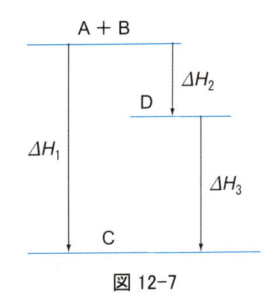

図 12-7

な反応についても，ΔH が既知のいくつかの反応を組み合わせることによって反応熱を求めることができる．上の例で，①の反応熱が直接測定できなくても，②と③の反応熱が測定できるか，または，既知の場合，それらの和として①の反応熱を知ることができる．

【例題 12.3】 エチレンおよびエタンの 25℃ における標準生成熱はそれぞれ $\Delta H_f^0 = 52.3$ kJ mol^{-1} および $\Delta H_f^0 = -84.7$ kJ mol^{-1} である．これらのデータを用いて次の反応の反応熱（1 atm, 25℃）を求めよ．

$$C_2H_4\,(g) + H_2\,(g) \longrightarrow C_2H_6\,(g) \qquad ①$$

【解】 エチレンおよびエタンの標準生成熱を表す熱化学方程式は

$$2C\,(\text{graphite}) + 2H_2\,(g) \longrightarrow C_2H_4\,(g) \qquad \Delta H_f^0(C_2H_4) = 52.3\text{ kJ mol}^{-1} \quad ②$$
$$2C\,(\text{graphite}) + 3H_2\,(g) \longrightarrow C_2H_6\,(g) \qquad \Delta H_f^0(C_2H_6) = -84.7\text{ kJ mol}^{-1} \quad ③$$

①の化学反応式は ③－② として得られる．したがって，①の反応熱 ΔH は

$$\Delta H = \Delta H_f^0(C_2H_6) - \Delta H_f^0(C_2H_4) = -137.0\text{ (kJ mol}^{-1})$$

12.2.4 反応熱と温度の関係

ある温度のときの反応熱はわかっているが，別の温度のときの反応熱を知りたいという場面がしばしばある．そういう場合，反応熱が温度によってどう変化するかを表す関係式があれば都合がよい．これは次のようにして得られる．

反応系のエンタルピーを H_A，生成系のエンタルピーを H_B とすれば，定圧反応熱は

$$\Delta H = H_B - H_A$$

両辺を圧力一定のもとで温度について微分すると

$$\left(\frac{\partial \Delta H}{\partial T}\right)_P = \left(\frac{\partial H_B}{\partial T}\right)_P - \left(\frac{\partial H_A}{\partial T}\right)_P$$

右辺の各項はそれぞれ生成系および反応系の定圧熱容量 $C_{P,B}$ および $C_{P,A}$ である．したがって

$$\left(\frac{\partial \Delta H}{\partial T}\right)_P = C_{P,B} - C_{P,A} \equiv \Delta C_P \tag{12.15}$$

ここで，ΔC_P は生成系と反応系の定圧熱容量の差である．(12.15) 式は Kirchhoff の式とよばれる．これより

$$\Delta H(T_2) - \Delta H(T_1) = \int_{T_1}^{T_2} \Delta C_P dT \tag{12.16}$$

温度の関数としての ΔC_P と温度 T_1 における ΔH がわかっていれば，(12.16) 式より別の温度 T_2 における定圧反応熱を求めることができる．

【例題 12.4】 $H_2(g) + 1/2 O_2(g) \rightarrow H_2O(g)$ の 25℃における反応熱は -241.84 kJ mol^{-1} である。また、それぞれの気体の定圧モル熱容量 (JK^{-1} mol^{-1}) は、以下のとおりである。1 000℃における反応熱を求めよ。

$$C_P(H_2) = 28.66 + 1.17 \times 10^{-3}T$$
$$C_P(O_2) = 28.28 + 2.54 \times 10^{-3}T$$
$$C_P(H_2O) = 34.39 + 6.28 \times 10^{-4}T$$

【解】 $\Delta C_P = C_P(H_2O) - \{C_P(H_2) + 1/2 C_P(O_2)\} = -8.41 - 1.81 \times 10^{-3}T$ (JK^{-1} mol^{-1})
したがって、

$$\Delta H_{1273} = \Delta H_{298} + \int_{298}^{1273} \Delta C_P dT$$

$$= -241.84 + \int_{298}^{1273} (-8.41 - 1.81 \times 10^{-3}T) \times 10^{-3} dT$$

$$= -241.84 - 8.41 \times 10^{-3} \times (1\,273 - 298) - \frac{1.81 \times 10^{-3}}{2} \times 10^{-3} \times (1\,273^2 - 298^2)$$

$$= -251.43 \text{ (kJ mol}^{-1})$$

問 題

1. 5.0×10^5 Pa, 300 K の理想気体 10 mol が等温可逆的に 2 倍の体積まで膨張したときの仕事を求めよ。

2. 2 mol の理想気体が 300 K, 1.50×10^6 Pa の状態から、同温で 1.0×10^5 Pa の外圧に抗しながら膨張し、最後に 1.0×10^5 Pa になった。このときの仕事を求めよ。

3. 1 atm, 300 K の二酸化炭素 1 mol を定圧下で加熱したところ 736 J の熱を吸収した。このとき、温度は何 K になったか。ただし、二酸化炭素の定圧モル熱容量を
$$C_P = 32.22 + 2.22 \times 10^{-2}T \quad (\text{JK}^{-1} \text{mol}^{-1})$$
とせよ。

4. 25℃ の理想気体 1 mol が 1 atm のもとで 800 J の熱を吸収した。このときの理想気体の内部エネルギー変化および外界に対してなした仕事を計算せよ。ただし、理想気体のモル熱容量を $C_V = 12.5$ JK^{-1} mol^{-1} および $C_P = 20.8$ JK^{-1} mol^{-1} とする。

5. 1 atm, 25℃ におけるグルコース ($C_6H_{12}O_6$) の燃焼熱は $\Delta H = -2801.7$ kJ mol^{-1} である。また、H_2O (l) および CO_2 (g) の標準生成熱はそれぞれ -285.8 kJ mol^{-1} および -393.5 kJ mol^{-1} である。グルコースの標準生成熱を求めよ。

13 酸と塩基の水溶液

　人間の活動による地球汚染の1つとして，酸性雨による森林や湖沼や建築物の被害が報じられるようになって久しい。これは雨水の中に溶けた酸によって，雨水が強い酸性を示すからである。このような酸性の作用を弱めるには，塩基性の物質を作用させて酸の性質を中和する。この章では，酸と塩基の性質やその反応について学ぶ。

13.1 酸と塩基

　酸や塩基はそれぞれ次のような性質をもった物質として古くから知られていた。つまり，酸はリトマス試験紙を赤変させ，酸味があり，多くの金属と反応して水素を発生させる物質である。一方，塩基はリトマス試験紙を青変させ，ぬるぬるしていて苦みがあり，酸と反応して塩をつくる物質である。

　スウェーデンのArrhenius (1884) は，塩の水溶液が電気伝導性をもつことと，溶解した塩の濃度から予想されるよりも大きな氷点降下を示すことから，水溶液中では塩がイオンに解離しているという電離説を提案した。彼は電離説に基づいて酸と塩基を次のように定義した。「酸は水溶液中で解離して水素イオンを生じる物質であり，塩基は水溶液中で水酸化物イオンを生じる物質である」。

　この定義は水溶液中の酸・塩基の性質を説明するのに有用ではあったが，水溶液以外に適用できないことや，アンモニアNH_3が分子中にOHの部分をもたないのに塩基の性質をもっていることが説明できないなど，不十分な面をもっていた。

　1923年にBrønstedとLowryがそれぞれ独立に，次のような新しい酸・塩基の定義を提出した。「酸は他の物質にH^+を与える物質であり，塩基はH^+を受け取る物質である」。この定義では，酸がH^+（プロトン）を放出すれば塩基となり，塩基にH^+が結合すれば酸となる。

$$（酸）\rightleftarrows （塩基）+ H^+ \tag{13.1}$$

　プロトンは，水溶液中において水分子と結合したオキソニウムイオンH_3O^+の形で存在している。したがって，酸HAを水に溶解すると溶液中で次のような平衡が生じていることになる。

$$HA + H_2O \rightleftarrows H_3O^+ + A^- \tag{13.2}$$

　定義よりHAは酸であり，A^-は塩基である。同様に，水分子H_2Oは塩基であり，H_3O^+は酸である。このように酸・塩基の反応は必ず他の酸・塩基と組み合わさっている。上の

例で酸 HA と塩基 A$^-$ とは (13.1) 式の関係にある。このような関係にある酸と塩基を互いに共役であるといい，それぞれを共役酸，共役塩基という。同様に H_3O^+ は H_2O の共役酸であり，H_2O は H_3O^+ の共役塩基である。

実例として，塩酸，アンモニア水溶液，硫酸水溶液中の酸塩基平衡を共役関係で示すと次のようになる。

$$\underset{\underset{共役}{\rule{4em}{0.4pt}}}{\overset{\overset{共役}{\rule{4em}{0.4pt}}}{酸 + 塩基 \rightleftarrows 酸 + 塩基}}$$

$$HCl\ \ + H_2O \rightleftarrows H_3O^+ + Cl^-$$
$$H_2O\ \ + NH_3 \rightleftarrows NH_4^+ + OH^-$$
$$H_2SO_4 + H_2O \rightleftarrows H_3O^+ + HSO_4^-$$
$$HSO_4^- + H_2O \rightleftarrows H_3O^+ + SO_4^{2-}$$

このように，溶媒は酸としても塩基としても作用し得る。上の例で，H_2O 分子はある時は酸として，ある時は塩基として働いている。純水中でも次のような H_2O 分子の解離平衡が成立していて，これを水の電離平衡という。ここでは H_2O 分子は酸でもあり塩基でもある。

$$H_2O + H_2O \rightleftarrows H_3O^+ + OH^- \tag{13.3}$$

共役関係にある酸と塩基の例を表 13-1 に示した。

表 13-1 共役酸・共役塩基

酸	塩基
$HClO_4$	ClO_4^-
H_2SO_4	HSO_4^-
HSO_4^-	SO_4^{2-}
HCl	Cl^-
HNO_3	NO_3^-
CH_3COOH	CH_3COOH^-
H_2S	HS^-
HS^-	S^{2-}
NH_4^+	NH_3
H_3O^+	H_2O
H_2O	OH^-
OH^-	O^{2-}

プロトンの授受による Brønsted と Lowry の酸・塩基の概念は，水以外の溶媒に対しても適用できるため，溶液反応に広く適用されている。同じ頃，Lewis によって電子対の授受に基づくさらに広義の酸・塩基の定義が提案された。この定義によれば，Lewis 酸は電子対受容体として作用する物質であり，Brønsted と Lowry の酸を含み，Lewis 塩基は電子対供与体として作用する物質であり，Brønsted と Lowry の塩基を含む。この章では Brønsted と Lowry の定義による酸・塩基の概念に基づき水溶液内の酸塩基平衡を取り扱う。

13.2 水溶液のpH

酸は水溶液中で水と反応してオキソニウムイオン H_3O^+ を生じるものであるから，酸の水溶液の H_3O^+ の濃度は純水中よりも高い。純水中の H_3O^+ の濃度は (13.3) 式の平衡定数によって決まり，温度だけの関数である。水の電離平衡によって生じた H_3O^+ イオンと OH^- イオンの濃度の積（正確には活量の積）K_w を水のイオン積といい，その値は25℃で約 10^{-14} $(mol\ dm^{-3})^2$ である。

$$K_w = [H_3O^+][OH^-] = 10^{-14}\ (mol\ dm^{-3})^2\ at\ 25℃ \tag{13.4}$$

表13-2に種々の温度における K_w の値を示した。

表13-2 水のイオン積 K_w

温度/℃	0	10	25	40	50
$K_w \times 10^{14}/mol^2\ dm^{-6}$	0.113	0.292	1.008	2.917	5.747

純水中では $[H_3O^+] = [OH^-]$ であり，常温の純水中の $[H_3O^+]$ と $[OH^-]$ はいずれも $10^{-7}\ mol\ dm^{-3}$ である。水溶液中の H_3O^+ の濃度を表すのにこのようなべきの形は不便なので，水素イオン指数 pH を用いる。

$$pH = -\log([H_3O^+]/mol\ dm^{-3}) \tag{13.5}$$

この表示を使うと，純水のpHは7である。

pH < 7 の水溶液は $[H_3O^+]$ が $10^{-7}\ mol\ dm^{-3}$ より大きい酸性溶液である。酸や塩基の水溶液でも (13.4) 式の関係は成立するので，酸性水溶液の $[OH^-] = K_w/[H_3O^+]$ の値は $10^{-7}\ mol\ dm^{-3}$ よりも低い。また，pH > 7 である溶液は塩基性（アルカリ性ともいう）の水溶液であり，$[H_3O^+]$ は $10^{-7}\ mol\ dm^{-3}$ より低く，$[OH^-]$ は高い。pH = 7 の水溶液はこれらに対して中性であるという。身近な水溶液のpHを表13-3に示す。

表13-3 身近な水溶液のpH

胃液	1.8～2.0
オレンジジュース	3.1～3.4
ワイン	3.0～3.7
尿	4.8～7.4
水道水	5.6～8.6
血液	7.4
涙液	8.2
海水	8.3～8.4
木灰浸出液	9.6

13.3 酸・塩基の強弱

酸の強さはプロトンを他の物質に与える傾向の大小で示され，水溶液中の酸の強さは，酸 HA が塩基 A^- とオキソニウムイオン H_3O^+ に解離する割合で表すことができる。した

がって，(13.2) 式の反応における平衡定数 K の値が大きい酸ほど強い酸である。

$$K = \frac{[\text{H}_3\text{O}^+][\text{A}^-]}{[\text{HA}][\text{H}_2\text{O}]} \tag{13.6}$$

希薄溶液では $[\text{H}_2\text{O}]$ は一定とみなせるので次式が成立する。

$$K[\text{H}_2\text{O}] = K_\text{a} = \frac{[\text{H}_3\text{O}^+][\text{A}^-]}{[\text{HA}]} \tag{13.7}$$

K_a を酸解離定数といい，K_a の逆数の常用対数 pK_a を酸解離指数とよぶ。

$$\text{p}K_\text{a} = -\log(K_\text{a}/\text{mol dm}^{-3})$$

酸解離定数と酸解離指数の関係は $[\text{H}_3\text{O}^+]$ と pH の関係と類似しており，水中の酸の強さは K_a の値が大きいほど強く，pK_a が小さいほど強い酸である。

では，HA の共役塩基である A^- の塩基としての強さはどうであろうか。水溶液中で，A^- が H_2O からプロトンを取って HA と OH^- となる割合が大きいほど強い塩基である。したがって，その共役酸 HA の酸解離定数 K_a が小さいほど，pK_a が大きいほど強い塩基である。つまり，酸が強ければ強いほどその共役塩基は弱く，酸が弱ければ弱いほどその共役塩基は強い塩基である。このように共役関係にある酸と塩基の強さは，酸の酸解離定数または酸解離指数だけで示すことができる。表 13-4 にいくつかの共役酸・塩基の K_a および pK_a の値を示す。

表 13-4　酸の酸解離定数と酸解離指数

酸		K_a/mol dm^{-3}	pK_a	共役塩基
シュウ酸	$(\text{COOH})_2$	5.36×10^{-2}	1.271	HOOC-COO^-
	HOOC-COO^-	5.42×10^{-5}	4.266	$(\text{COO})_2^{2-}$
リン酸	H_3PO_4	7.08×10^{-3}	2.15	H_2PO_4^-
	H_2PO_4^-	6.31×10^{-8}	7.20	HPO_4^{3-}
	HPO_4^{2-}	4.17×10^{-13}	12.38	PO_4^{3-}
酢　酸	CH_3COOH	1.75×10^{-5}	4.757	CH_3COO^-
炭　酸	H_2CO_3	4.47×10^{-7}	6.35	HCO_3^-
	HCO_3^-	4.63×10^{-11}	10.33	CO_3^{2-}
硫化水素	H_2S	1.10×10^{-7}	6.96	HS^-
	HS^-	1.00×10^{-14}	14.00	S^{2-}
アンモニウムイオン				
	NH_4^+	5.62×10^{-10}	9.25	NH_3
フェノール	$\text{C}_6\text{H}_5\text{OH}$	1.00×10^{-10}	10.00	$\text{C}_6\text{H}_5\text{O}^-$
エチルアンモニウムイオン				
	$\text{C}_2\text{H}_5\text{NH}_3^+$	2.34×10^{-11}	10.63	$\text{C}_2\text{H}_5\text{NH}_2$

よく知られている代表的な酸や塩基で，この表に記載されていないものもある。この表で示したものは，すべて弱酸・弱塩基とよばれている比較的弱い酸や塩基であり，いわゆる強酸とよばれている過塩素酸 HClO_4, 硫酸 H_2SO_4, 塩酸 HCl, 硝酸 HNO_3 などの強い酸や，強塩基とよばれている水酸化ナトリウム NaOH, 水酸化カリウム KOH などの強い塩基はこの表にはみられない。溶媒が水の場合，酸 HA の強さが水の共役酸 H_3O^+ より強いと解

離平衡（(13.2)式）は極端に右辺に偏っていて，HA はほぼ完全に解離している。このような酸を強酸という。

$$HA + H_2O \longrightarrow H_3O^+ + A^- \tag{13.8}$$

このように水溶液中では，H_3O^+ より強い酸はすべて酸 H_3O^+ に置き換わって存在するので，強酸の強さは同じになってしまう。この現象を水平化効果という。水以外の適当な溶媒，例えば酢酸中では，これらの強酸の間にも強さの強弱がみられる。

NaOH や KOH のようなイオン結晶をつくる水酸化物は，水溶液中では完全にイオンに解離して水の共役塩基の OH^- という強塩基を生成するので，水の解離平衡

$$H_2O + H_2O \rightleftharpoons H_3O^+ + OH^- \tag{13.3}$$

が左辺に進み H_3O^+ が減少することになる。

13.4　強酸・強塩基の濃度と pH

強酸 HA を濃度 C_{HA} になるように水に溶解すると，HA は水溶液中で完全に解離して C_{HA} に等しい濃度の $[H_3O^+]_{HA}$ を生成する。また，水溶液中には水の解離（(13.3)式）によって生成した $[H_3O^+]_{H_2O}$ も存在する。水溶液中の H_3O^+ の全濃度 $[H_3O^+]_t$ と OH^- の全濃度 $[OH^-]_t$ に対しては，水のイオン積（(13.4)式）が成立する。これらの全濃度はそれぞれ

$$[H_3O^+]_t = [H_3O^+]_{HA} + [H_3O^+]_{H_2O} = C_{HA} + [H_3O^+]_{H_2O}$$

$$[OH^-]_t = [OH^-]_{H_2O} = [H_3O^+]_{H_2O} = [H_3O^+]_t - C_{HA}$$

であり，次式が成立する。

$$[H_3O^+]_t^2 - C_{HA}[H_3O^+]_t - K_w = 0 \tag{13.9}$$

これを解けば

$$[H_3O^+]_t = \frac{1}{2}\{C_{HA} + \sqrt{C_{HA}^2 + 4K_w}\} \tag{13.10}$$

となり，この式を使って $[H_3O^+]_t$ を求めることができる。酸の濃度が濃くて $C_{HA}^2 \gg 4K_w$ のときは，$[H_3O^+]_t$ は近似的に溶解した酸の濃度に等しい。

$$[H_3O^+]_t \fallingdotseq C_{HA} \tag{13.11}$$

また，濃度が薄くて $C_{HA}^2 \ll 4K_w$ ならば，$[H_3O^+]_t$ は次式で近似される。

$$[H_3O^+]_t \fallingdotseq (C_{HA}/2) + \sqrt{K_w} \tag{13.12}$$

【例題 13.1】　$10^{-3}\,mol\,dm^{-3}$ の塩酸（HCl 水溶液）の pH を求めよ。

【解】　$C_{HA}^2 \gg 4K_w$ であるから (13.11) 式を用いて，$[H_3O^+]_t \fallingdotseq 10^{-3}\,mol\,dm^{-3}$，この値を (13.5) 式に代入すれば pH = 3.0 と求められる。

【例題 13.2】 塩酸を純水で 10^{-8} mol dm^{-3} になるまで希釈した。この溶液の pH を計算で求めよ。

【解】 $C_{HA}^2 \ll 4K_w$ であるから（13.12）式を使って
$$[H_3O^+]_t \fallingdotseq (5 \times 10^{-9} + 10^{-7}) \text{ mol dm}^{-3} = 1.05 \times 10^{-7} \text{ mol dm}^{-3}$$
したがって、pH = 6.98 ≒ 7.0 である。

強塩基 AOH も水溶液中で完全に解離する。AOH を濃度 C_{AOH} になるように溶解すると、水溶液中の OH$^-$ イオンの全濃度 $[OH^-]_t$ と、H$_3$O$^+$ イオンの全濃度 $[H_3O^+]_t$ はそれぞれ
$$[OH^-]_t = [OH^-]_{AOH} + [OH^-]_{H_2O} = C_{AOH} + [OH^-]_{H_2O}$$
$$[H_3O^+]_t = [H_3O^+]_{H_2O} = [OH^-]_{H_2O} = [OH^-]_t - C_{AOH}$$
であり、強酸の場合と同様にして

$$[OH^-]_t^2 - C_{AOH}[OH^-]_t - K_w = 0 \tag{13.13}$$

$$[OH^-]_t = \frac{1}{2}\{C_{AOH} + \sqrt{C_{AOH}^2 + 4K_w}\} \tag{13.14}$$

が得られ、$[OH^-]_t$ は（13.14）式で表される。塩基の濃度が濃くて $C_{AOH}^2 \gg 4K_w$ のときには、$[OH^-]_t$ は近似的に溶解した塩基の濃度に等しい。

$$[OH^-]_t \fallingdotseq C_{AOH} \tag{13.15}$$

また、塩基の濃度が薄くて $C_{AOH}^2 \ll 4K_w$ ならば次式が近似的に成立する。

$$[OH^-]_t \fallingdotseq (C_{AOH}/2) + \sqrt{K_w} \tag{13.16}$$

$[OH^-]_t$ が求められれば、$[H_3O^+]_t$ と pH はその値を使って（13.4）、（13.5）式から求められる。

【例題 13.3】 KOH を 10^{-3} mol dm^{-3} の濃度になるように溶解した。この水溶液中の OH$^-$ の濃度と pH を計算で求めよ。

【解】 $C_{AOH}^2 \gg 4K_w$ であるから、（13.15）式と（13.4）および（13.5）式を用いて、$[OH^-]_t \fallingdotseq 10^{-3}$ mol dm^{-3} および pH = 11.0 と求められる。

13.5 弱酸・弱塩基の濃度と pH

水溶液中の弱酸の解離は、酸解離定数 K_a の大きさとその濃度によって決まる。いま、弱酸 HA を濃度 C_{HA} になるように水に溶解したとき、溶液中で酸が解離する割合を α で表すと、溶液中の化学種の平衡濃度は次のようになる。α を酸の電離度という。

$$\text{HA} + \text{H}_2\text{O} \rightleftarrows \text{H}_3\text{O}^+ + \text{A}^-$$
$$C_{HA}(1-\alpha) \quad C_{H_2O} - C_{HA}\alpha \quad C_{HA}\alpha \quad C_{HA}\alpha$$

$C_{HA}\alpha$ の値は H$_2$O 分子の濃度 $C_{H_2O} \fallingdotseq 55.6$ mol dm^{-3} に比べて小さいので、H$_2$O の濃度は一定とみなしてよい。

これらの値をつかうと（13.7）式の酸解離定数 K_a は次式となる。

$$K_a = \frac{(C_{HA}\alpha)^2}{C_{HA}(1-\alpha)} = \frac{C_{HA}\alpha^2}{1-\alpha} \tag{13.17}$$

この式はまた次のように書ける。

$$C_{HA} = K_a(1-\alpha)/\alpha^2$$

この式から，C_{HA} がゼロに近づく無限希釈の場合に α の値が 1 に近づくことがわかる。また，$\alpha \ll 1$ の条件では，$[H_3O^+]$ の値は次式のように C_{HA} と K_a の積の平方根で表される。

$$[H_3O^+] = C_{HA}\alpha = \sqrt{C_{HA}K_a} \tag{13.18}$$

したがって，この弱酸の水溶液の pH は次式で表される。

$$\mathrm{pH} = \frac{1}{2}\{pK_a - \log(C_{HA}/\mathrm{mol\ dm^{-3}})\} \tag{13.19}$$

濃度 CB の弱塩基 B の水溶液について塩基の電離度 α を考え，弱酸の場合と同様に考えると，溶液中の化学種の平衡濃度は次のようになる。

$$\mathrm{B} + \mathrm{H_2O} \rightleftarrows \mathrm{BH^+} + \mathrm{OH^-}$$
$$C_B(1-\alpha) \qquad\qquad C_B\alpha \qquad C_B\alpha$$

この平衡定数を K として，塩基解離定数 $K_b = K[H_2O]$ を定義すると次式となる。

$$K_b = \frac{[BH^+][OH^-]}{[B]} = \frac{C_B\alpha^2}{1-\alpha} \tag{13.20}$$

$\alpha \ll 1$ の条件では

$$[OH^-] = C_B\alpha = \sqrt{C_B K_b} \tag{13.21}$$

となり，$[H_3O^+] = K_w/[OH^-]$ であるから，弱塩基水溶液の pH は次式で表される。

$$\mathrm{pH} = 14 - \frac{1}{2}\{pK_b - \log(C_B/\mathrm{mol\ dm^{-3}})\} \tag{13.22}$$

塩基の K_b の値とその共役酸の K_a の値は，$K_a \cdot K_b = K_w$，$pK_a + pK_b = 14$ の関係があるので，共役酸の K_a を使えば (13.22) は次式となる。

$$\mathrm{pH} = 7 + \frac{1}{2}\{pK_a + \log(C_B/\mathrm{mol\ dm^{-3}})\}$$

【例題 13.4】 酢酸 CH_3COOH の pK_a は 4.76 である。濃度 10^{-3} mol dm^{-3} の酢酸水溶液の pH を計算で求めよ。
【解】 (13.19) 式に pK_a の値と濃度を入れて計算する。pH = 3.88 である。

硫酸 H_2SO_4，リン酸 H_3PO_4 やシュウ酸 $H_2C_2O_4$ のように，解離できる H を 2 個以上もっている酸もある。これを多塩基酸（多価の酸）といい，解離する H の数に応じて二塩基酸（2 価の酸），三塩基酸（3 価の酸）などとよぶ。多塩基酸の酸解離定数 K_a は 1 段目の方が必ず大きい値である（pK_a は 1 段目の方が小さい）。例えば，硫酸 H_2SO_4 は 1 段目の解離では強酸だが，2 段目の HSO_4^- は $pK_a = 1.99$ の酸である。また，シュウ酸の 1 段目と 2 段目の解離の pK_a はそれぞれ 1.27 と 4.27 である。

13.6 塩の加水分解と酸・塩基の中和

酸と塩基の反応によって生じるイオン性化合物を塩という。例えば，塩化ナトリウム NaCl は塩化水素 HCl と水酸化ナトリウム NaOH が 1：1 のモル比で反応して生成する塩である。NaCl のような強酸と強塩基の塩を純水に溶解しても，完全に Na^+ と Cl^- に解離はするが溶液の pH は変化せず，中性のままである。しかし，強酸と弱塩基の塩の水溶液は弱い酸性を示し，弱酸と強塩基の塩の水溶液は弱い塩基性を示す。

例として酢酸ナトリウム CH_3COONa の場合を考えてみよう。酢酸ナトリウムは CH_3COO^- と Na^+ のイオン性化合物であり，水に溶解すると完全に解離する。解離で生じた CH_3COO^- と，水の解離平衡で生じている H_3O^+ イオンとの間に (13.23) 式の平衡が成立する。

$$H_2O + H_2O \rightleftharpoons H_3O^+ + OH^- \tag{13.3}$$

$$CH_3COO^- + H_3O^+ \rightleftharpoons CH_3COOH + H_2O \tag{13.23}$$

したがって，溶液全体としての平衡関係は次式のように表される。

$$CH_3COO^- + H_2O \rightleftharpoons CH_3COOH + OH^- \tag{13.24}$$

(13.24) 式の平衡は，イオン式を使わないで形式的に分子式で書くと

$$CH_3COONa + H_2O \rightleftharpoons CH_3COOH + NaOH \tag{13.25}$$

となり，塩に水が反応して酸と塩基に分解したようにみえる。そこで，このような反応を加水分解という。

(13.24) 式の平衡について，次のような平衡定数を考えることができる。

$$K_h = K[H_2O] = \frac{[CH_3COOH][OH^-]}{[CH_3COO^-]} = \frac{K_w}{K_a} \tag{13.26}$$

K_h を加水分解定数といい，(13.24) 式の平衡が極端に左辺に偏っていれば，この値はゼロに近い値となる。(13.26) 式から，K_a が小さい弱い酸の塩ほど K_h の値は大きく，加水分解が起こりやすいことがわかる（同様に強酸と弱塩基の塩の場合は，K_b が小さい塩基の塩ほど加水分解しやすい）。

(13.26) 式に酢酸の K_a の値 1.66×10^{-5} mol dm^{-3} を入れると，$K_h = 6.02 \times 10^{-10}$ mol dm^{-3} となる。値は小さいが (13.24) 式の平衡はわずかに右へ進み，生じた OH^- イオンによって水溶液は弱塩基性になっている。

次に，酸の水溶液に塩基または塩基の水溶液を加える反応を考えてみよう。例えば，塩酸に水酸化ナトリウム水溶液を加えていくとする。塩化水素と水酸化ナトリウムはそれぞれ強酸と強塩基であるから完全に解離するので，水溶液中で起る実質的な反応は次の反応である。

$$H_3O^+ + OH^- \longrightarrow H_2O + H_2O \tag{13.27}$$

このような酸と塩基の反応を中和反応という。NaOH の水溶液を加えていくと，中和反応の進行に伴って $[H_3O^+]$ は減少し，pH は上昇していく。混合した HCl と NaOH の量が

ちょうど1:1になったところを中和点といい、強酸と強塩基の中和では中和点の溶液のpHは7である。中和反応は塩の加水分解反応の逆反応と考えることができる。HClとNaOHのような強酸と強塩基の中和点のpHは、強酸と強塩基から生じる塩（この場合はNaCl）の水溶液と同じ7である。強酸と弱塩基の中和では中和点はやや酸性であり、弱酸と強塩基の中和点はやや塩基性となる。いずれの場合も、これらの組み合わせの塩の水溶液のpHを考えればよい。図13-1は0.1 mol dm^{-3}の塩酸および同じ濃度の酢酸水溶液50 cm^{3}に、0.1 mol dm^{-3}の水酸化ナトリウム水溶液を滴下していったときの溶液のpHの変化を示したものである。酢酸と水酸化ナトリウムの中和点の方がやや高いpHを示す。

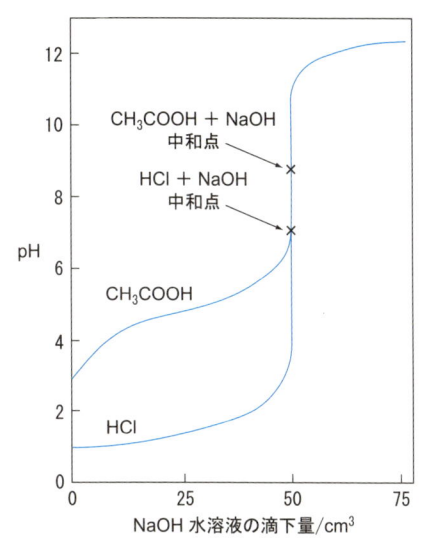

図13-1 中和滴定におけるpH変化
0.1 mol dm^{-3}の塩酸または酢酸水溶液の50 cm^{3}に0.1 mol dm^{-3}水酸化ナトリウム水溶液を滴下

このように、1価の酸と1価の塩基の中和では、中和点の溶液は酸と塩基の1:1のモル比の混合溶液である。そこで、濃度未知の一定量の酸の水溶液に濃度既知の塩基水溶液をビュレットを使って滴下したり、逆に濃度未知の塩基水溶液の一定量に濃度既知の酸の水溶液を滴下して、中和点に達するまでに要した滴下量を知ることができれば、濃度未知の酸または塩基の水溶液の濃度を決定することができる。こうして酸や塩基の濃度を決める方法を中和滴定という。中和点を知るにはpHメータでpHを測定するか、pHによって構造が変化して色が変わる指示薬を使う。図13-2にいくつかの指示薬が変色するpH範囲を示している。中和点のpHに応じて最も適当な指示薬を使うことが望ましい。

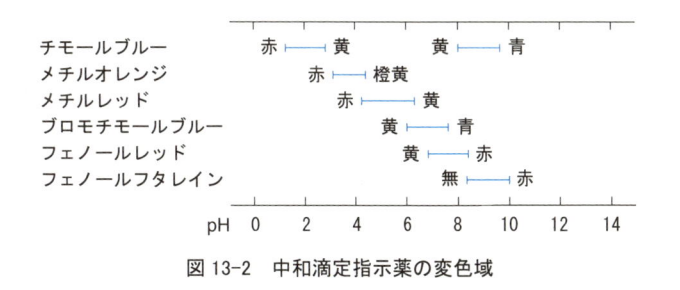

図13-2 中和滴定指示薬の変色域

13.7 緩衝溶液

少量の酸や塩基が混入してもpHを保ち続けることができるようなpH 4～5の水溶液を調製しよう。図13-1の滴定曲線を見てわかるように、0.1 mol dm^{-3}の塩酸に0.1 mol dm^{-3}の水酸化ナトリウムの水溶液を混ぜてこの様な水溶液を調製するのは、かなり難しい。ま

た，pH の調製が成功しても，微量の HCl 水溶液や NaOH 水溶液の添加によって pH は大きく変化する。

しかし，図 13-1 からわかるように，0.1 mol dm^{-3} の酢酸水溶液 50 cm^3 に同じ濃度の水酸化ナトリウム水溶液 25 cm^3 を添加した溶液の pH は約 4.6 であり，加える液量が少し違ったとしても pH の違いはさほど大きくない。この溶液に，さらに水酸化ナトリウム溶液を少量加えても pH はあまり変わらないし，少量の希塩酸を加えても変わらない。このように，少量の酸や塩基の添加に対して pH の変化が抑えられるような性質を緩衝作用といい，この性質をもっている溶液を緩衝溶液という。

ここで調製した緩衝溶液の組成は，酢酸と酢酸ナトリウムを水に等量溶解した溶液と同じである。このように，緩衝溶液は一般に弱酸とその塩，または弱塩基とその塩を溶解した混合水溶液である。酢酸と酢酸ナトリウムの混合水溶液を例にして，緩衝作用のしくみを考えてみよう。

この水溶液中では，酢酸ナトリウムは完全に解離して酢酸イオン CH_3COO^- を生じ，酢酸と酢酸イオンとの間には（13.29）式の平衡が成立している。

$$CH_3COONa \longrightarrow CH_3COO^- + Na^+ \tag{13.28}$$

$$CH_3COOH + H_2O \rightleftharpoons CH_3COO^- + H_3O^+ \tag{13.29}$$

酢酸ナトリウムの解離によって多量の酢酸イオンが生じるので，(13.29) 式の平衡は左に移動し酢酸の解離は抑えられる。したがって，溶解した酢酸の濃度を C_A，酢酸ナトリウムの濃度を C_s と表すと，近似的に

$$[CH_3COOH] = C_A, \quad [CH_3COO^-] = C_s$$

とみなせるので，酢酸の酸解離定数はこれらを使って次式のように表される。

$$K_a = \frac{[CH_3COO^-][H_3O^+]}{[CH_3COOH]} = \frac{C_s}{C_A}[H_3O^+] \tag{13.30}$$

したがって，この溶液の pH は (13.31) 式で表される。

$$pH = -\log[H_3O^+] = pK_a + \log\frac{C_s}{C_A} \tag{13.31}$$

(13.31) 式は一般に弱酸とその塩とからなる緩衝溶液に適用できる。弱酸と塩との濃度比が 1 のときの pH は，弱酸の pK_a の値に等しい。これに少量の強酸を加えると (13.29) 式の平衡が左に移動するため，H_3O^+ と CH_3COO^- は減少し，CH_3COOH は増加する。そのために，酸の添加による $[H_3O^+]$ の増加は平衡が移動した分だけ抑えられる。添加によって C_s/C_A の比が 1.1 や 0.9 に変化しても，右辺第 2 項の値の変化は ±0.05 以下である。(13.31) 式からわかるように，最も緩衝能が大きい，つまり pH の変化が小さい溶液は，酸と塩の濃度比が 1 に近い溶液である。同様に，この緩衝溶液に塩基を加えたときの pH 変化も，$[H_3O^+]$ の減少が抑えられて緩衝作用を示すことがわかるだろう。表 13-5 に一般的な緩衝溶液の系を記載している。

表 13-5

（酸 ＋ 塩）	酸の pK_a	有効 pH 範囲
フタル酸 ＋ フタル酸水素カリウム	2.95	2.2～3.8
酢　酸 ＋ 酢酸ナトリウム	4.75	3.7～5.6
リン酸二水素一カリウム ＋ リン酸一水素ナトリウム	7.20	5.8～8.0
ホウ酸 ＋ 四ホウ酸二ナトリウム	9.23	6.8～9.2

問　題

1. 酢酸水溶液，硫酸水溶液，アンモニア水溶液中の化学種間の平衡式を記し，それぞれの化学種について Brønsted-Lowry の酸であれば a，塩基であれば b を付して示せ。

2. それぞれ 1.0×10^{-2} mol dm^{-3} および 1.0×10^{-9} mol dm^{-3} の濃度の塩酸（HCl 水溶液）および NaOH 水溶液の，オキソニウムイオン濃度および pH を求めよ。

3. 塩基の pK_b とその共役酸の pK_a の関係式を導け。また，NH_4^+ の pK_a の値を使って濃度 1.0×10^{-3} mol dm^{-3} の NH_3 水溶液の pH を求めよ。

4. 0.1 mol dm^{-3} の NaOH 水溶液 20 cm^3 をビーカーにとり，これに 0.1 mol dm^{-3} の HCl 水溶液をビュレットから滴下していく。滴下量がそれぞれ 0, 10, 18, 19, 20, 21 cm^3 になったときのビーカー中の溶液の pH を計算せよ。この滴定の終点を知るのに指示薬を使うとすると，何という指示薬が適当か。

5. 酢酸と酢酸ナトリウムをそれぞれ 0.1 mol dm^{-3} の濃度で含む溶液 50 cm^3 がある。この溶液に 0.1 mol dm^{-3} の塩酸または水酸化ナトリウム水溶液を 5 cm^3 加えたときの pH を計算せよ。

14 酸化還元と電極反応

灯油や植物油を加熱すると炎をあげて燃焼する。金属鉄は、鉄鉱石をコークスと一緒に溶鉱炉で加熱して得られる。鉄をそのまま空気中に放置すると錆びてもろくなる。我々はデンプンや脂肪などの食物をエネルギー源とし、これによって体温を保っている。これらの変化は全て電子の移動が重要な役割を果たす化学反応で、酸化還元反応とよばれている。

14.1 酸化と還元

古くから酸化・還元反応は重要な化学反応として知られていたが、その定義が定まったのは、18世紀末にLavoisierが次のような定義を提出したときであろう。彼の定義によれば、酸化とはある元素単体が酸素と結合して酸化物になることであり、還元とは酸化物が酸素を引き抜かれて単体になることである。例えば、銅を空気中で加熱すると黒色の酸化銅(II)になり、酸化銅(II)を水素気流中で加熱すると金属銅になる。

$$2Cu + O_2 \longrightarrow 2CuO \tag{14.1}$$

$$CuO + H_2 \longrightarrow Cu + H_2O \tag{14.2}$$

前者は酸化反応であり、後者は還元反応である。また、固体の炭素や気体の水素を空気中で燃焼させると、二酸化炭素や水を生成する。これも酸化反応である。

$$C + O_2 \longrightarrow CO_2 \tag{14.3}$$

$$2H_2 + O_2 \longrightarrow 2H_2O \tag{14.4}$$

水素が酸化されると (14.4) 式のように水になるため、(14.2) 式の反応は酸化銅については還元反応であるが、水素については酸化反応であり、酸化と還元が同時に起こっていることを示している。

相手を酸化する物質を酸化剤、相手を還元する物質を還元剤とすると、上式や (14.2) 式の反応では水素や金属は還元剤である。水素や金属が、気体の塩素中で起こる (14.5) や (14.6) 式の反応でも還元剤として働くとすると、これらの反応では水素や鉄が塩素を還元し、同時に水素や鉄が塩素によって酸化される反応である。

$$H_2 + Cl_2 \longrightarrow 2HCl \tag{14.5}$$

$$2Fe + 3Cl_2 \longrightarrow 2FeCl_3 \tag{14.6}$$

また、有機化合物に酸化剤を作用させると水素が引き抜かれ、還元剤を反応させると水素が付加されることがあるため、水素の引き抜きと添加もそれぞれ酸化と還元に含まれる。

次に酸化・還元反応を、電子の授受という観点から見てみよう。マグネシウムが酸素中

で激しく燃焼する反応，つまりマグネシウムの酸化反応をとりあげる。これは昔から写真のフラッシュに利用されていた反応である。金属マグネシウムはMg原子の金属結晶であり，酸素は2つのO原子が共有結合した分子であるが，この反応の生成物である酸化マグネシウムMgOはMg^{2+}イオンとO^{2-}イオンとからなるイオン結晶である。つまり，この反応の間にMg原子は2個の電子（e^-）を失い，O原子は2個の電子を獲得している。

$$2Mg + O_2 \longrightarrow 2(Mg^{2+}O^{2-}) \tag{14.7}$$

$$Mg \longrightarrow Mg^{2+} + 2e^-, \quad O + 2e^- \longrightarrow O^{2-} \tag{14.8}$$

MgはOを還元しているが，これは電子の授受の観点からはOに電子を与えたことになる。また，OはMgを酸化しているが，これはMgから電子を受け取ったことになる。

同様に，(14.1)，(14.2)式の銅の酸化・還元も電子の授受で説明される。CuOはイオン化合物であり，これらの反応は次のように電子の授受で表すことができる。

$$Cu \longrightarrow Cu^{2+} + 2e^-, \quad O_2 + 4e^- \longrightarrow 2O^{2-} \tag{14.9}$$

$$Cu^{2+} + 2e^- \longrightarrow Cu, \quad H_2 + O^{2-} \longrightarrow H_2O + 2e^- \tag{14.10}$$

(14.3)と(14.4)式のCO_2やH_2Oはイオン性化合物ではない。しかし，物質中において電子の分布が電気陰性度の高いO原子側に偏っていると考えれば，全ての酸化還元反応を電子の移動で説明できる。つまり，酸化と還元は必ず同時に起こり，酸化剤と還元剤との間の電子の授受で定義できる。それは，ちょうど酸と塩基の中和が，両者間のプロトンの授受で説明できることに似ている。

14.2 酸化数

前節で説明したように，酸化・還元は化学種間の電子の移動として考えることができる。このとき，化学種がイオンまたはイオン性化合物であれば電子の授受は明確であるが，共有結合性の分子の場合にははっきりしない。しかし，この場合にも電気陰性度が異なる原子間には電子分布の偏りがあるので，仮に結合がイオン結合であると考えたときの形式的電荷を各原子に割り当てて用いれば，酸化・還元を全て電子の移動として取り扱うことができる。このような原子の形式的電荷を<u>酸化数</u>という。反応によってある原子の酸化数が増加すれば，その原子またはその原子を含む化合物は酸化されたことになり，逆に減少すれば還元されたことになる。

化合物中の原子やイオンの酸化数は次の規則にしたがって割り振られ，反応における電子の授受の計算に用いられる。

① 単体中の原子の酸化数はゼロである。
② 1個の原子からなるイオンの酸化数は，そのイオンの符号を含めた電荷の数に等しい。
③ 化合物中の原子間の結合に使われている電子は，同種原子間の場合は両原子に等配分し，異種原子間では電気的に陰性な原子に形式的に配分する。
④ したがって，電気的に中性の分子を構成している原子の酸化数の総和はゼロであり，

多原子イオンの場合にはそのイオンの符号を含めた電荷の数に等しい。

(例)　(i)　O_2 分子中の O 原子の酸化数はゼロである。

(ii)　Fe^{2+} イオン，Fe^{3+} イオン，F^- イオンの酸化数は，それぞれ $+2$，$+3$，-1 である。

(iii)　NaCl 中の Na は Na^+ であり，その酸化数は $+1$，NaCl 中の Cl は Cl^- であり，-1 である。

(iv)　H_2O 中の H は形式的に H^+ とし，$+1$，O は O^{2-} とし，-2 とする。化合物中の H の酸化数は，金属のイオン結合性水素化合物中で -1 であることを除けば，全て $+1$ である。また，化合物中の O の酸化数は，次の例のように O-O 結合をもつ場合を除けば，全て -2 である。

(v)　H_2O_2 では O-O 結合の電子は等配分されるため，H の酸化数は $+1$，O の酸化数は -1，分子中の原子の酸化数の総和はゼロである。

(vi)　MnO_4^- イオン中の原子の酸化数の総和は -1 である。したがって，O の酸化数が -2 であることから，Mn の酸化数は $+7$ である。

(vii)　エタン C_2H_6 中の原子の酸化数の総和はゼロである。したがって，H の酸化数が $+1$ であることから，C の酸化数は -3 である。

酸化還元反応による酸化数の変化をみてみよう。酸性水溶液中の Fe^{2+} イオンは，過マンガン酸イオンと次のように反応して Fe^{3+} イオンとなる。この反応では，反応の前後で酸化数が変化するのは Fe 原子と Mn 原子だけである。

$$5Fe^{2+} + MnO_4^- + 8H^+ \longrightarrow 5Fe^{3+} + Mn^{2+} + 4H_2O \qquad (14.11)$$
$$\underset{5e^-}{\underline{\hspace{3cm}}}\uparrow$$

(酸化数の変化)　Fe：$+2 \longrightarrow +3$，5 原子の Fe が失った電子：$5e^-$

　　　　　　　　Mn：$+7 \longrightarrow +2$，Mn の 1 原子が得た電子：$5e^-$

したがって，MnO_4^- イオンは酸化剤として Fe^{2+} イオンを酸化し，自身は還元されたことになる。一般に，原子またはその原子を含む分子の酸化数が増加したことは，その原子または分子が酸化されたことを示し，原子やその原子を含む分子の酸化数が減少したことは，原子やその分子が還元されたことを示す。

メタノールを触媒存在下で空気と共に加熱すると，次の反応によってホルムアルデヒドが生成する。

$$2CH_3OH + O_2 \longrightarrow 2HCHO + 2H_2O \qquad (14.12)$$
$$\underset{4e^-}{\underline{\hspace{3cm}}}\uparrow$$

(酸化数の変化)　メタノールの C：$-2 \longrightarrow 0$，　2 分子の C が失った電子：$4e^-$

　　　　　　　　O_2 の O：$0 \longrightarrow -2$，　　　1 分子の O_2 が得た電子：$4e^-$

酸素分子は酸化剤としてメタノールを酸化し，自身は還元されている。この反応ではメタノールは水素原子を失って酸化されたということもできる。このように有機化合物への酸素原子の付加や水素原子の引き抜きが酸化反応で，逆が還元反応であるという考え方と，

電子の授受で酸化還元を考える方法とは互いに矛盾するものではない。

14.3 酸化剤と還元剤

酸化・還元は還元剤から酸化剤に電子を移す反応であり，還元剤は電子を放出しやすい化学種で，酸化剤は電子を受け取りやすい化学種である。では，還元剤となる化学種，酸化剤となる化学種というのは本来的に決まっているのであろうか。酸性水溶液中で過酸化水素が関与する酸化還元反応をみてみよう。

$$H_2O_2 + 2H^+ + 2Fe^{2+} \longrightarrow 2Fe^{3+} + 2H_2O \tag{14.13}$$

$$5H_2O_2 + 2MnO_4^- + 6H^+ \longrightarrow 5O_2 + 2Mn^{2+} + 8H_2O \tag{14.14}$$

Fe^{2+} との反応では H_2O_2 は酸化剤として働いている。しかし，MnO_4^- との反応では H_2O_2 は次式のように酸化されている。つまり還元剤として働いている。

$$H_2O_2 \longrightarrow O_2 + 2H^+ + 2e^-$$

このように同一化学種でも反応する相手によって還元剤にも酸化剤にもなり得る。つまり，還元剤・酸化剤としての性質は相対的なものである。では，還元剤・酸化剤としての性質，またその強さをどのように考えたらよいのだろうか。

ある電子に着目して，その電子が化学種Aに属しているときのポテンシャルエネルギーよりも，化学種Bに属しているときのエネルギーの方が低ければ，AとBが接触する際に電子はAからBへ移動する。これはAがBを還元し，A自身は酸化されることに相当する。つまり，AがBに対して還元剤として働き，BはAに対して酸化剤として働く。しかも，相対的なエネルギー差が大きいほどその反応は起こりやすい。以上のように，還元剤・酸化剤としての能力の尺度として，やりとりする電子のその化学種内でのポテンシャルエネルギーの高低を用いることができる。つまり，このエネルギーが高いものほど強い還元剤，低いものほど強い酸化剤となる。

酸の希薄水溶液に金属亜鉛を浸すと，亜鉛は気体の水素を発生しながら溶解して陽イオンとなる。しかし，同じ希薄水溶液に金属銅を浸しても変化はみられない。また，硫酸銅の水溶液に金属スズを浸すと，金属スズの表面は金属銅によって赤くなり，溶液中にはスズイオンが溶出する。しかし，硫酸亜鉛の水溶液に金属スズを浸しても変化は起こらない。

$$Zn + 2H^+ \longrightarrow H_2 + Zn^{2+} \tag{14.15}$$

$$Cu + 2H^+ \not\longrightarrow H_2 + Cu^{2+} \tag{14.16}$$

$$Cu^{2+} + Sn \longrightarrow Sn^{2+} + Cu \tag{14.17}$$

$$Zn^{2+} + Sn \not\longrightarrow Sn^{2+} + Zn \tag{14.18}$$

これらの結果から還元剤としての強さは Zn > Cu であり，酸化剤としての強さは Cu^{2+} > Zn^{2+} であることがわかる。金属の還元剤としての性質とその金属イオンの酸化剤としての性質との関係は，ちょうど酸と塩基の共役関係と類似しており，強い還元剤である金属の陽イオンは弱い酸化剤である。金属の還元剤としての強さの順序は高等学校で学んだイオン化傾向と同じであるが，金属以外の化学種にも適用でき，しかも強弱が数値として定

量的に表せる尺度が望ましい．このような尺度としては，次節以下で述べる酸化還元電位または電極電位とよばれる電位を用いることができる．

14.4　電池の起電力と電極電位

前節の実験と同様，酸の希薄水溶液に亜鉛板と銅板を図 14-1 の左図のように浸すと，亜鉛板の表面からは水素の気泡を発生しながら亜鉛が溶解していくが，銅板の方に変化はみられない．亜鉛板と銅板の間を図 14-1 の右図のように導線で結ぶと，この外部回路を通って銅板から亜鉛板の方へ電流が流れ，水素の気泡は銅板の表面から発生する．電子は負の電荷をもっているので，電子が流れている方向は電流と逆方向である．したがって，電子は亜鉛板から銅板へ向かって外部回路を流れていることになる．銅板から水素が発生しているのは，亜鉛の酸化によって亜鉛板に生じた過剰な電子が銅板へ流れ，そこで水素イオンを還元するからである．

（亜鉛板）　　　　　　　$Zn \longrightarrow Zn^{2+} + 2e^-$ (Zn)

（外部回路と銅板）　(Zn) $\longrightarrow 2e^- \longrightarrow$ (Cu) $+ 2H^+ \longrightarrow H_2$

このようにすると，酸化還元反応の電子の移動を外部回路に取り出して電気エネルギーとして利用することができる．このような装置を電池という．図 14-1 の電池は発明者にちなんで Volta 電池とよばれている．

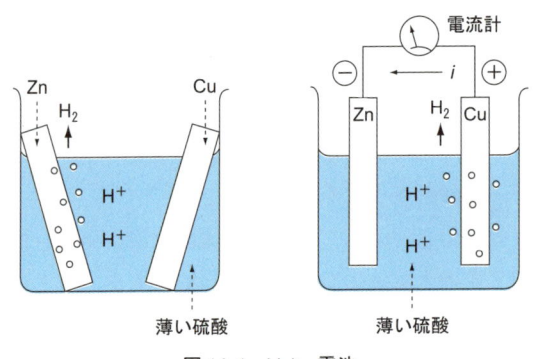

図 14-1　Volta 電池

硫酸銅の水溶液に金属亜鉛を浸すと（14.17）式と類似の反応がおこり，亜鉛の表面は金属銅によって赤くなり，溶液中に亜鉛イオンが溶出する．

$$Cu^{2+} + Zn \longrightarrow Zn^{2+} + Cu \tag{14.19}$$

この反応を利用する Daniell 電池を例として電池と電極電位の説明をしよう．

図 14-2 のように，Zn^{2+} イオンを含む水溶液（例えば $ZnSO_4$ 水溶液）に亜鉛板を浸して一方の電極とし，Cu^{2+} イオンを含む水溶液（例えば $CuSO_4$ 水溶液）に銅板を浸して他方の電極とする．両方の溶液は塩橋で連絡されている．塩橋とはガラス管の中に濃厚な KCl 溶液を寒天ゲルで固めたもので，塩橋中の K^+ イオンと Cl^- イオンの移動によって，両溶

液間を電気が自由に移動できるようにしたものである。外部回路を通って両電極間に電流が流れないように，高抵抗の電圧計をつかって亜鉛極と銅極間の電位差（電圧）を計ると銅極の方が電位が高いことがわかる。これは，Zn と溶液相中の Zn^{2+} イオンとの間および Cu と Cu^{2+} イオンとの間に，それぞれ次のような電子を含む平衡（電気化学的平衡）が成立し，その結果 Zn 極よりも Cu 極の方が電位が高くなったためである。

$$Zn^{2+} + 2e^- \rightleftharpoons Zn, \quad Cu^{2+} + 2e^- \rightleftharpoons Cu$$

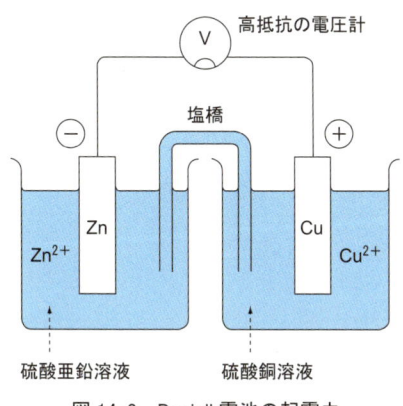

図 14-2 Daniell 電池の起電力

このように，両極間の外部回路に電流が流れないようにして測った両極間の電位差 ΔE ＝（右側極の電位 E_R）－（左側極の電位 E_L）を電池の起電力という。起電力は温度と溶液中のイオンの濃度によって変化する。そこで温度 25℃，イオン濃度（正確には活量）が 1 mol dm^{-3} の起電力を標準起電力 ΔE^0 とする。Daniell 電池の標準起電力は ＋1.100 V である。

電池を構成している 2 つの部分（Daniell 電池では亜鉛イオンの水溶液に浸した金属亜鉛の部分および銅イオンの水溶液に浸した金属銅の部分）を，それぞれ電極系または電極という。（そのうちの金属亜鉛や金属銅だけを電極ということもある。）起電力 ΔE は左側極の電極電位を基準とした右側極の電極電位と定義されているので，起電力が正のときは右側極が電池の正極，左側極が電池の負極である。なお，右側極と左側極の位置を入れ替えて描いた電池の起電力は符号が逆となる。

Daniell 電池の正極（銅極）と負極（亜鉛極）を図 14-3 のように抵抗と電流計をはさんで導線で連結すると，この外部回路を通って正極から負極へ電流が流れる。これは電子が負極から外部回路を通って正極へ流れたことであって，亜鉛電極系における電子のポテンシャルエネルギーの方が銅電極系におけるそれよりも高いことを意味する。このとき電池内では酸化還元反応が起こっている。銅極では銅イオンの還元によって金属銅が析出し，亜鉛極では亜鉛の酸化によって亜鉛イオンが溶出している。また，左右の電極系の電荷のバランスを保つために，塩橋を通してイオンが電荷を運んでいる。結局，電池全体としては銅イオンと亜鉛の酸化還元反応（14.19）式が進行していることになり，これを電池反応と

いう。つまり、電池の起電力（電極系の電位差）は酸化還元反応を進行させる駆動力となる。

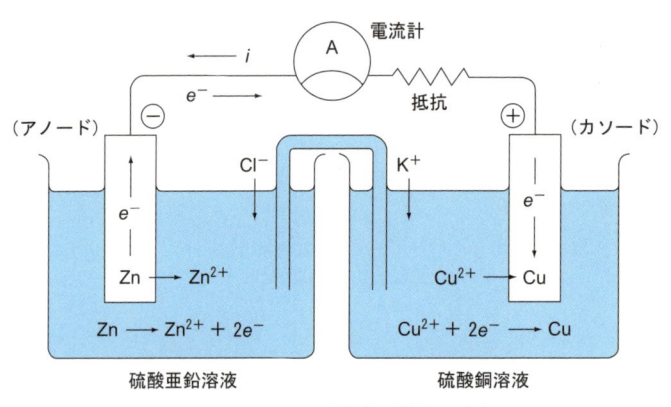

図 14-3　Daniell 電池の電気の流れ

電池は 2 種の電極系の組み合わせであり、起電力を測定すれば電極の電位の差を決定できる。測定できるのは電位の差であって、絶対的な電極電位は求められない。しかし、基準となる電極系を決めてその電極電位を定義しておけば、基準電極との電位差から多くの電極系の電極電位を決定できる。そうすれば任意の電極系を組み合わせた電池の起電力が計算で求められ、任意の酸化還元反応の駆動力が計算できることになる。

国際的に決められた基準電極は、図 14-4 に示した標準水素電極（NHE）である。白金メッキした白金板（白金黒付き白金）を H_3O^+ の濃度（正確には活量）1 mol dm^{-3} の酸の水溶液に半分浸し、上半分は 1 気圧の H_2 気流に接している。この電極で起こる反応（電極反応）は

$$2H^+ (1 \text{ mol dm}^{-3}) + 2e^- \rightleftarrows H_2 (1 \text{ atm}) \tag{14.20}$$

であって、この電位は全ての温度で 0 V と定義されている。なお、電極反応の電極電位を示す場合、このように平衡を表す両方向の矢印を用いることもあるが、還元反応を右向きの矢印で記して表すこともある。こうして標準水素電極と電極系を組み合わせた電池の起

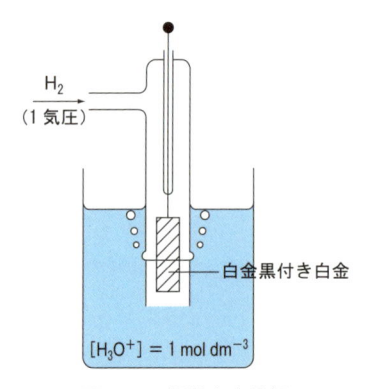

図 14-4　標準水素電極

電力は，そのままその電極系の電極電位を表すことになる。

水素電極は取り扱いが面倒なので，その代わりに電極電位がわかっている電極を2次基準として用いてもよい。よく使われる基準電極には，塩化銀-銀電極と飽和甘コウ電極などがある。

電極電位 E はその電極系の溶液相に対する固相の電位である。したがって，溶液相の組成が変われば電極電位は変化する。いま，電極反応を Ox + ne^- ⇌ Red で表すと，電極電位は次式にしたがって変化する。この式を Nernst の式という。

$$E = E^0 - \frac{RT}{nF} \cdot \ln \frac{[\text{Red}]}{[\text{Ox}]} \tag{14.21}$$

ここで，n はこの反応で移動する電子数，F は Faraday 定数，[ ] は濃度（正確には活量）を表す。純粋な固体は活量が1であるから，Red が純粋な金属の場合にはこの式で [Red] ＝ 1 と置けばよい。

E^0 を標準電極電位といい，電極反応において固体は純粋な固体，気体は1気圧，溶液中の化学種の濃度（正確には活量）は 1 mol dm^{-3} の条件における電極電位である。表14-1に種々の電極系の25℃における標準電極電位の値を示す。E^0 の値が高い電極系ほどその酸化型の化学種 Ox は強い酸化剤であり還元型の化学種 Red は弱い還元剤である。また，E^0 の値が低い電極系ほどその還元型の化学種 Red は強い還元剤であり，酸化型の化学種 Ox は弱い酸化剤である。

表 14-1　標準電極電位（酸性溶液，25℃）

電極反応	E^0/V
$Li^+ + e^- \rightleftharpoons Li$	-3.03
$K^+ + e^- \rightleftharpoons K$	-2.925
$Ca^{2+} + 2e^- \rightleftharpoons Ca$	-2.87
$Na^+ + e^- \rightleftharpoons Na$	-2.713
$Mg^{2+} + 2e^- \rightleftharpoons Mg$	-2.37
$Al^{3+} + 3e^- \rightleftharpoons Al$	-1.66
$Zn^{2+} + 2e^- \rightleftharpoons Zn$	-0.7628
$2CO_2 + 2H^+ + 2e^- \rightleftharpoons H_2C_2O_4$	-0.49
$Fe^{2+} + 2e^- \rightleftharpoons Fe$	-0.440
$Ni^{2+} + 2e^- \rightleftharpoons Ni$	-0.23
$Sn^{2+} + 2e^- \rightleftharpoons Sn$	-0.140
$Pb^{2+} + 2e^- \rightleftharpoons Pb$	-0.126
$2H^+ + 2e^- \rightleftharpoons H_2$	± 0.0000
$Sn^{4+} + 2e^- \rightleftharpoons Sn^{2+}$	$+0.15$
$Cu^{2+} + 2e^- \rightleftharpoons Cu$	$+0.337$
$I_2 + 2e^- \rightleftharpoons 2I^-$	$+0.536$
$O_2 + 2H^+ + 2e^- \rightleftharpoons H_2O_2$	$+0.69$
$H_2O_2 + H^+ + e^- \rightleftharpoons OH + H_2O$	$+0.71$
$Fe^{3+} + e^- \rightleftharpoons Fe^{2+}$	$+0.771$
$Ag^+ + e^- \rightleftharpoons Ag$	$+0.7994$
$O_2 + 4H^+ + 4e^- \rightleftharpoons 2H_2O$	$+1.229$
$MnO_4^- + 8H^+ + 5e^- \rightleftharpoons Mn^{2+} + 4H_2O$	$+1.51$
$H_2O_2 + 2H^+ + 2e^- \rightleftharpoons 2H_2O$	$+1.77$

152　III 反応と平衡

【例題 14.1】 気体の水素はしばしば金属酸化物に対する還元剤として用いられる。では，Zn^{2+} イオンと H_3O^+ イオンをそれぞれ 1 mol dm^{-3} の濃度で含む溶液に金属亜鉛を投入し，これに 1 気圧の気体水素を吹き込んで亜鉛イオンを還元することができるだろうか。

【解】 題意は，標準状態で $Zn^{2+} + H_2 = Zn + 2H^+$ の反応が右へ進むだろうか，ということである。NHE の電極電位はゼロで，亜鉛電極の E^0 の値 -0.763 V よりも高い。したがって，H^+ イオン（H_3O^+ イオン）の方が Zn^{2+} よりも強い酸化剤であり，Zn の方が H_2 よりも強い還元剤である。したがって，この条件で H_2 による Zn^{2+} の還元は起きず，むしろ逆方向の Zn による H^+ の還元が起こる。

標準電極電位の値と (14.21) 式を使って任意の濃度条件の電極電位を求め，これを組み合わせることによって溶液中の酸化還元反応に相当する電池の起電力が得られる。

電池が放電すると起電力は小さくなり，得られる電流値も小さくなる。これは電池反応の進行に伴って化学種の濃度が変化し，両電極の電極電位が (14.21) 式にしたがって変わってきたからである。最終的には起電力はゼロとなり，電流は流れなくなる。この状態は，電池内の化学反応が平衡状態になったことを意味する。

【例題 14.2】 Cu^{2+} イオンを含む水溶液に充分な量の亜鉛粉末を投入し攪拌した。系が 25℃ で平衡になったとき，亜鉛はまだ残っていた。このときの溶液中の Zn^{2+} イオンと Cu^{2+} イオンの濃度比を求めよ。

【解】 Daniell 電池を放電させて，起電力がゼロになったときのイオンの濃度比を求めればよい。電極系 $[Cu^{2+} + 2e^- \rightleftarrows Cu]$ と $[Zn^{2+} + 2e^- \rightleftarrows Zn]$ の電極電位は，(14.21) 式からそれぞれ次のように求められる。

$$E_{Cu} = 0.337 \text{ (V)} - \frac{RT}{2F} \ln \frac{1}{[Cu^{2+}]}$$

$$E_{Zn} = -0.763 \text{ (V)} - \frac{RT}{2F} \ln \frac{1}{[Zn^{2+}]}$$

電池の起電力は，これらの式に $T = 298$ K および R と F の定数をいれて，自然対数を常用対数にかえると次式が得られる。

$$\Delta E = E_{Cu} - E_{Zn} = 1,100 \text{ (V)} - \frac{0.0591}{2} \log \frac{[Zn^{2+}]}{[Cu^{2+}]} \text{ (V)} = 0 \text{ (V)}$$

この式から濃度比は $[Zn^{2+}]/[Cu^{2+}] = 10^{37.2}$ となる。これが反応 (14.19) の 25℃ における平衡定数である。この値は，平衡がほぼ完全に銅の析出側に偏っていることを示している。

14.5　電気分解

Daniell 電池のように電池反応が可逆的に進む電池の両極に，外部電源から電池の起電力より大きな電圧を逆方向にかけてみよう。つまり，電池の正極に電源のプラス側をつな

ぎ，負極にマイナス側をつなぐ。このとき，電池の内部ではどのような変化が起こるであろうか。電源電圧は電池の起電力より大きいのであるから，電流は図 14-5 のように外部電源と回路を通って，放電時とは逆に Zn 極から Cu 極へ流れる。電子の流れは逆方向であるから外部回路を Cu 極から Zn 極へ移動する。したがって，電池内部の反応は放電時の逆方向に進行する。つまり，金属 Cu と Cu^{2+} 溶液の界面では $Cu \longrightarrow Cu^{2+} + 2e^-$ の反応が進み，金属 Zn と Zn^{2+} 溶液の界面では $Zn^{2+} + 2e^- \longrightarrow Zn$ の反応が進行している。このことを言い換えれば，外部電源からの電気エネルギーを使って，電池反応の逆反応を起こさせていることになる。

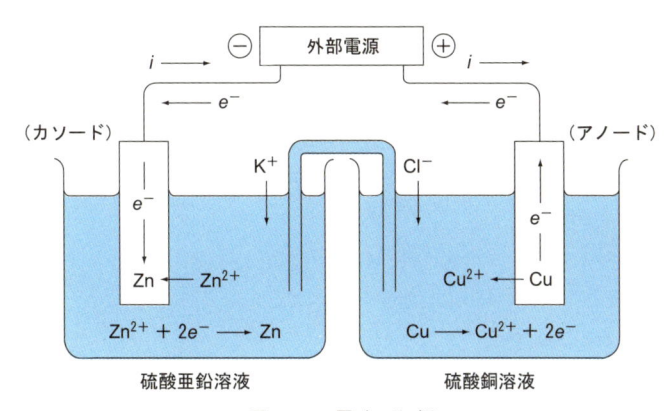

図 14-5 電 気 分 解

　一般に電極系の固相と液相の界面で起こる反応に着目した場合，固体電極面から溶液相へ電流が流れ出る電極または電極系を陽極またはアノードとよび，溶液相から固体電極面へ電流が流れ込む電極または電極系を陰極またはカソードという。上の場合には Cu 極がアノードとなりこの電極系で酸化反応が生じているし，Zn 極はカソードとなりこの電極系で還元反応が進んでいる(Daniell 電池の放電では Zn 極がアノードであり，Cu 極がカソードである)。このように電気エネルギーによって電極の電位を変化させて，自発的には起こらない酸化還元反応を起こさせることができる。これを電気分解という。

　電極電位というのは，電気化学反応の平衡が成立している電極系の，溶液相に対する固相の電位である。したがって，逆に外部からこの電位を変化させれば，平衡状態における溶液組成が変化する。上の例の Cu 電極のように，電極の電位を高電位側へ変化させると，(14.21) 式からわかるように Cu^{2+} の平衡濃度が大きくなるので，この電極系では酸化反応が起こる。また，Zn 電極のように電極電位をより低電位側へ変化させると，この電極系では Zn^{2+} の平衡濃度が小さくなるので還元反応が起こることになる。

　電気分解は，溶液中の複数のイオンの酸化還元系がそれぞれ異なる酸化還元電位を示すことを利用して，イオンの分析に広く利用されている。また，工業的にも水酸化ナトリウムや塩素の製造，アルミニウムや銅などの金属の製造・精錬，各種メッキ工業など，電気

分解を利用した電気化学工業は重要である。

問　題

1. 次の反応において，酸化剤として働いている化合物やイオンに OA の記号を，還元剤として働いている化合物やイオンに RA の記号を付けよ。また，酸化剤や還元剤のどの原子の酸化数がどのように変化したかを示せ。

    a) $PbS + 4H_2O_2 \longrightarrow PbSO_4 + 4H_2O$

    b) $Fe_2O_3 + 3CO \longrightarrow 2Fe + 3CO_2$

    c) $2MnO_4^- + 5SO_2 + 2H_2O \longrightarrow 2Mn^{2+} + 5SO_4^{2-} + 4H^+$

    d) $5I^- + IO_3^- + 6H^+ \longrightarrow 3I_2 + 3H_2O$

2. 酸性水溶液において各イオンの最初の活量（濃度）が $1\ mol\ dm^{-3}$ になるように，次の組合せの単体とイオンを混合した。25℃の混合液中でどのような反応がどちら向きに進むだろうか。反応式を矢印をつかって記し，平衡に達したときの平衡定数を求めよ。

    a) $Fe,\ Zn,\ Fe^{2+},\ Zn^{2+}$

    b) $Ni,\ Pb,\ Ni^{2+},\ Pb^{2+}$

    c) $Ag,\ Ag^+,\ Fe^{2+},\ Fe^{3+}$

    d) $I_2,\ I^-,\ Sn^{2+},\ Sn^{4+}$

3. 亜鉛の電解精錬法では，硫酸亜鉛の酸性水溶液を電解する。表 14-2 を参考にして，アノードで起こる反応とカソードで起こる反応の反応式を記し，それぞれの反応の標準電極電位を示せ。

15 化学反応の速さ

　化学反応を特徴づけるものには，化学平衡以外にもう1つの重要な要素として，その速さ（反応速度）がある。ある物質を化学反応によってつくりだそうとする場合，反応物から出発して目的とする生成物をどれくらい手に入れることができるかということは大いに関心のあるところで，これは化学平衡の問題である。一方，どのくらいの時間でその目的物を手にすることができるかということも大事なことがらで，これは反応速度の問題である。この章では，反応速度の表し方や実験方法，また実験結果の整理の仕方，反応速度からみた化学反応のタイプなどについて学んでいく。

15.1　化学反応の速度

15.1.1　反応速度の表し方

　車や列車の速度は1時間に何km進むかという単位時間当りの移動距離で表す。また，人口の増加速度は1年間当りの人口の増加数で表す。このように速度は一般に単位時間当りの変化量で表される。化学反応の場合，その速度は，反応物あるいは生成物のどれか1つの物質に目をつけ，その物質が単位時間当たりに変化する物質量として定義される。いま考えている反応が次の反応式で表されるものとしよう。

$$A + B \longrightarrow P$$

この反応が進行して，dt 時間の間に A が dn_A モルだけ変化したとすれば，そのときの反応速度 v は

$$v = -\frac{dn_A}{dt} \tag{15.1}$$

で与えられる。反応物 A は時間の経過とともに減っていくので dn_A は負である。したがって，反応速度を正にするためマイナスの符号をつける。もし実験で生成物 P の量を測定した場合，反応速度は $v = dn_P/dt$ と表される。

　反応系の体積が反応の進行中に変わらないとみなせる場合，反応種の物質量の代わりに容量モル濃度 (c) を用いることができ，そのとき，(15.1) 式の代わりに

$$v = -\frac{d[A]}{dt} \tag{15.2}$$

のように反応速度を定義することができる。実際上は，反応物または生成物の濃度を時間の関数として測定することが多く，普通，反応速度は単位時間当たりの濃度の変化量（す

なわち（15.2）式）で表される。以後は濃度による表現を用いていく。

15.1.2　反応速度の実験方法

　反応速度を求めるには，反応物または生成物の濃度を反応開始後の時間の関数として測定すればよい。普通は，反応に関与する物質のうちのある1つの化学種に眼をつけ，いろいろな時刻でその濃度を測定する。非常にゆっくり進行する反応では，反応混合物から少量の試料を取り出し，化学分析により目的物質の濃度を求めればよい。ところが，反応が速くなると，化学分析に必要な時間内にも反応が進行し続けるため，分析結果と反応時間を正確に関係づけるのが難しくなる。この場合，1つの工夫として反応を凍結する方法がある。これは，例えば試料を急速に冷却したりあるいは希釈したりして，反応速度を急激に落すかまたは反応を停止させる操作を行ない，その後化学分析を行なう。もっと良い方法は，反応混合物から試料を取り出すことなしに，ある種の物理的測定を利用して反応種の濃度変化を追跡していくことである。この場合，目的物質の濃度変化を正しく反映するものであればどんな物理的性質を用いてもよい。例えば，体積一定の条件での気相反応の場合，圧力の時間変化により反応過程を追跡できる。また，溶液反応では，分光学的な性質，すなわちある特定の波長の光に対する反応種の吸光度で濃度の時間変化を追跡する方法がよく用いられる。

15.1.3　反応速度と濃度の関係―速度式と反応の次数

　化学反応の速度は一般に温度と反応物質の濃度に依存する。次のような最も簡単な型の化学反応を考えてみよう。

$$\text{A} \longrightarrow \text{P} \tag{15.3}$$

もしこの反応が一段階で進行するならば，反応により単位時間当たりに消失するA分子の数は，そこに含まれるAの個数に比例するだろう。すなわち，この場合，反応速度はAの濃度に比例することが直観的に考えてうなずける。したがって，反応速度とAの濃度の間には次のような関係があることが予想される。

$$v = -\frac{d[\text{A}]}{dt} = k[\text{A}] \tag{15.4}$$

ここで，比例定数の k を反応の速度定数とよぶ。次に

$$\text{A} + \text{B} \longrightarrow \text{P} \tag{15.5}$$

で表される反応について考えてみる。ここでも，この反応は一段階で進むものとする。反応が起こるためにはAとBが出会うことが必要である。この出会いの頻度はAの濃度とBの濃度の積に比例する。したがって，この反応の速度は，次のような濃度依存性をもつものと予測されるだろう。

$$v = -\frac{d[\text{A}]}{dt} = k[\text{A}][\text{B}] \tag{15.6}$$

　（15.4）式や（15.6）式のように，反応速度を速度定数と反応物質の濃度の関数として表したものを速度式とよぶ。速度式の中に現われる濃度の指数の和を反応の次数という。例

えば，(15.4) 式の場合は 1 次であり，(15.6) 式の場合は 2 次である（後者の場合，A について 1 次，B について 1 次，全体として 2 次である）。化学反応を反応速度の面から整理する場合，速度式の次数によって分類され，反応速度が 1 次の速度式で表されるものを 1 次反応，2 次の速度式で表されるものを 2 次反応，一般に n 次の速度式で表される反応を n 次反応とよぶ。

上にあげた例では，速度式がどのような形をもつかを理解してもらうため反応式と結びつけて説明した。一段階で起こる反応の場合は上のような考察が成り立つ。しかし，いくつかの反応段階を経て進行する多段階反応の場合は，反応式を見ただけでは速度式の予測はつかない。速度式は実験から決められるものであり，反応式の形と直接結びつくものではないことを強調しておく。例えば，気相で起こる臭化水素 HBr の生成反応の反応式は

$$H_2 + Br_2 \longrightarrow 2HBr$$

で表されるが，実験的に得られる反応速度と濃度の関係は

$$\frac{d[HBr]}{dt} = \frac{k[H_2][Br_2]^{3/2}}{[Br_2] + k[HBr]}$$

となり，速度式は反応式とは似ても似つかぬものになる。

15.1.4　速度定数－反応速度を特徴づけるパラメータ

化学反応の速さは，速度定数と反応物濃度から組み立てられる速度式によって表されることを上でみてきた。これから明らかなように，ある化学反応に目を着けたとき，その速さは反応物の濃度が変われば変わってくる。ここで，速度定数は反応物がすべて単位濃度（例えば，1 mol dm^{-3}）のときの反応速度に相当することに注目すれば，この速度定数が個々の反応の速さを特徴づけるパラメータであることがわかる。速度定数は温度の関数であり，一般に，反応温度が高くなるほどその値は大きくなる。つまり，速度定数の温度依存性が反応速度の温度による変わり方に反映されてくる。

ここで，速度定数の単位に注意しておく。反応速度を濃度の変化率で表せば，その単位は（濃度）（時間）$^{-1}$ となる―なお，時間は，速度の大きさに応じて秒 (s)，分 (min)，時間 (h) など適当な単位を用いる。そうすると，反応の次数によって速度式に現われる濃度項が異なるので，速度定数の単位もまた反応次数により異なったものとなる。例えば 1 次反応の場合，(15.4) 式からみて k の単位は（時間）$^{-1}$ となるし，一方，2 次反応では (15.6) 式から明らかなように k の単位は（濃度）$^{-1}$（時間）$^{-1}$ である。

速度定数が反応速度の大きさを決める因子であるのに対し，速度式の中の濃度項の形，すなわち反応の次数は反応速度が濃度によってどのような変わり方をするかを特徴づけるものである。化学反応を反応の次数によって分類したとき，最も多いのは 1 次反応と 2 次反応である。そこで，1 次反応と 2 次反応について，反応速度の実験データからどのようにして反応次数と速度定数が決定されるのかを，以下に例をあげながら示していく。

15.2　1次反応

　ある反応が1次反応ならば，その反応速度は（15.4）式に従う．反応速度の実験では，通常いろいろな時刻における反応物質の濃度または濃度に関連した量を測定する．このような実験データは，（15.4）式のような微分形の速度式を用いるよりも積分した形と比べる方が都合がよい．いま，反応が開始してから時間 t が経過したときの反応物Aの濃度が $[A]$ であったとする．反応が1次の速度式に従うなら，この時刻におけるAの消失速度は

$$-\frac{d[A]}{dt} = k[A] \tag{15.4}$$

で表される．変数を分離して積分すれば

$$\int \frac{d[A]}{[A]} = -\int k dt$$

$$\therefore \quad \ln[A] = -kt + C$$

ここで，C は積分定数である．Aの初濃度（$t = 0$ のときの濃度）を $[A]_0$ とすれば，これより積分定数が決まり，その結果Aの濃度と時間の関係として次式が得られる．

$$[A] = [A]_0 \exp(-kt) \tag{15.7}$$

この式から，1次反応では反応物の濃度は時間とともに指数関数的に減少し，その減少のし方（減少速度）が速度定数 k によって決まることがわかる．この様子を図 15-1(a) に示した．

　（15.7）式はまた次のようにも書ける．

$$\ln[A] = -kt + \ln[A]_0 \tag{15.8}$$

したがって，t をいろいろ変えて $[A]$ を測定し，図 15-1(b) に示したように，$\ln[A]$ を t に対してプロットしたとき，それが直線になればその反応は1次反応であるということができる．さらにまた，その直線の勾配から速度定数の値が求められる．

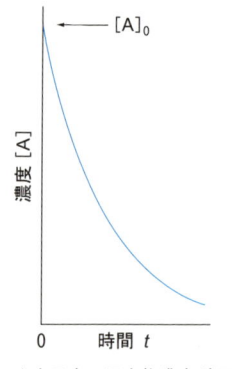

(a) 1次反応で反応物濃度が反応時間とともに変化する様子

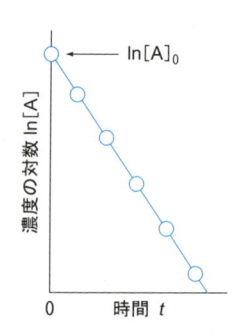

(b) 1次反応の調べ方

図 15-1

15 化学反応の速さ

【例題 15.1】 ショ糖は水溶液中で加水分解を受けてブドウ糖と果糖に変化する。27℃でショ糖の加水分解を測定して次の結果を得た。

時間（min）	0	60	130	180
ショ糖濃度（mol dm^{-3}）	1.000	0.807	0.630	0.531

この反応が 1 次反応であることを示し，速度定数を求めよ。

【解】 ショ糖濃度を [A] とし，実験データを (15.8) 式に従ってプロットすると図 15-2 が得られる。ln[A] と t の間に良好な直線関係が認められ，これよりこの反応が 1 次反応であることが結論される。また，直線の勾配から $k = 4.0 \times 10^{-3}$ min^{-1} が得られる。

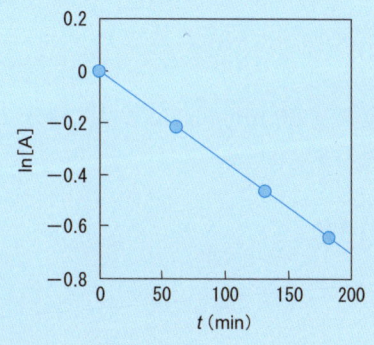

図 15-2 ショ糖の加水分解反応の実験データに対する (15.8) 式のプロット

1 次反応であるかどうかのもう 1 つの判定法に半減期 ($t_{1/2}$) を利用する方法がある。半減期とは，反応物の濃度が最初の値の半分に減るまでにかかる時間のことである。そこで，$t = t_{1/2}$ と [A] = [A]$_0$/2 を (15.8) 式に代入すれば

$$t_{1/2} = \frac{\ln 2}{k} = \frac{0.693}{k} \tag{15.9}$$

が得られる。(15.9) 式は，1 次反応の半減期は反応物の初濃度には無関係に速度定数のみで決まることを示している（図 15-3 を見よ）。一方，高次反応の場合，半減期は速度定数だけでなく初濃度にも依存する。したがって，いろいろな初濃度に対応した半減期を測定したとき，それがある一定の値を示せばその反応は 1 次反応であるということができる。

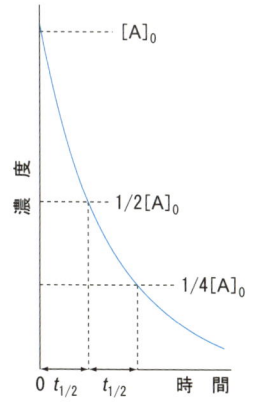

図 15-3 1 次反応の半減期と初濃度の関係

15.3 2次反応

2次反応には2つの型の速度式があり，それらを区別して考える必要がある。1つは，ただ一種類の物質（A）が反応を起こし，その反応速度がAの濃度の2乗に比例するような場合で，速度式は次式で表される。

$$-\frac{d[A]}{dt} = k[A]^2 \tag{15.10}$$

もう1つは，2種類の物質AとBが反応に関与し，反応速度が[A]と[B]の積に比例する場合で，このときの速度式は次式で与えられる。

$$-\frac{d[A]}{dt} = k[A][B] \tag{15.11}$$

はじめの場合は，その速度式（(15.10) 式）はすぐに積分できる。$t = 0$, $[A] = [A]_0$ から $t = t$, $[A] = [A]$ まで積分すると

$$\int_{[A]_0}^{[A]} \frac{d[A]}{[A]^2} = -\int_0^t k dt$$

すなわち

$$\frac{1}{[A]} - \frac{1}{[A]_0} = kt \tag{15.12}$$

が得られる。したがって，反応開始後のいろいろな時刻で[A]を測定し，$1/[A]$ を t に対してプロットしたとき直線が得られれば，その反応は (15.10) 式の型の2次反応であるといえる。また，その直線の勾配から速度定数の値が求められる。次の例題はこの型の2次反応の例である。

【例題 15.2】 アセトアルデヒドは次の反応式にしたがって熱分解を受ける。

$$CH_3CHO\ (g) \longrightarrow CH_4\ (g) + CO\ (g)$$

一定体積の容器に，ある量のアセトアルデヒドを入れ，500℃のもとで圧力 P の時間変化を測定して次のデータを得た。

時間 (s)	0	42	105	242	480	840
P (mmHg)	363	397	437	497	557	607

この反応が2次反応であることを示し，速度定数を求めよ。

【解】 CH_3CHO が最初 n mol あったとする。CH_3CHO が x mol だけ分解すれば，残った CH_3CHO は $(n - x)$ mol であり，また，CH_4 と CO がそれぞれ x mol ずつできるので，このときの混合気体の全物質量は $(n + x)$ mol となる。このことと，気体の圧力は容器中の気体分子数に比例することを考えあわせると，熱分解の進行に伴う圧力の増加分 ΔP が CH_3CHO の分解量に結びつき，$P_0 - \Delta P$ が混合気体中の CH_3CHO の分圧 p_A に相当することがわかる。p_A と反応時間 t の関係をまとめると次表のようになる。

t (s)	0	42	105	242	480	840
ΔP (mmHg)	0	34	74	134	194	244
p_A (mmHg)	363	329	289	229	169	119

p_A は CH_3CHO の物質量に，したがってまた，濃度に比例するので，(15.12) 式の [A] の代わりに p_A を用いてプロットすると図 15-4 が得られる。$1/p_A$ と t の間に直線関係が成り立つことからこの反応は 2 次反応であるといえる。また，直線の傾きより速度定数として，$k = 6.7 \times 10^{-6}$ mmHg^{-1} s^{-1} が得られ，モル濃度の単位に換算すれば，$k = 0.32$ mol^{-1} dm^3 s^{-1} となる。

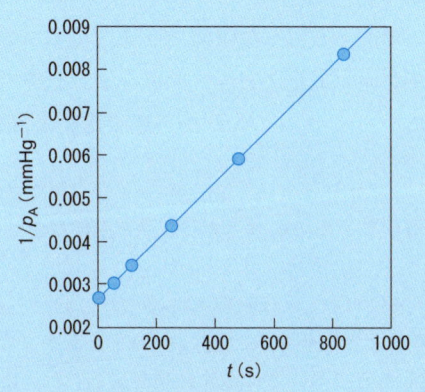

図 15-4　アセトアルデヒドの熱分解反応に対する (15.12) 式のプロット

　第 2 の型の 2 次反応の場合，その速度式 ((15.11) 式) は，B の濃度 ([B]) を A の濃度 ([A]) で表すことができれば積分可能となる。[A] と [B] の関係は反応の化学量論に依存する。ここでは簡単のため，反応式が

$$A + B \longrightarrow P$$

で表される反応を考える。A と B の初濃度を $[A]_0$ および $[B]_0$ とし，反応開始後の時間 t の間に A の濃度が x だけ減ったとする。そうすれば，時刻 t のときの A と B の濃度はそれぞれ $[A]_0 - x$ および $[B]_0 - x$ であるから，そのときの反応速度は (15.11) 式より

$$-\frac{d([A]_0 - x)}{dt} = k([A]_0 - x)([B]_0 - x) \tag{15.13}$$

で与えられる。ここで $[A]_0$ は定数であるから (15.13) 式は次のように書ける。

$$\frac{dx}{dt} = k([A]_0 - x)([B]_0 - x) \tag{15.14}$$

$t = 0$ のとき $x = 0$ であるから，(15.14) 式を $t = 0$, $x = 0$ から $t = t$, $x = x$ まで積分すれば

$$\int_0^t k\,dt = \int_0^x \frac{dx}{([A]_0 - x)([B]_0 - x)}$$

$$kt = \frac{-1}{[A]_0 - [B]_0} \int_0^z \left(\frac{1}{[A]_0 - x} - \frac{1}{[B]_0 - x} \right) dx$$

$$= \frac{-1}{[A]_0 - [B]_0} \left(\ln \frac{[A]_0}{[A]_0 - x} - \ln \frac{[B]_0}{[B]_0 - x} \right)$$

したがって，この型の 2 次反応の積分速度式として最終的に次式が得られる。

$$kt = \frac{1}{[A]_0 - [B]_0} \ln \frac{[B]_0([A]_0 - x)}{[A]_0([B]_0 - x)} \tag{15.15}$$

A および B の初濃度が既知の場合，ある時刻における A または B のどちらかの濃度がわかれば x がわかる。そこで，いろいろな時刻で A または B の濃度を測定し，(15.15) 式の右辺の量を時間に対してプロットしたとき，原点を通る直線になればその反応は 2 次反応であると結論できる。また，その直線の勾配から速度定数の値を決定することができる。

【例題 15.3】 水溶液中で酢酸エチルに水酸化ナトリウムを作用させると次のような加水分解反応が起こる。

$$CH_3COOC_2H_5 + NaOH \longrightarrow CH_3COONa + C_2H_5OH$$

25℃で酢酸エチル水溶液と水酸化ナトリウム水溶液を混合した後，いくつかの時間で NaOH 濃度 [A] を測定したところ，下に示す結果が得られた。このとき，NaOH の初濃度は $[A]_0 = 9.80 \times 10^{-3}$ mol dm^{-3} であり，また $CH_3COOC_2H_5$ の初濃度は $[B]_0 = 4.86 \times 10^{-3}$ mol dm^{-3} であった。この反応が 2 次反応であることを示し，速度定数を求めよ。

時間 (s)	180	270	530	870	1510	1920	2400
[A] (10^{-3} mol dm^{-3})	8.92	8.64	7.92	7.24	6.45	6.03	5.74

【解】 各時間での $[A]_0 - [A]$ はその時までに反応により消失した NaOH の濃度 x であり，これはまた，その時までに分解した $CH_3COOC_2H_5$ 濃度に等しいので，$[B]_0 - x$ も求まる。これと $[A]_0 - x \, (= [A])$ を (15.15) 式に代入し，右辺の量を時間 t に対してプロットすると図 15-5 が得られる。図に見られるように，(15.15) 式のプロットが原点を通る直線を与えることから，この反応は 2 次反応であることが示される。直線の傾きより速度定数を計算すると，$k = 0.106$ mol^{-1} dm^3 s^{-1} となる。

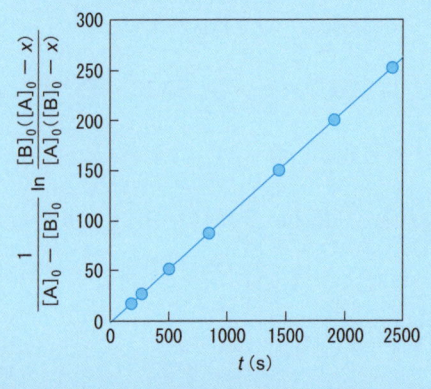

図 15-5 酢酸エチルのアルカリ加水分解反応に対する (15.15) 式のプロット

速度式が (15.11) 式で与えられる 2 次反応で，反応物の一方（例えば B）が他方に比べて大過剰に存在する状況を考えてみる。この場合，反応による B の減少量ははじめの量に比べると非常にわずかな割合である。したがって，反応の進行中 B の濃度は実質上一定に保たれると考えてよい。このとき (15.11) 式は

$$-\frac{d[A]}{dt} = k'[A] \tag{15.16}$$

となり，1 次の速度式と同じ形になる。ただしこの場合，速度定数の中に B の初濃度 $[B]_0$ が含まれてくる。すなわち

$$k' = k[B]_0$$

このように，ある 1 つの反応物質を除いてそれ以外の反応物質が大過剰に存在するため反応が見かけ上 1 次反応になる場合，この反応を擬 1 次反応とよぶ。

溶液反応では，普通は溶媒が大過剰に存在するため擬 1 次反応となる場合が多い。【例題 15.1】であげたショ糖の加水分解反応も擬 1 次反応である。溶液中に含まれる水（約 55 mol dm^{-3}）は，ショ糖（初濃度が 1 mol dm^{-3}）に比べて大量に存在するため，反応の進行中，水の濃度は一定とみなすことができ，反応は見かけ上ショ糖に対して 1 次となる。

15.4 反応速度と温度

前節までは速度式の中の濃度項に関心をはらってきた。ここでは，速度式に現われるもうひとつの因子の速度定数に目をむけよう。反応速度は温度によって強く影響を受けるが，これは速度定数が温度に依存するためである。そこでとくに，温度が変わったとき速度定数がどのような変わり方をするかに注目しよう。

反応速度の実験をいろいろな温度で行なうと，一般的には，速度式に現われる濃度との関係は変わらないが，速度定数の値は温度が高くなるにつれて大きくなる。速度定数と温度の間の関係は，Arrhenius によって経験的に見いだされた次の式によって表される。

$$k = A e^{-E_a/RT} \tag{15.17}$$

(15.17) 式中の A と E_a は個々の反応で決まった値をとり，それぞれ頻度因子および活性化エネルギーとよばれる。また，この式を Arrhenius の式という。(15.17) 式の対数をとった形は次のようになる。

$$\ln k = -\frac{E_a}{RT} + \ln A \tag{15.18}$$

または

$$\log k = -\frac{E_a}{2303RT} + \log A \tag{15.19}$$

上の関係は，いくつかの温度で速度定数を求め，その対数を絶対温度の逆数に対してプロットすれば直線になること，またその直線の勾配と切片から E_a と A が得られることを示している。実例をひとつあげておく。下の表は，【例題 15.2】でみたアセトアルデヒド

の気相分解反応について，いくつかの温度で得られた速度定数の値を示したものである。

T (K)	700	730	760	790	810	840	910	1000
k (mol^{-1} dm^3 s^{-1})	0.011	0.035	0.105	0.343	0.789	2.17	20.0	145

図 15-6 は，これらのデータを式 (15.18) に従ってプロットしたものであり，$\ln k$ と $1/T$ の間に直線関係が認められる。直線の勾配と切片から，この反応に対する活性化エネルギーおよび頻度因子として，$E_a = 188$ kJ mol^{-1} と $A = 1.06 \times 10^{12}$ mol^{-1} dm^3 s^{-1} が得られる。なお，図 15-6 のようなプロットを Arrhenius プロットという。

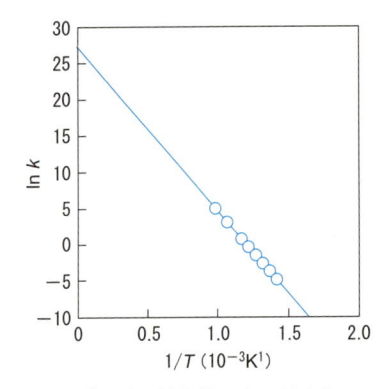

図 15-6 アセトアルデヒドの熱分解反応に対する Arrhenius プロット

速度定数の温度依存性を (15.17) 式の形で整理することにより 2 つのパラメータ A と E_a が導入された。次に，これらの量の分子論的な意味を考えよう。これに関して簡単で定性的な理論は Arrhenius によって展開された。

化学反応が起こるためには，反応物分子間で，ある結合が切れて別の結合ができるという結合の組換えが起こらなければならない。そのためには，反応の途中に，古い結合が切れかけ，かつ新しい結合ができかけた状態を経ることが必要である。この状態は反応物や生成物よりも高いエネルギーをもち，活性複合体または遷移状態とよばれる。すなわち，どのような反応でも，高エネルギーの活性複合体を経て反応が進行する。いいかえれば，化学反応が起こるために越えなければならないエネルギーの山が反応経路中に存在する。この状況は，図 15-7 に模式的に示した反応のエネルギー図により理解できるだろう。

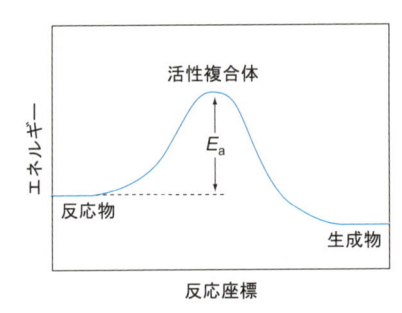

図 15-7 反応のエネルギー図

いま，活性複合体が反応物より E_a だけ高いエネルギーをもつものとする。多数の分子が 2 つの異なるエネルギー状態をとり得るとき，それぞれのエネルギーをもった分子がどのような割合で存在するかは，統計力学に基づいた Boltzmann 分布則で与えられる。それによれば，活性複合体の数と反応物分子の数の比は次式で表される。

$$\frac{活性複合体の数}{反応物分子の数} = e^{-E_a/RT}$$

反応速度 v は，活性複合体の濃度に比例すると考えられるから，その比例定数を A とすれば，v は次式により反応物の濃度と関係づけられるだろう。

$$v = A \times (活性複合体の濃度)$$
$$= Ae^{-E_a/RT} \times (反応物の濃度)$$

こうして，速度定数が (15.17) 式の形で与えられることが導かれる。また，この Arrhenius の理論によれば，活性化エネルギーの実体は活性複合体と反応物の間のエネルギー差であると解釈される。

【例題 15.3】 ある反応の速度定数は 25℃ で 15 min^{-1}，35℃ で 32 min^{-1} である。この反応の活性化エネルギーと 10℃ における速度定数を求めよ。

【解】 温度が T_1 および T_2 のときの速度定数をそれぞれ k_1 および k_2 とすれば，(15.18) 式より次の関係が得られる。

$$\ln \frac{k_1}{k_2} = -\frac{E_a}{R}\left(\frac{1}{T_1} - \frac{1}{T_2}\right) \tag{15.20}$$

この式に

$$T_1 = 298 \text{ K}, \ k_1 = 15 \text{ min}^{-1} \ ; \ T_2 = 308 \text{ K}, \ k_2 = 32 \text{ min}^{-1}$$

を代入して E_a を求めると

$$E_a = \frac{-8.31 \times 10^{-3} \text{ (kJ K}^{-1} \text{ mol}^{-1}) \times \ln\{15 \text{ (min}^{-1})/32 \text{ (min}^{-1})\}}{1/298 \text{ (K}^{-1}) - 1/308 \text{ (K}^{-1})}$$

$$= 57.8 \text{ (kJ mol}^{-1})$$

また，k_1 を 10℃ のときの速度定数とすれば，(15.20) 式より

$$k_1 = k_2 \exp\left[-\frac{E_a}{R}\left(\frac{1}{T_1} - \frac{1}{T_2}\right)\right]$$

$$= 32 \text{ (min}^{-1}) \exp\left[-\frac{57.8 \text{ (kJ mol}^{-1})}{8.31 \times 10^{-3} \text{ (kJ K}^{-1} \text{ mol}^{-1})} \times \left(\frac{1}{283 \text{ (K)}} - \frac{1}{308 \text{ (K)}}\right)\right]$$

$$= 4.4 \text{ (min}^{-1})$$

(15.17) 式または (15.18) 式には 2 つの未知数 A と E_a が含まれるので，原理的には，この例題で示したように，2 つの温度で速度定数を知れば活性化エネルギーと頻度因子を求めることができる。しかし，より正確な値を得るためには，多数の温度で k を測定し，図 15-6 に示したような Arrhenius プロットをするのが良い。また，この例題からわかるように，おおざっぱにいって活性化エネルギーが 60 kJ mol^{-1}（15 kcal mol^{-1}）程度の反応は，温度が 10℃ 上がると反応速度は約 2 倍になる。

問 題

1. (1)速度式が (15.10) 式で与えられる 2 次反応に対する半減期, および, (2)速度式が (15.13) 式で与えられる 2 次反応で A についての半減期はそれぞれどのように表されるか。ただし, (2) については, $[A]_0 < [B]_0$ とする。

2. A と B の反応が次のような速度式に従って起こるものとする。
$$v = k[A][B]^2$$
(1)この反応は全体として何次反応か。(2) A が大過剰にある場合, この反応は見かけ上何次反応になるか。また, 逆に B が大過剰にある場合はどうか。(3)反応物のうち一方だけの濃度を倍にしたとき, 反応速度の増大の程度が大きくなるのは A と B のいずれの場合か。(4) この反応の速度を増大させるには, 反応物の濃度を増す以外にどのような方法があるか。

3. 次の可逆反応は, 正反応も逆反応もいずれも 1 次反応である。
$$A \rightleftarrows B$$
正反応, 逆反応の速度定数をそれぞれ k_1, k_{-1} として, 下の問に答えよ。
   (1) A の初濃度を a_0, B の初濃度を 0 とし, また反応が開始してから時間 t の後に存在する A の濃度を a とすれば, この反応の速度式はどのように表されるか。
   (2) 上で得られた速度式を解いて a と t の関係を表す関係式を導け。
   (3) $t = \infty$ のときの A および B の濃度 ($[A]_\infty$, $[B]_\infty$) はそれぞれどのように表されるか。
   (4) この反応の平衡定数と速度定数の関係はどのように表されるか。

4. ある気相反応の速度定数をいくつかの温度で求めたところ, 次の結果が得られた。

T (K)	556	630	683	780
k (s^{-1})	3.52×10^{-7}	3.02×10^{-5}	5.12×10^{-4}	3.95×10^{-2}

この結果を適当なグラフにプロットして, この反応の活性化エネルギーと頻度因子を求めよ。

IV 有機化合物

我々の身の周りには衣類から医薬品に至るまで多くの有機化合物が存在し，その種類は日々増え続けている。また，我々の体も水を除けば，そのほとんどが有機化合物である。ここでは，有機化合物の基本的な構造とその反応性，さらに生体を構成している有機化合物について概観する。

16 有機化合物の構造

　「有機」化合物と「無機」化合物の区別は，もともと生物と無生物の区別に由来している。生物の作り出す物質は，人間の手ではつくれないという認識があったからであろう。この認識の壁が取り払われたのは1828年のことである。ドイツの化学者ウェーラー（Friedrich Wöhler）が，動物の尿の成分である尿素（$H_2N-CO-NH_2$）を「腎臓の助けを借りることなしに」無機化合物から合成できることを発見した。今日では，ビタミン，ステロイドからタンパク質まで，実に多くの「有機」化合物が人工的に合成されている。

　では，有機化合物の新しい定義はどのように言い表わせばいいだろうか。「炭素を骨格とする化合物」と言うことができる。すなわち，炭素以外の100を越える他のすべての元素の化合物と区別されていることになる。炭素の化合物を拾い上げてみると，ガソリン，フロンガス，ナイロン，プラスチックなどの石油化学工業製品から，医薬品，食品添加物，化粧品，農薬など，我々の生活と深くかかわり，その数も1,000万種近くにもなるという。炭素以外のすべての元素の化合物は，せいぜい数万種というから，炭素の化合物はやたらと数が多いことがわかる。なぜ数が多いのかを解き明かし，最も基本となる有機化合物の性質と反応について考えるのが有機化学である。

16.1　炭素原子のなぞと混成

16.1.1　炭素原子のなぞ

　炭素原子は特別に多種多様の化合物をつくる性質があることを上で述べたが，なぜだろう。炭素原子同士が次々に結合しあうことが最も大きな理由である。3次元に結合し合ったものがダイヤモンドであり，2次元に結合し合うとグラファイト（石墨）になる。1次元（一列）につながったものに水素原子が結合するとアルカン，すなわち直鎖状の飽和炭化水素になる。これらを図に示すと次のようになる。

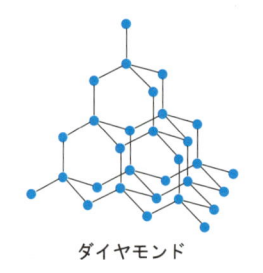

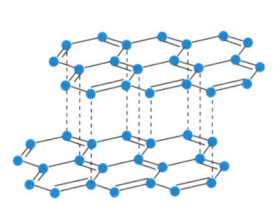

ダイヤモンド　　グラファイト　　ヘキサン（アルカン）

図16-1　炭素原子のつながり方

16 有機化合物の構造

このように炭素原子が多様な骨格を形成する能力の原因は，炭素原子そのものの中に，すなわち，その電子配置にある。炭素原子は6個の電子をもっており，この電子がどのような状態にあるかが炭素原子の化学的ふるまいを規定する。2章でみたように，炭素原子の電子配置は次のように表わされる（2.6参照）。

$$_6C : 1s^2 \quad 2s^2 \quad 2p_x^1 \quad 2p_y^1$$

別の表記をすれば次のようになる。

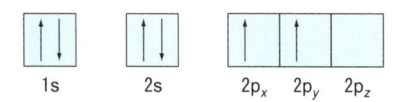

$2p_x$ および $2p_y$ 軌道内には1個の電子しか存在しない。このような不対電子は，1sおよび2s軌道の電子対とは違って，他の原子の電子と対をつくって共有結合を形成しようとする。したがって炭素原子は，他の原子と2つの共有結合を形成することになる。例えば水素原子と結合し合うと CH_2 となるはずである。しかし，最も簡単な炭素と水素の化合物は CH_4（メタン）である。CH_2 は本当にできるのか。炭素原子はなぜ4価となり CH_4 になりうるのだろうか。この疑問こそが炭素原子のなぞを解く第一のかぎであり，有機化学の根本問題なのである。

16.1.2 メタンと sp^3 混成

炭素原子はどのようにして4価となり，メタン分子を形成するのだろうか。図16-2に炭素原子の各軌道のエネルギー状態（相対的なエネルギー関係）とともに電子配置を示した。4価にするためには，対をつくっている電子のどれかをバラバラにして，2つの新しい不対電子にかえなければならない。安定で原子核に強く束縛された1s軌道の電子よりも，エネルギー状態が高く変化しやすい2s軌道の電子が不対電子化すると考えていいだろう。すなわち2s軌道の電子対のうちの1個の電子が $2p_z$ 軌道に移り（昇位という），4価の炭素原子となる。これが原子価状態である。

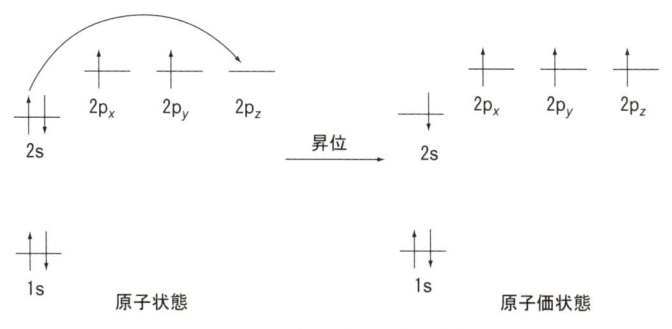

図16-2 炭素原子の電子状態

ここでも 2 つの問題が残る。1 つは，原子価状態は元の原子状態よりエネルギー的に不利になっていることである。この不利な分を帳消しにしてなお CH_2 より CH_4 の方がエネルギー的に安定にならなければならない。もう 1 つの問題は，原子価状態からそのまま CH_4 を形成すると考えると，1 つの水素原子は 2s 軌道の不対電子と共有結合をつくり，残り 3 つの水素原子は 3 つの等価な 2p 軌道の電子と結合をつくることになるので 2 種類の C–H 結合があることになる。これでは実際の CH_4 分子中の 4 つの C–H 結合が全く区別できず等価になっていることと矛盾する。4 価になること，等価な 4 つの軌道になることを統一的に説明できなければならない。そこで登場したのが混成 (hybridization) という新しい概念である。ハイブリッド (hybrid) とは「混ぜ合わせたもの」(混成体) という意味である。この考えによれば，原子価状態の 4 つの不対電子はそのまま結合に使われるのではなく，1 つの 2s 軌道と 3 つの 2p 軌道が混ざり合い，全く新しい 4 つの等価な軌道に再配分される。この再配分されてできた 4 つの等価な軌道を sp^3 混成軌道という (図 16-3)。

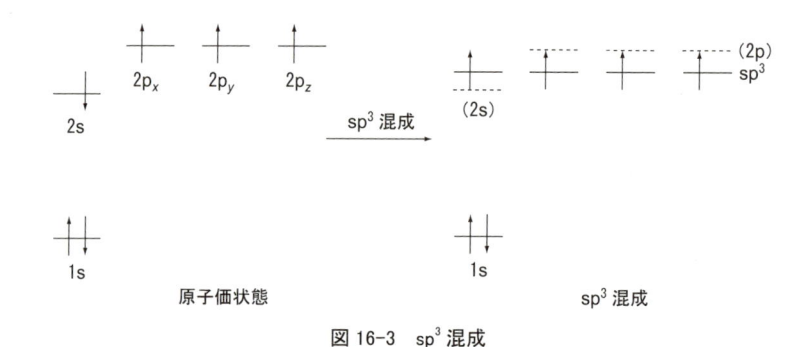

図 16-3　sp^3 混成

軌道の様子を模式的に示すと (図 16-4)，正四面体の中心 (炭素原子の位置) から，各頂点に向かって突き出ている。各軌道間の角度はいずれも 109.5° と等しくなっている。この新しい 4 つの sp^3 混成軌道に電子が 1 個ずつ入っていて，4 つの水素原子 (1s 軌道に 1 個の電子を有する) と共有結合を形成するとメタン CH_4 ができる (図 16-5)。

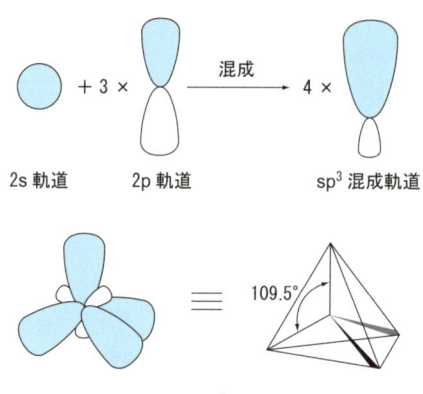

図 16-4　sp^3 混成軌道

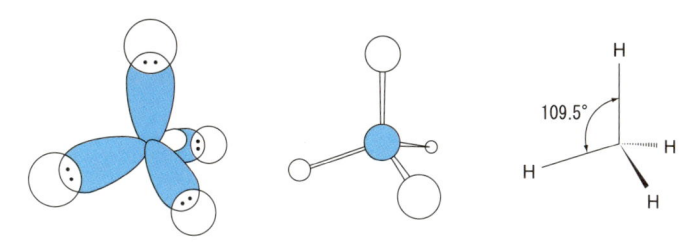

図 16-5　メタンの構造

　ここで共有結合を形成するときの各原子の軌道は結合軸の方向から近づき，重なり合いを最大にしながらある距離（結合距離）の所で平衡を保っている。このような結合をシグマ（σ）結合といい，エチレンやアセチレンなどにみられるもう 1 つのタイプのパイ（π）結合と区別される。一般に σ 結合は強くて，分子の骨格を作る。メタンの仲間であるアルカン（alkane）は飽和炭化水素ともいい，炭素の原子価（4 価）はすべて σ 結合で満たされている。このアルカンは天然には石油や天然ガスの成分として存在し，その起源は沈積した有機物が嫌気性細菌の作用で分解しつくして生成したと考えられることからも，化学的反応性に乏しい安定な化合物ということが理解できる。

　次に，CH_2 より CH_4 の方が安定で生成しやすいことの理由を簡単に述べておく。炭素原子と水素原子がそれぞれバラバラに存在し，相互作用し合っていない状態を基準にして考えてみる（図 16-6）。1 個の炭素原子が 2 個の水素原子と結合し CH_2 を生成するとき，2 つの C–H 結合生成に伴うエネルギー（約 2×418 kJ mol^{-1}）を放出し安定化する。一方，CH_4 生成には，まず 1 個の炭素原子が原子価状態に昇位するとき約 502 kJ mol^{-1} を必要とするが，引き続き 4 つの C–H 結合を形成するので約 4×418 kJ mol^{-1} のエネルギーを放出する。したがって差し引き 1 170 kJ mol^{-1} 安定化することになる。CH_2 生成と CH_4 生成を比較すると CH_4 の方が約 334 kJ mol^{-1} だけ安定化が大きく有利になっていることがわかる。では CH_2 は全く生成できないかというとそうではなく，きわめて不安定な活性種として生成することが確かめられている。

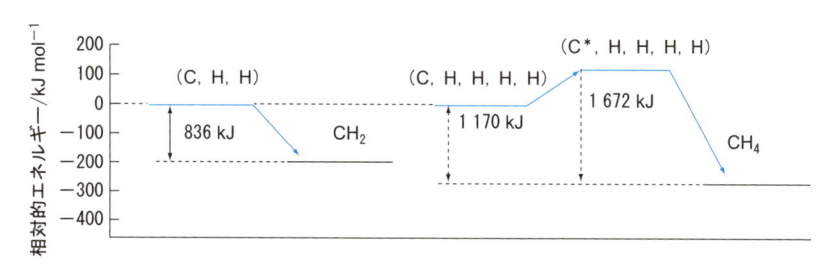

図 16-6　CH_2, CH_4 の生成に伴うエネルギー変化

16.1.3　エチレンと sp² 混成

　二重結合をもつエチレン（エテン）は平面構造をしていて，三重結合を有するアセチレ

ン (エチン) は直線状の分子である (図 16-7)。ではなぜそのような構造をとるのか, また, 二重結合や三重結合は単結合とどう違うのだろうか。まずエチレン分子について考えてみよう。

エチレン (エテン)　　　**アセチレン (エテン)**

図 16-7　エチレン分子とアセチレン分子

　エチレンの 2 つの炭素原子は, 各々 3 つの原子と結合している。すなわち炭素原子の 4 個の原子価電子 (価電子) のうちの 3 つが分子骨格を作り上げるのに使われる。この 3 つの電子は, エチレンの結合角から考えて, 同一平面内で等価な軌道にあるとみていいだろう。このような軌道も, s 軌道や p 軌道のままでは説明できず, 混成軌道でのみ説明がつく。

　エチレンの炭素原子も 4 価にはちがいないので原子価状態から考えなければならない。分子骨格形成のために使われる 3 つの結合はより安定で有利な軌道が使われると考えられ, 1 つの 2s 軌道と 2 つの 2p 軌道 (ここでは $2p_x$ と $2p_y$ 軌道) が混成され, 全く新しい等価な 3 つの軌道ができる (図 16-8)。こうしてできた軌道を sp^2 混成軌道という。方向性がない (あらゆる方向に同じ形) s 軌道と, x, y 軸方向に方向性をもつ p_x, p_y 軌道を混ぜ合わせるのだから, 新しくできた軌道は x, y 方向に方向性をもつ。すなわち, 3 つの sp^2 混成軌道は, 図 16-9(a) に示すように, x, y 軸を含む平面内にあり, 互いに等価な関係にある。sp^2 混成軌道に使われていないもう 1 つの価電子は $2p_z$ 軌道に入ったままなので, sp^2 混成軌道を含む x, y 平面に直行している (図 16-9(b))。

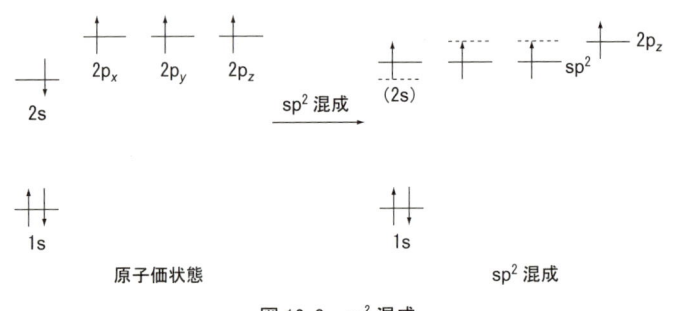

図 16-8　sp^2 混成

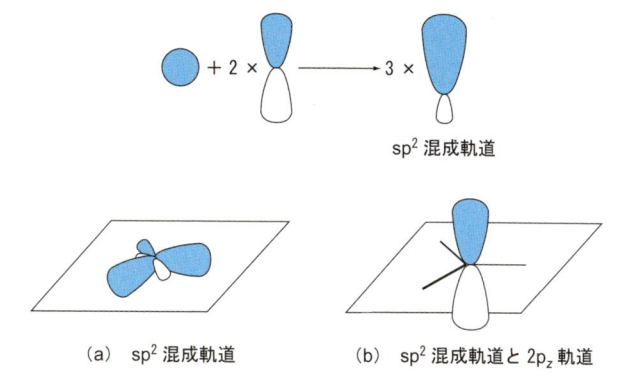

(a) sp² 混成軌道　　(b) sp² 混成軌道と 2p_z 軌道

図 16-9　sp² 混成軌道

次にエチレン分子を組み立ててみる。2個の sp² 混成の炭素原子同士がそれぞれの混成軌道の1つを結合軸方向から重ね合わせ共有結合をつくる（σ 結合）。残りの混成軌道は水素原子と σ 結合を形成する（図 16-10）。すなわち，C–C および C–H 結合は σ 結合で分子骨格を形づくっている。一方，混成に使われていない $2p_z$ 軌道どうしは互いに平行となり，しかも隣接しているので σ 結合とは異なった仕方で相互作用している。この $2p_z$ 軌道によって生じる結合はパイ（π）結合とよばれ，一般に σ 結合より軌道の重なり合いが小さいので，結合力は弱く切れやすい。また，エチレンの π 電子（π 結合に使われている電子対）は分子平面の上下に突き出た形をしており，このことも反応しやすい理由の1つになっている。例えば，プラスの電荷を帯びた陽イオンがこの π 電子と容易に相互作用し，続いて陰イオンが反応する。すなわち，エチレンは付加反応を受けやすい（図 16-11）。

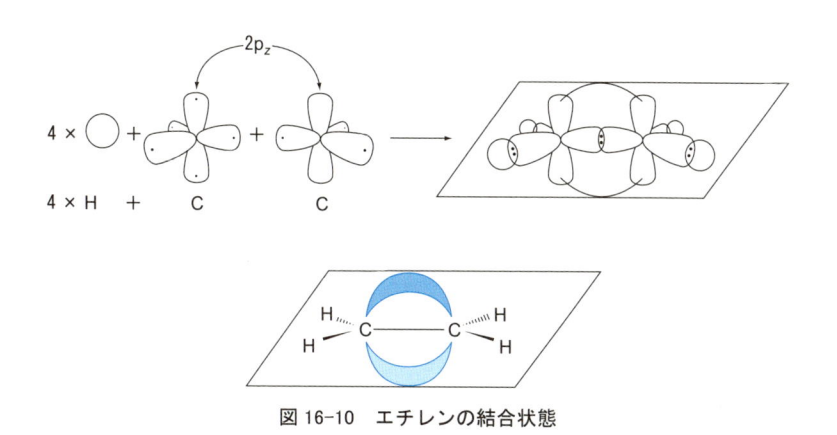

図 16-10　エチレンの結合状態

図 16-11　エチレンの付加反応

以上のエチレンの例でわかるように，分子の結合状態がわかれば，その構造や反応性がよく理解できる。次にアセチレンについて考える。

16.1.4　アセチレンと sp 混成

直線状分子であるアセチレンの結合状態についてもエチレンと同様に考えれば理解できる。アセチレンの炭素原子は各々 2 個の原子と直線状に結合している。このような結合も混成軌道で説明できる。すなわち，炭素の原子価状態から 2s 軌道と $2p_x$ 軌道の 2 つを混成させて，新しい 2 つの等価な混成軌道をつくる（図 16-12）。これを sp 混成軌道という。方向性は p_x のみにあるので，sp 混成軌道は x 軸方向（結合軸方向）を向く（図 16-13）。

図 16-12　sp 混成

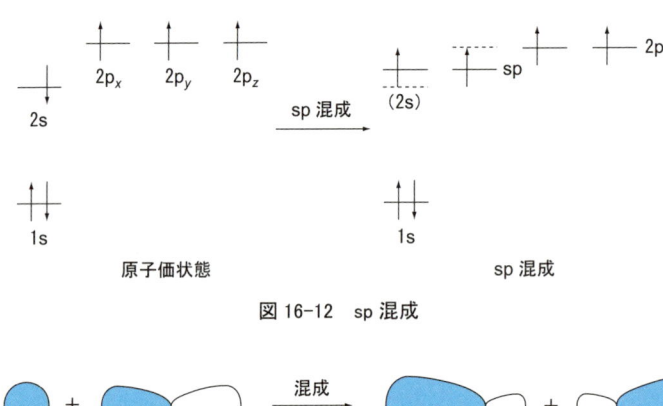

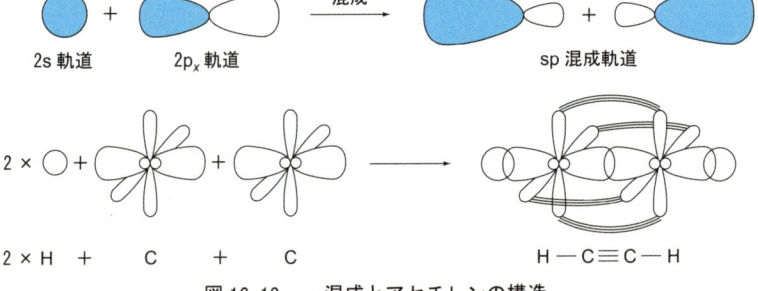

図 16-13　sp 混成とアセチレンの構造

sp 混成の炭素原子 2 個と水素原子 2 個の間で σ 結合ができるとアセチレン分子の骨格ができる。混成に使われていない p_y，p_z 軌道がそれぞれ平行に相互作用し合えば 2 つの π

結合ができる（図 16-13）。棒状のアセチレン分子は π 電子で覆われていることがわかる。強く切れにくい σ 結合と，切れやすい 2 本の π 結合からなる三重結合の反応性も予測がつく。

16.1.5　ベンゼンと特殊な π 結合

ベンゼン C_6H_6 の構造式を図 16-14(a) に示した。エチレンが 3 分子縮合した形をしており，6 個の炭素原子は sp^2 混成であると考えられる（図 16-14(b)）。そこで sp^2 炭素からベンゼンの骨格をつくり上げてみると図 16-14(c) のようになる。

(a) 構造式　　(b) sp^2 混成　　(c) ベンゼンの骨格と $2p_z$ 軌道　　(d) π 電子の非局在化

図 16-14　ベンゼンの構造

6 個の炭素原子を環状に σ 結合でつなぐには，それぞれの sp^2 混成軌道を平面状に重ね合わせればよい。必然的に $2p_z$ 軌道は互いに平行に隣り合い π 結合ができる関係になる。しかし，ここで新しい問題が生じる。どの炭素原子とどの炭素原子が π 結合をつくっているのだろうか。どれも両隣りと同じように相互作用できそうである。つまり $2p_z$ 軌道の電子（π 電子）は 6 個の炭素間で等価に分散している。炭素原子からできた骨格と π 電子のみで表わした式を使うと（図 16-15），A 式のように π 電子が 2 個の炭素原子間に集中（局在 localize）しているのではなく，B 式のように互いに両隣りに均等に分散していることになる。簡単には C 式のようにも表わされる。

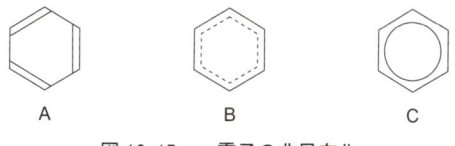

図 16-15　π 電子の非局在化

以上のような π 電子の状態を π 電子の非局在化（delocalization）という。一般に π 電子は非局在化すると安定になるが，ベンゼンの場合は特に安定になっていて切れにくい。すなわち，ベンゼンはエチレンのようには付加反応を起こさず，π 結合を保ったまま，水素原子が他の原子団（反応種）と置き変わる。つまり，付加反応よりも置換反応が起こりやすい。これがベンゼンの π 電子の特殊性で，このような性質を芳香族性（aromaticity）という。また，このような性質を有する化合物を芳香族化合物（aromatic compound）という。ベン

ゼン様の化合物には芳香 (aroma) をもつものがあったことからつけられた名称だが，実際にはピリジンのように悪臭を放つものも多い。代表的な芳香族化合物を図 16-16 に示す。

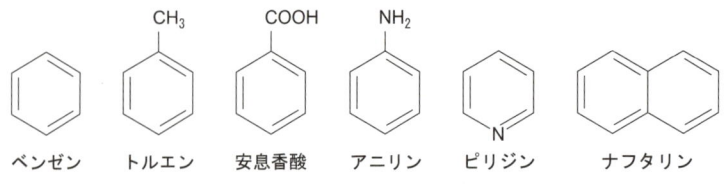

ベンゼン　トルエン　安息香酸　アニリン　ピリジン　ナフタリン

図 16-16　代表的な芳香族化合物

16.2　官能基と有機化合物の分類

約 1 000 万種もあるという有機化合物は，いずれも前述の sp^3, sp^2, sp 混成炭素のどれかを含んでいる。この炭素原子に水酸基 (-OH) が結合すればアルコール (alcohol)，カルボキシル基 (-COOH) が結合すればカルボン酸 (carboxylic acid) となる。すなわち水酸基やカルボキシル基は，有機化合物の化学的性質や反応性を決定するグループ（原子団）であり，官能基 (functional group) とよばれる。主な官能基を表 16-1 に示す。

表 16-1　官能基による有機化合物の分類

一般名	実例	示性式	官能基
アルカン	エタン	CH$_3$-CH$_3$	C—H, C—C
アルケン	エテン（エチレン）	CH$_2$ = CH$_2$	>C—C<
アルキン	エチン（アセチレン）	CH ≡ CH	—C ≡ C—
アレーン	ベンゼン		芳香環
アルコール	エタノール（エチルアルコール）	CH$_3$-CH$_2$-CH	—OH
エーテル	エトキシエタン（ジエチルエーテル）	CH$_3$-CH$_2$-O—CH$_2$-CH$_3$	—O—
アルデヒド	エタナール（アセトアルデヒド）	CH$_3$-CHO	—C(=O)H
ケトン	プロパノン（アセトン）	CH$_3$-CO-CH$_3$	>C = O
カルボン酸	エタン酸（酢酸）	CH$_3$-COOH	—C(=O)O—H
アミン	エタナミン（エチルアミン）	CH$_3$-CH$_2$-NH$_2$	—NH$_2$

フラーレンファミリー

　グラファイトのように炭素原子が2次元に結合し合ってできた平面が、少しずつ歪んで立ち上がり、球状に閉じた化合物が1985年に合成された。その1つが、60個の炭素原子のみからなるフラーレンC_{60}である。次の図に示したように、20個の正六角形と12個の正五角形からできた32面体である。この化合物は完全な球状なので、結晶中でもグルグル高速で回転していて、潤滑剤としての性質を示したり、金属を取り込み、特異な電気的性質（超電導性）を示したりするなどきわめて興味あるふるまいをする。炭素はC_{60}に限らず多彩な多面体を作ることで知られている。C_{70}, C_{76}, C_{84}…、やカーボンナノチューブとよばれるものがそれである。さらに、黒鉛の一枚を取り出したグラフェンも合成できるようになった。これらの物質は、引っ張りや曲げに対する強度は従来の材料をしのぎ、熱伝導率はダイヤモンドを超えることが予想される。また、フラーレンを2つ結合させたダンベル形の分子やバトミントンのシャトルコックのような形の分子も合成されていて、今後フラーレン化学として大きく発展する可能性を秘めている。

問 題

1. 炭素原子の電子配置を立体的に書き、そのまま水素原子と結合させてCH_2をつくると、この分子の立体構造はどうなるか説明せよ。

2. 次の分構造式で表される化合物の分子軌道（混成軌道）の様子を例に従い図示せよ（π結合を形成する軌道を破線で結ぶこと）。

　　構造式　　　　　　　　　　分子軌道（混成軌道）

　例
　　$H_2C=CH_2$

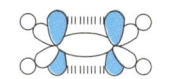

　a)
　　$H_2C\overset{H}{\underset{CH_2}{-C-}}C\equiv CH$

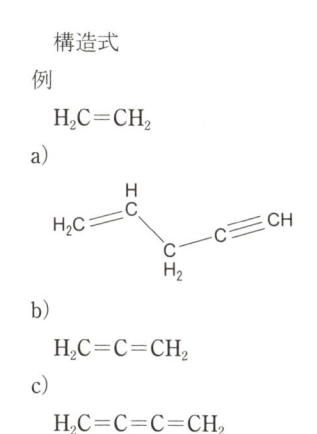

　b)
　　$H_2C=C=CH_2$

　c)
　　$H_2C=C=C=CH_2$

17 有機化合物の反応

前章では，アルカン，アルケン，アルキンおよびベンゼンの構造について混成軌道の概念に基づいて学んだ。これらの化合物はいわば有機化合物の骨格である。本章ではまず，このアルカン，アルケン，アルキン，およびベンゼン類の基本的な反応性について学ぶ。これらの骨格に種々の官能基が導入されることで多様な機能が発現する。ここでは水酸基，カルボニル基，カルボキシル基およびアミノ基を有する化合物の基本的な性質についても述べる。

17.1 石油の精製とアルカンの反応―エネルギーと化学工業の源

アルカンは飽和炭化水素ともいうが，その名の通り炭素と水素から成りσ結合のみでできている。アルカンの主要な資源は石油と天然ガスである。これらは石炭も含めて化石燃料（fossil fuel）といわれるエネルギー資源であるが，現代の化学工業の根幹をなす最も重要な原料でもある。

17.1.1 石油の精製

天然ガスは60〜90%がメタンで，このほかエタン，プロパン，ブタンなどが含まれている。メタンの沸点は－161℃と低いので極低温で液化され，液化天然ガス（liquefied natural gas；LNG）とよばれる。一方，石油（petroleum）はほとんどあらゆる飽和炭化水素を含んでいる。常温では気体，液体，固体状のものの混合物で，精製によりはじめて有用な燃料や石油化学工業用原料となる。精製の主なプロセスとして分留，改質，分解がある。地下から汲み上げられた石油は，最初に分留により表17-1に示したような沸点範囲で分別される。

表17-1 石油の分留

沸点範囲/℃	炭素数	名　称	主な用途
<20	1〜4	石油ガス	ガス燃料
20〜60	5〜6	石油エーテル	溶媒
60〜100	6〜7	リグロイン	溶媒
40〜200	5〜10	ガソリン	自動車用燃料
40〜200	5〜10	ナフサ	化学工業原料
180〜230	11〜12	灯油	灯油ストーブ燃料，ジェット機燃料
230〜305	13〜17	軽油	ディーゼル燃料
305〜405	18〜25	重油	火力発電

＊非揮発性残さとして潤滑油のような液体と，ろう（paraffin wax）やアスファルトなど固体がある。

常温で気体の成分（石油ガス）のうちプロパンとブタンは加圧すると液化するので利用しやすい。これは液化石油ガス（liquefied petroleum gas；LPG）とよばれるが，通称プロパンガスとしてよく知られている。

石油を蒸留しただけ（直留）のガソリンは直鎖炭化水素が多く，このまま自動車の燃料として使うと充分圧縮しないうちに爆発して，うまく力が発揮できず，いわゆるノッキングが起こりやすい。ここで2つの手立てがとられる。1つはそのまま石油化学工業の原料にまわすことである。これはナフサ（naphtha）とよばれている。もう1つは，ノッキングを起こしにくい良質のガソリンに改質（reforming）することである。白金触媒上で，10～50気圧に加圧し，500℃くらいに加熱すると直鎖状アルカンは枝分れしたアルカンや芳香族化合物に変化し，ノッキングを起こしにくくなる。すなわち，オクタン価の高いガソリン（いわゆるハイオクガソリン）になる。ここでオクタン価について述べておこう。

オクタン価はノッキングの起こりにくさ，ガソリンとしての質の良さを表わすものさしである。ノッキングを起こしにくいイソオクタン（枝分れしたアルカン。正式名称は2,2,4-トリメチルペンタン）を100とし，直鎖でノッキングを起こしやすいヘプタンを0とする（それぞれの構造式を図17-1に示す）。両者の混合物のアンチ・ノック性（ノッキングの起こりにくさ）を混合物中のイソオクタンの体積％値で表わす。例えば，オクタン価80というのは，イソオクタン80％とヘプタン20％の混合物と同じアンチ・ノック性を示すガソリンのことである。

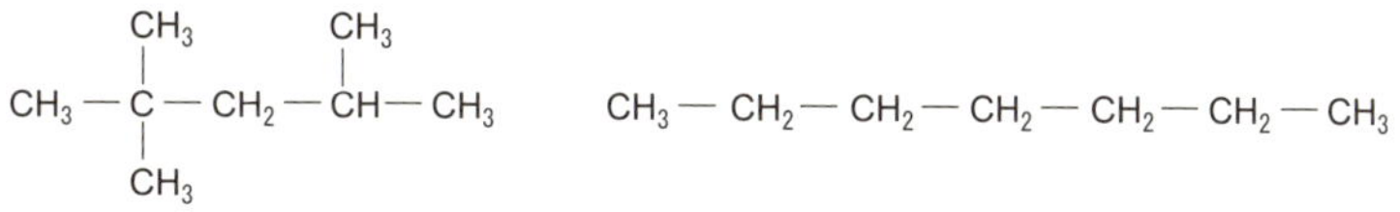

$$CH_3-\underset{\underset{CH_3}{|}}{\overset{\overset{CH_3}{|}}{C}}-CH_2-\overset{\overset{CH_3}{|}}{CH}-CH_3 \qquad CH_3-CH_2-CH_2-CH_2-CH_2-CH_2-CH_3$$

図17-1　イソオクタンとヘプタン

石油精製のもう1つは熱分解（cracking）である。先に述べたナフサを管状炉に送り約800℃に加熱して分解させる。メタンと水素分子留分（16％），エチレン（35％），プロピレン（15％），C4留分（8.5％），高沸点留分（25.5％）などが得られ，パイプラインを通して各化学工場に送られる。化学コンビナートの大きさはこのナフサ分解工場の能力で決まるが，製造物であるエチレンの年間生産量（トン）で表わされる。1つのコンビナートで50万トン前後，全国では600万トンを超える大規模な生産が行われている。

ところで，この熱分解ではどのような反応が起きているのだろうか。安定なアルカンも800℃にも熱すると化学結合の一部が切れてしまう（図17-2）。直鎖のアルカンにはC–C結合とC–H結合しかないが，切れやすいのは前者である。その切れ方も，この反応条件では，共有結合の電子対が均等に切れ，電子が1個だけ（不対電子）の状態になる。これは非常に不安定で，すぐまわりの電子と対をつくろうとする。すなわち反応性がきわめて大きい活性種で，ラジカル（radical）という。

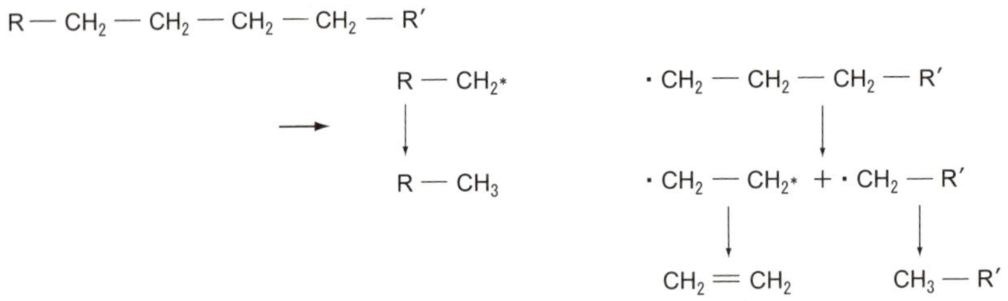

180　Ⅳ　有機化合物

```
R─CH₂─CH₂─CH₂─CH₂─R'
```

```
         R─CH₂*        ·CH₂─CH₂─CH₂─R'
           ↓                  ↓
         R─CH₃        ·CH₂─CH₂* + ·CH₂─R'
                             ↓           ↓
                          CH₂=CH₂     CH₃─R'
```

図17-2　アルカンの熱分解

R，R' はアルキル基を表わし，CH_3-，CH_3CH_2-，$CH_3CH_2CH_2-$ などがある。いったん生じたラジカルは，2つのルートで安定化する。1つは，まわりの分子の C–H 結合から水素原子（·H）を引き抜きそれと電子対をつくることで安定化し，より小さなアルカンに変化していく。もう1つのルートは，ラジカル自身の中で切れやすくなった C–C 結合（ラジカル炭素から2つめの結合）がさらにラジカル的に解離し，元のラジカル内で2つの不対電子がπ結合を形成し安定化する。こうして反応性に富んだエチレンが生成する。次の表17-2の結合解離エネルギー（結合を切るのに要するエネルギー）は，上の反応を裏付けている。

表17-2　C–C，C–H 結合の解離エネルギー

CH_3-CH_3	368 kJ mol^{-1}
CH_3-H	435 kJ mol^{-1}
·$CH_2CH_2-CH_3$	～125 kJ mol^{-1}

17.1.2　アルカンの反応性

アルカンは，酸や塩基，酸化剤や還元剤とは反応しにくく，一般に安定であると考えられる。実際，実験室では反応溶媒や抽出溶媒として使われている。しかし，プロパンガスやガソリンは燃えやすい。つまり，アルカンは準安定状態にあり，いったん活性化のための大きなエネルギーが与えられると高いエネルギー状態を通り越してもっと安定な状態に急速に移行する。この変化が燃焼という酸化反応やハロゲンとの爆発的な連鎖反応である。これらの反応は通常の穏やかな条件では高いエネルギーの山を超えられず，なかなか反応が起こらない。つまり，速度論的に反応は起こりにくいが，熱力学的にはむしろ反応を起こしやすい状態にある。したがってアルカンは大きなエネルギーを有する活性種と反応させれば容易に反応する。高温下の酸素分子や，紫外線照射下のハロゲン分子との反応がそれに該当し，いずれもラジカルが反応に関与している。

17.1.3　アルカンの燃焼（酸化反応）

アルカンの酸化反応は，天然ガス，ガソリン，灯油などの燃焼として日常生活で，また，工業的にも大規模に利用されている。アルカンの燃焼は，アルカンと空気中の酸素との反応であり，酸素はいつでも，どこでも，いくらでも利用できる便利さがあるものの，度が過ぎると，発生する二酸化炭素による地球温暖化など深刻な影響をもたらす。

酸素分子はO=Oというより・O—O・と表わされ，不対電子を2つもつビラジカル（biradical）で，活性な分子である。しかしながら，空気中で安定に存在していることからわかるように，アルカンの熱分解で生じるラジカルに比べるとかなり安定なラジカルである。すなわち，ほどよい安定性と反応性を兼ね備えており，このことは燃焼に都合がいい。エタンを例に空気酸化の反応過程を図17-3に示す。

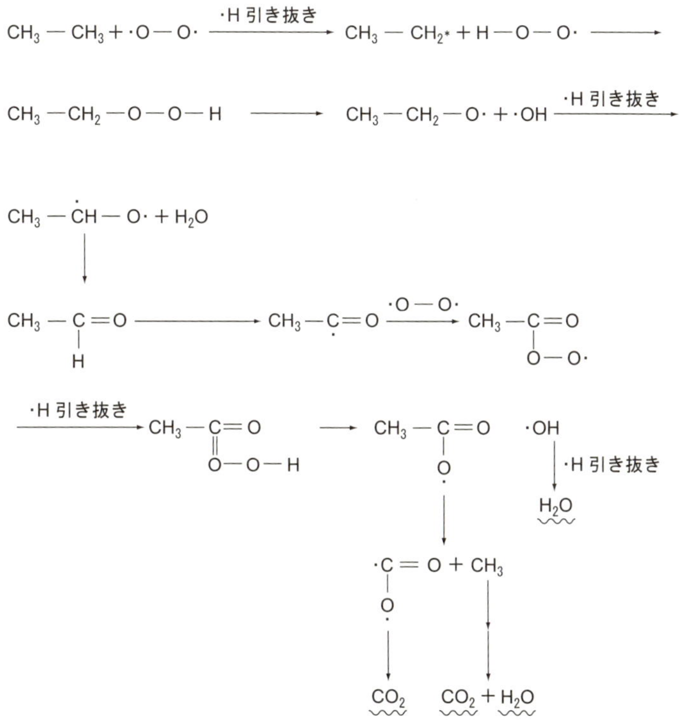

図17-3 エタンの空気酸化

反応は複雑にみえるが，実はいとも簡単である。酸素ラジカルによる水素ラジカルの引き抜き反応と，中間化合物のO–O結合が切れやすいことが読み取れるだろう。結局，全体としてみると（17.1）のように表わされる。

$$CH_3-CH_3 + \frac{7}{2}O_2 \longrightarrow 2CO_2 - 3H_2O \tag{17.1}$$

この反応により約1 559 kJ mol^{-1}もの反応熱が放出され，熱エネルギーとして利用されることになる。

17.1.4 アルカンの塩素化（ハロゲン化反応）

アルカンと塩素分子との反応も重要である。生成物であるクロル化されたアルカン（クロロアルカンまたは塩化アルキル）は分極したC–Cl結合をもち，種々の試薬と反応するので工業化学的にも合成化学的にも重要な化合物である。一方，塩素分子は塩化ナトリウ

ム水溶液の電気分解で NaOH を製造する際の副生成物として大量に得られるので，工業的にも有利である。

メタンと塩素分子の混合物に光をあてた時の反応について考えてみよう。メタンと塩素分子は常温で混ぜてもなかなか反応しないが，加熱するか光をあてると急激に反応が起こる（17.2）。

$$CH_4 + Cl_2 \xrightarrow{h\nu(光)} CH_3-Cl + HCl \tag{17.2}$$

熱や光で何か活性種が生成することが予想されるが，実際，最も解離しやすい Cl–Cl 結合が切れて塩素ラジカル Cl· が生成し，これが反応の開始段階になる（17.3）。

$$Cl-Cl \xrightarrow{h\nu(光)} Cl· + ·Cl \quad （開始段階） \tag{17.3}$$

次に Cl· ラジカルがまわりのメタン分子から水素原子（ラジカル）H· を引き抜き安定化するが，同時にメチルラジカル ·CH_3 が生成し，さらに反応は進行する。このような反応の進行段階を成長段階という（17.4）。

$$
\begin{array}{c}
\text{H}\text{H}\\
||\\
\text{Cl·} + \text{H}-\text{C}-\text{H} \longrightarrow \text{H}-\text{Cl} + ·\text{C}-\text{H}\\
||\\
\text{H}\text{H}\\[6pt]
\text{H}\text{H}\\
||\\
\text{H}-\text{C}· + \text{Cl}-\text{Cl} \longrightarrow \text{H}-\text{C}-\text{Cl} + ·\text{Cl}\\
||\\
\text{H}\text{H}
\end{array}
\quad （成長段階） \tag{17.4}
$$

成長段階では，クロロメタンの生成と共に Cl· が再生され，これはまたメタンと反応し，反応物のどれかが尽きるまでくり返される。いわゆる連鎖反応（chain reaction）である。ところで生成物の CH_3-Cl は Cl· により H· 引き抜き反応をうけるので，さらに反応して CH_2Cl_2（ジクロロメタンまたは塩化メチレン）となり，さらに $CHCl_3$（トリクロロメタンまたはクロロホルム），CCl_4（テトラクロロメタンまたは四塩化炭素）となる。

また，この成長段階が何千回も起こる間に 1 回くらいはラジカルどうしが反応し，くり返しの連鎖反応がとぎれてしまう。これを停止段階とよぶ（17.5）。

$$
\begin{aligned}
CH_3· + ·Cl &\longrightarrow CH_3-Cl \\
CH_3· + ·CH_3 &\longrightarrow CH_3-CH_3 \quad （停止段階） \\
Cl· + ·Cl &\longrightarrow Cl-Cl
\end{aligned}
\tag{17.5}
$$

以上のような反応で得られるハロゲン化アルカンを種々の試薬と反応させることにより様々な官能基を有する化合物が誘導される（17.2 節参照）。また，ジクロロメタン，クロロホルムおよび四塩化炭素は溶媒としてもよく利用される。しかし，こられの化合物は長期間にわたって吸収すると肝臓障害を起こすなど有毒であるので，取り扱いには充分注意しなければならない。また，CCl_2F_2，CCl_3F などのクロロフルオロカーボン（CFC）はフロ

ンとよばれ，冷蔵庫の冷媒およびスプレー噴射剤などとして使われてきた。しかし，フロンガスは大気の上層部で分解され（Cl・ラジカル発生）オゾン層を破壊し，そのため有害な紫外線が地上に達するようになっていることが明らかとなり，今ではフロンガスの代替品が使用されている。

17.2 ハロゲン化アルキルの反応—変化自在の官能基導入

ハロゲン化アルカンすなわちハロゲン化アルキルは工業的にも得やすく，反応性にも富んでいるので合成原料として重要である。ハロゲン化アルキルは水とは混ざりにくいが，多くの有機化合物をよく溶かすので溶媒として広く用いられている。代表的なハロゲン化アルキルの沸点を表17-3に示す。

表17-3 代表的なハロゲン化アルキルの物理的性質

化学式	慣用名（系統名）	沸点（℃）	比重
CH_3F	フッ化メチル（フルオロメタン）	−78.4	0.84
CH_3Cl	塩化メチル（クロロメタン）	−24.2	0.92
CH_3Br	臭化メチル（ブロモメタン）	3.6	1.73
CH_3I	ヨウ化メチル（ヨードメタン）	42.4	2.28
CH_2Cl_2	塩化メチレン（ジクロロメタン）	40.2	1.32
$CHCl_3$	クロロホルム（トリクロロメタン）	61.2	1.49
CCl_4	四塩化炭素（テトラクロロメタン）	76.8	1.60

塩化エチル（沸点13.1℃）と水酸化ナトリウムをメタノール・水混合溶媒に溶かし加熱すると，塩化エチルは次第に減少し，エタノールが生成する（17.6）。

$$CH_3CH_2\text{-}Cl + \overset{\oplus}{Na}\overset{\ominus}{OH} \longrightarrow CH_3CH_2\text{-}OH + \overset{\oplus}{Na}\overset{\ominus}{Cl} \tag{17.6}$$

ナトリウムイオンは反応の前後で変わらないので簡単には（17.7）のように書かれることが多い。

$$CH_3CH_2\text{-}Cl + {}^\ominus OH \longrightarrow CH_3CH_2\text{-}OH + {}^\ominus Cl \tag{17.7}$$

Cl⁻が⁻OHと置き換わっているので置換反応という。アルカンは⁻OH(NaOH)と反応しないのに，どうしてハロゲン化アルキルでは反応するのだろうか。負の電荷を帯びた⁻OHが塩素原子のついていた炭素原子と結合しあうのだから，この炭素原子はいくぶんかでも正の電荷を帯びているはずである。その原因は塩素原子が負のイオンCl⁻になりやすいので結合に使われている電子を引きよせるためと推定される。実際C–Cl結合は次のように部分的に分極していることが知られている(図17-4)。結合の中央につけられた矢印(→)は結合電子が塩素側に偏っていることを示している。この偏りは，CとClの電気陰性度の違いにより塩素原子は炭素原子より電子を引きつけやすいためである（4.4節参照）。

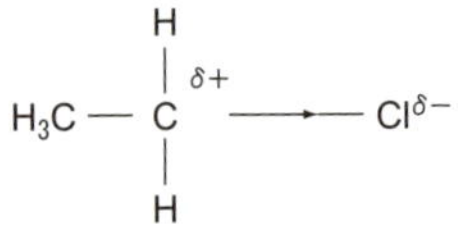

図 17-4　ハロゲン化アルキルの分極

上の反応では ⁻OH が δ+ を帯びた炭素原子を攻撃しているわけであるが，2 つのプロセスが考えられる。1 つは，⁻OH が炭素原子と結合を生成しつつ C–Cl 結合が切れていくプロセス（S_N2 反応）である。塩素原子は δ− を帯びているので ⁻OH イオンは Cl 原子とは反対側から近づきやすい（図 17-5）。

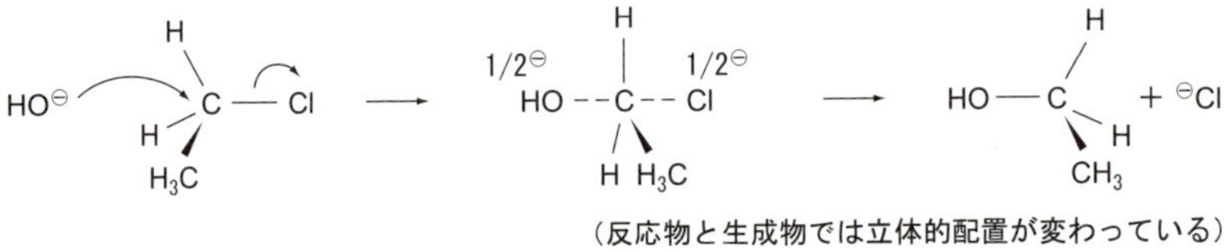

（反応物と生成物では立体的配置が変わっている）

図 17-5　ハロゲン化アルキルへの水酸化物イオンの背面攻撃

もう 1 つは，まず塩素原子が Cl⁻ としてはずれたあとに OH⁻ が炭素原子と結合するというプロセス（S_N1 反応）が考えられる（図 17-6）。

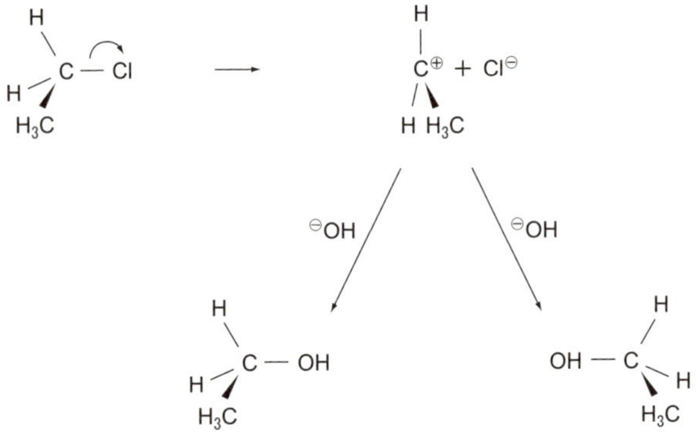

図 17-6　カルボカチオン中間体の生成

どちらのプロセスで反応が起こるかは，ハロゲン化アルキルの構造，攻撃試薬の種類，溶媒などで決まり，反応速度の濃度依存性，生成物の立体配置解析などによって確かめられる。

塩化エチルと各種の反応試薬（求核試薬という。プラスの電荷を帯びた原子核に引きよせられる）との反応を図 17-7 に示す。実に様々な官能基を有する化合物が得られることがわかる。

17　有機化合物の反応　185

$$CH_3CH_2Cl + {}^{\ominus}OH \longrightarrow CH_3CH_2\text{-}OH + {}^{\ominus}Cl \quad \text{（アルコール）}$$

$$CH_3CH_2Cl + {}^{\ominus}SH \longrightarrow CH_3CH_2\text{-}SH + {}^{\ominus}Cl \quad \text{（チオールまたはメルカプタン）}$$

$$CH_3CH_2Cl + {}^{\ominus}OCH_3 \longrightarrow CH_3CH_2\text{-}OCH_3 + {}^{\ominus}Cl \quad \text{（エーテル）}$$

$$CH_3CH_2Cl + {}^{\ominus}O\text{-}\underset{\underset{O}{\|}}{C}\text{-}CH_3 \longrightarrow CH_3CH_2O\text{-}\underset{\underset{O}{\|}}{C}\text{-}CH_3 + {}^{\ominus}Cl \quad \text{（エステル）}$$

$$CH_3CH_2Cl + {}^{\ominus}C\equiv N \longrightarrow CH_3CH_2\text{-}C\equiv N + {}^{\ominus}Cl \quad \text{（ニトリル）}$$

$$CH_3CH_2Cl + {}^{\ominus}C\equiv CH \longrightarrow CH_3CH_2C\equiv CH + {}^{\ominus}Cl \quad \text{（アルキン）}$$

$$CH_3CH_2Cl + {}^{\ominus}I \longrightarrow CH_3CH_2\text{-}I + {}^{\ominus}Cl \quad \text{（ヨウ化アルキル）}$$

図 17-7　塩化エチルと種々の求核試薬との反応

17.3　アルケンの付加反応—ポリマー化学の原点

17.3.1　代表的なアルケン

アルケン（alkene）は炭素—炭素二重結合を有する化合物で，その代表はエチレンである。エチレンはナフサのクラッキング（熱分解）で大量に得られるが（p. 188 参照），エタノールを少量の濃硫酸と共に 180℃ に加熱しても得られる。エチレンは，ポリエチレン，エタノール，アセトアルデヒド，エチレングリコールなどの原料として重要である。また，青いまま輸入したバナナを熟成させるのにも使われている。代表的なアルケンの系統名と慣用名を表 17-4 に示す。

表 17-4　アルケンの系統名と慣用名

化学式	系統名	慣用名
$CH_2=CH_2$	Ethene / エテン	Ethylene / エチレン
$CH_3CH=CH_2$	Propene / プロペン	Propylene / プロピレン
$CH_3\text{-}\underset{\underset{CH_3}{\|}}{C}=CH_2$	2-Methylpropene / 2-メチルプロペン	Isobutylene / イソブチレン
$CH_2=CH\text{-}CH=CH_2$	1,3-Butadiene / 1,3-ブタジエン	
$CH_2=CH\text{-}\underset{\underset{CH_3}{\|}}{C}=CH_2$	2-Methyl-1,3-butadiene / 2-メチル-1,3-ブタジエン	Isoprene / イソプレン

17.3.2　反対側から攻撃—アンチ付加

アルケンはアルカンと違って反応性が非常に高い。エチレンの四塩化炭素溶液に臭素を滴下すると瞬時に反応し，臭素の色が消える。この反応は二重結合の検出反応として利用される。アルケンのπ結合は，すでに sp² 混成の項（16.2.3）で述べたように，分子面から突き出ているうえにσ結合より切れやすい。したがって，ハロゲン化水素かハロゲン分子のように $X^{\delta+}-Y^{\delta-}$ と分極または X^+Y^- とイオン化する試薬は二重結合に付加しやすい（17.7）。

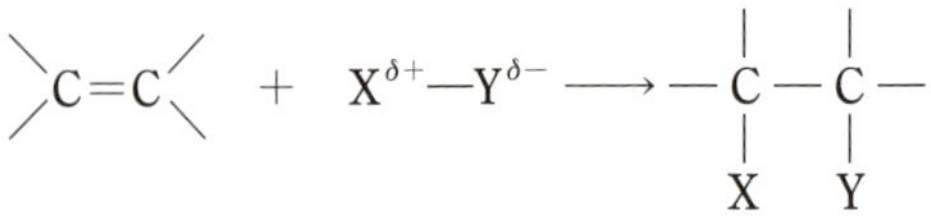

$$\diagdown C=C \diagup \quad + \quad X^{\delta+}-Y^{\delta-} \longrightarrow \quad -\underset{X}{\overset{|}{C}}-\underset{Y}{\overset{|}{C}}- \tag{17.7}$$

　Br_2 すなわち $Br-Br$ がなぜ分極するのか見た目にはわかりにくいが，アルケンと Br_2 が衝突したとき，分子面から突き出た π 電子と衝突した方の Br 原子のまわりの電子は反発し合い，もう一方の Br 原子の方へ電子が瞬間的に押しやられ，瞬間的に分極が起こる。$\delta+$ を帯びた Br は π 電子に取り込まれ，残りの Br は Br^- となり，π 電子に取り込まれた Br の反対側から炭素原子を攻撃する。すなわち 2 つの Br 原子は互いに，アルケン平面の反対側から反応することになる。これをアンチ付加（anti-addition）という。ただし，反応条件によっては分子面の同じ側から付加が起こることもある（シン付加，syn-addition）。例えば，金属触媒の表面に吸着した H_2 による付加はその例である。図 17-8 で両者の違いがわかる。

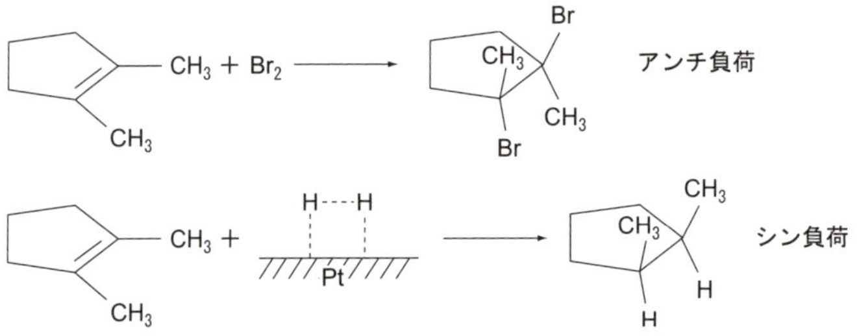

図 17-8　アンチ付加とシン付加

17.3.3　H の多い方に H^+ がつく—マルコフニコフの規則

エチレンに HCl を付加させると塩化エチルのみが生成する（17.8）。

$$CH_2=CH_2 + HCl \longrightarrow CH_3-CH_2-Cl \tag{17.8}$$

しかし非対称なアルケン，例えばプロペンに HCl を付加させるときには 2 つの生成物が得られる可能性がある（図 17-9）。

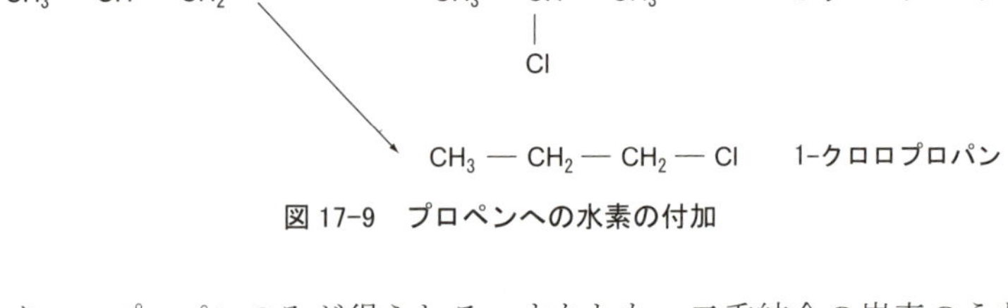

図 17-9　プロペンへの水素の付加

実際には 2-クロロプロパンのみが得られる。すなわち，二重結合の炭素のうち H の多くついた炭素に H^+ がつき，もう一方の炭素に $Cl^{\ominus}$ が結合しやすい。このような事実を，発見者（ロシアの化学者 Markovnikov）の名にちなんでマルコフニコフ則と呼んでいる。この理由は，反応の途中に生成する反応中間体の安定性のちがいによると考えられる（図

17-10)。

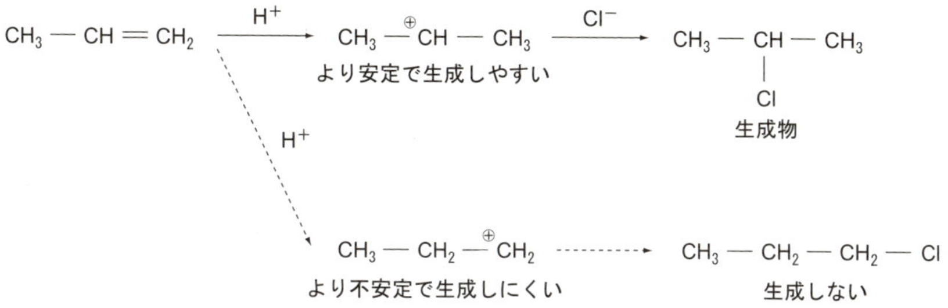

$$CH_3-CH=CH_2 \xrightarrow{H^+} CH_3-\overset{\oplus}{CH}-CH_3 \xrightarrow{Cl^-} CH_3-CH-CH_3$$
より安定で生成しやすい　　　　　　　　　　　　　　　　　｜
　　　　　　　　　　　　　　　　　　　　　　　　　　　　　Cl
　　　　　　　　　　　　　　　　　　　　　　　　　　　　生成物

$$\xrightarrow{H^+} CH_3-CH_2-\overset{\oplus}{CH_2} \dashrightarrow CH_3-CH_2-CH_2-Cl$$
より不安定で生成しにくい　　　　　　　　生成しない

図 17-10　マルコフニコフ則

この反応中間体は炭素陽イオンでカルベニウムイオンともいわれ，その安定性の差を理解するのは簡単ではないが，陽イオン中心にアルキル基が多く結合しているものほど安定である。図 17-11 に示すように，第 3 級炭素陽イオンが最も安定で，メチル陽イオンが最も不安定である。上に示したプロペンの反応では第 2 級炭素陽イオンが生成している。

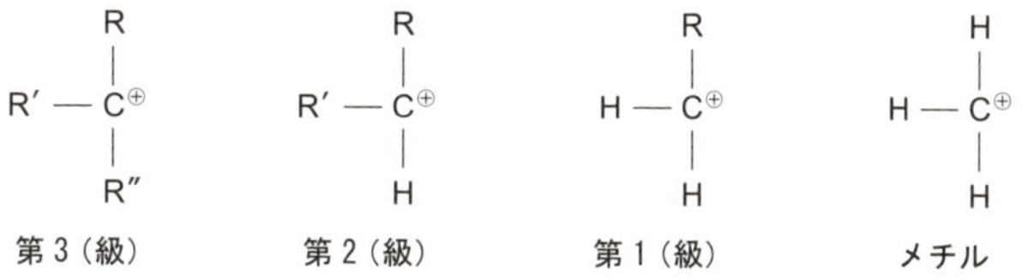

第 3（級）　　第 2（級）　　第 1（級）　　メチル

図 17-11　炭素陽イオンの安定性

図 17-12 に別の付加反応の例を示しておく。いずれもエタノールの合成法でもあるが，最初の反応は副生成物を生じやすい。

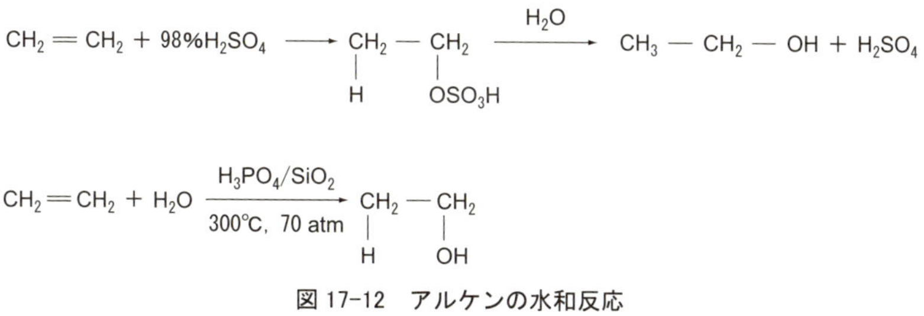

$$CH_2=CH_2 + 98\%H_2SO_4 \longrightarrow CH_2-CH_2 \xrightarrow{H_2O} CH_3-CH_2-OH + H_2SO_4$$
　　　　　　　　　　　　　　　　　　　｜　　｜
　　　　　　　　　　　　　　　　　　　H　OSO_3H

$$CH_2=CH_2 + H_2O \xrightarrow[300℃, 70\,atm]{H_3PO_4/SiO_2} CH_2-CH_2$$
　　　　　　　　　　　　　　　　　　　　　　　　　｜　　｜
　　　　　　　　　　　　　　　　　　　　　　　　　H　OH

図 17-12　アルケンの水和反応

17.3.4　アルケンの酸化および重合—すべて「付加」反応

アルケンの酸化および重合は工業的にきわめて重要であるが，実はよくみると付加反応の一種であることがわかる。例を図 17-13 に示す。

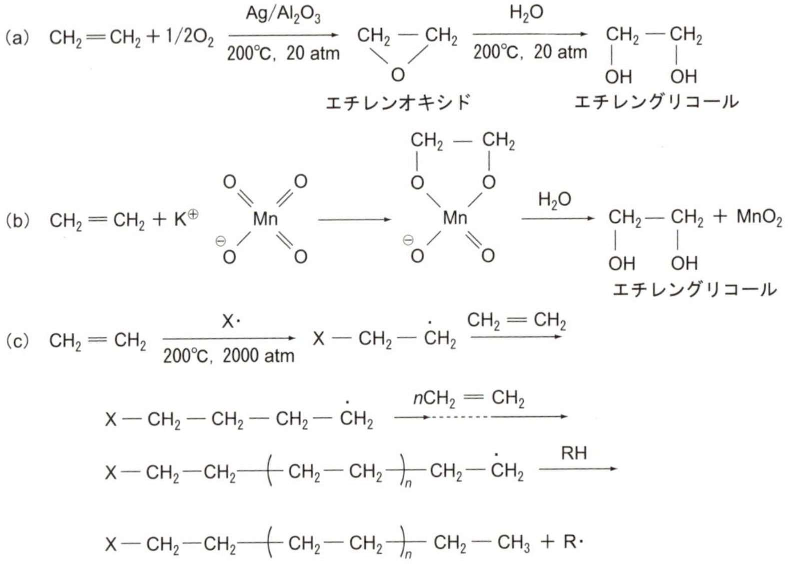

(a) $CH_2=CH_2 + 1/2 O_2 \xrightarrow[200℃, 20\ atm]{Ag/Al_2O_3} \underset{\text{エチレンオキシド}}{CH_2-CH_2 \atop \diagdown O \diagup} \xrightarrow[200℃, 20\ atm]{H_2O} \underset{\text{エチレングリコール}}{CH_2-CH_2 \atop | \quad \ | \atop OH \ \ OH}$

(b) $CH_2=CH_2 + K^⊕[MnO_4]^⊖ \longrightarrow \begin{matrix} CH_2-CH_2 \\ | \quad\quad | \\ O \quad\quad O \\ \diagdown Mn \diagup \\ \diagup \ \diagdown \\ O^⊖ \quad O \end{matrix} \xrightarrow{H_2O} \underset{\text{エチレングリコール}}{CH_2-CH_2 \atop | \quad \ | \atop OH \ \ OH} + MnO_2$

(c) $CH_2=CH_2 \xrightarrow[200℃, 2000\ atm]{X·} X-CH_2-\overset{·}{C}H_2 \xrightarrow{CH_2=CH_2}$

$X-CH_2-CH_2-CH_2-\overset{·}{C}H_2 \xrightarrow{nCH_2=CH_2}$

$X-CH_2-CH_2-(CH_2-CH_2)_n-CH_2-\overset{·}{C}H_2 \xrightarrow{RH}$

$X-CH_2-CH_2-(CH_2-CH_2)_n-CH_2-CH_3 + R·$

図 17-13　アルケンの酸化反応

　反応(a)はエチレンの空気酸化であるが，酸素原子の付加とみることもできる。生成物のエチレンオキシド（酸化エチレン）はさらに水が付加しエチレングリコールになる。手軽に得られる空気中の酸素や水が副生成物を生じることなく完全にエチレンにとりこまれる反応で，きわめて効率のよいプロセスである。このエチレングリコールは，分子量が小さいわりには沸点が高く（bp. 198℃），水とどんな割合でも混ざり合うので，自動車のエンジン用冷却水の凍結防止剤として利用される。例えば，エチレングリコールの50％水溶液の凝固点は －34℃にも下がる。このほか2価のアルコールとしてポリエステルの原料にもなるので，エチレングリコールは年間58万トン（1992年）も生産されている。

　反応(b)は，過マンガン酸カリウム（$KMnO_4$）水溶液による酸化である。始めに過マンガン酸イオンがエチレンに付加していることがわかるだろう。

　反応(c)はエチレンの重合反応である。反応開始のための試薬が必要で，酸素分子または有機過酸化物（R-O-O-R）が使われる。いずれも不対電子をもつラジカル（X·）となり，エチレンのπ電子と対をつくろうとして結合する。その生成物が新しいラジカルとなり，さらにエチレンと次々に結合する。何百，何千ものエチレンどうしが付加し合うことになり，まさに付加重合である。実際には，この条件下（高圧法）では，成長途中の重合体の末端の不対電子が自分自身の水素原子を引き抜くことがあり，そこから枝分かれした構造となる。そのため結晶化度の低い低密度ポリエチレンが得られる。透明に近く，引っぱるとたやすく伸びるポリエチレンの袋がこれである。四塩化チタンとトリエチルアルミニウム（$TiCl_4$-Et_3Al）を触媒として用いれば常温常圧でもエチレンを重合させることができる（低圧法）。この触媒をチーグラー・ナッタ（Ziegler・Natta）触媒という。低圧法で得られるポリエチレンは結晶化度が高く，高密度ポリエチレンとよばれる。半透明で腰が強く，

スーパーやコンビニのレジ袋に利用されている。ポリエチレンは酸素や二酸化炭素を通過させるが水はほとんど通さず，柔軟性や耐薬品性があるので用途が広い。1992年には約290万トンも生産されている。

反応(c)において，エチレンの代わりに種々の二重結合を含む化合物を用いることができる（もちろん触媒や反応条件は一様ではない）。それらを表17-5に示した。いずれも$CH_2=CH-$基（ビニル基）を有するのでビニル単量体とよばれる。それぞれが付加重合して，ポリプロピレン（容器，自動車部品），ポリ塩化ビニル（建材，パイプ，電線の被覆），ポリスチレン（容器，絶縁材料），ポリ酢酸ビニル（接着剤，チューインガム），ポリアクリロニトリル（アクリル繊維），ポリテトラフルオロエチレン（テフロンが商品名で耐熱,耐薬品性。反応容器の内張り，フライパンの表面加工）などのポリマー (polymer) が得られる。H原子が1個変わるだけだが，その差がつもりつもって性質も違ってくる。多種多様のプラスチックの化学も共通点を見出せば以外と理解しやすい。エチレンの化学は合成ポリマー化学の原点である。

表17-5　ビニル単量体

$CH_2=CH$	$CH_2=CH$	$CH_2=CH$	$CH_2=CH$
H	CH_3	$OCOCH_3$	Cl
エチレン	プロピレン	酢酸ビニル	塩化ビニル
$CH_2=CH$	$CH_2=CH$	$CH_2=CH$	
$COOCH_3$	(phenyl)	CN	$CF_2=CF_2$
アクリル酸メチル	スチレン	アクリロニトリル	四フッ化エチレン

17.4 アルキンの化学—π結合2つ＋α（酸性）

17.4.1 付加は2度起こる

アルキンの代表はアセチレン$H-C\equiv C-H$（系統名はエチン ethyne）であるが，sp混成の項（16.2.4）でみたようにC—C間にπ結合が2つあり，π電子で覆われている。したがって，アセチレンは付加を2度受ける（17.9）。

$$H-C\equiv C-H \xrightarrow{HCl} \begin{array}{c}H\\|\\H-C=C-H\\|\\Cl\end{array} \xrightarrow{HCl} \begin{array}{c}H\ \ Cl\\|\ \ |\\H-C-C-H\\|\ \ |\\H\ \ Cl\end{array} \tag{17.9}$$

最初の付加はアンチ付加で進行するのが普通である。2度目の付加はアルケンの反応であり，マルコフニコフの規則にしたがっている。アセチレンは強酸と第2水銀イオン（Hg^{2+}）を触媒にすると容易に水を付加する（図17-14）。おそらく，アセチレンのπ電子がHg^{2+}イオンに配位し，その分炭素のまわりのπ電子が減少するので，そこに水の酸素原子が結合しやすくなるためであろう。

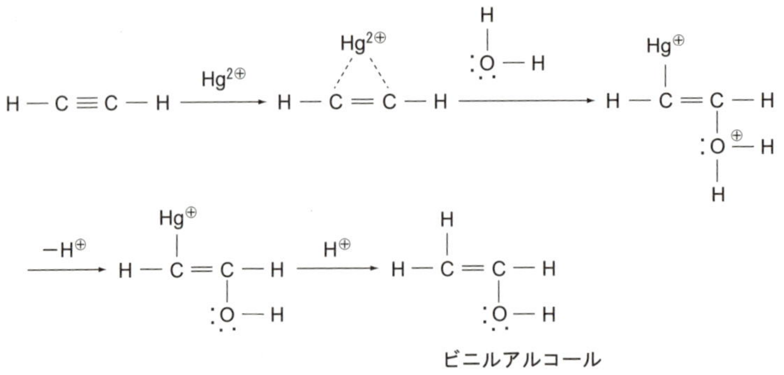

図17-14 アルキンの水和反応

あとは脱プロトン，加水分解が起こり，結局，アセチレンに H_2O（H^+ と OH^-）が付加した形のビニルアルコールが生成する。ところが，ビニルアルコールは不安定で，直ちに安定形であるアセトアルデヒドに変化する（図17-15）。このとき，共存している酸が触媒になる。

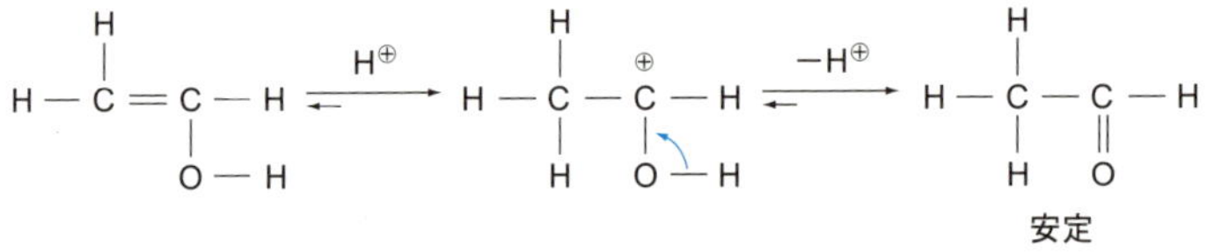

図17-15 ケト-エノール互変異性

この反応は可逆反応で平衡系だが，アセトアルデヒド側にほぼ完全に傾いている。以上の反応を全体としてみて，始めと終わりのみを式に示すと（17.10）のようになる。

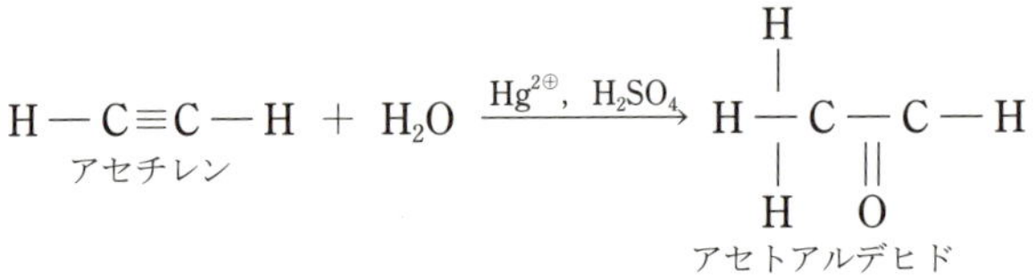

$$H-C\equiv C-H + H_2O \xrightarrow{Hg^{2+}, H_2SO_4} H-\underset{\underset{H}{|}}{\overset{\overset{H}{|}}{C}}-\underset{\underset{O}{\|}}{C}-H$$

アセチレン　　　　　　　　　　　　　アセトアルデヒド　　　　　　(17.10)

17.4.2 アセチレンの酸性

アセチレンの性質でアルケンと最も大きく異なるのは三重結合についた水素が弱い酸性を示すことである。すなわち，ナトリウムアミドのような強力な塩基によって水素が引き抜かれ，塩を形成する（17.11）。

$$H-C\equiv C-H + Na^{\oplus\ominus}:\ddot{N}H_2 \longrightarrow H-C\equiv C:^{\oplus\ominus}Na + NH_3 \quad (17.11)$$

これは，sp^3 や sp^2 の炭素に比べて s の割合が大きいことによる。p軌道の電子より s 軌道の電子の方が原子核に近い領域に存在するために，sp混成の炭素と水素間の結合電子は炭素側に偏っている。したがって，アセチレンの水素原子は H^+ としてとれやすくなっている。酸性といっても水より弱い酸である。水は酸としても塩基としてもふるまうので，生命体でも多様な役割を果たす特別な溶媒である。まさに「いのちの水」である。水の酸

解離定数は，水のイオン積 (K_w) を用いて (17.12) のように表わされる。これに対してアセチレンの酸解離定数は $K_a = 10^{-25}$ ときわめて小さいが，アルケンのそれ ($K_a \fallingdotseq 10^{-44}$) に比べると著しく大きいことがわかる。

$$K_a = \frac{[H^\oplus][OH^\ominus]}{[H_2O]} = \frac{K_w}{[H_2O]} = \frac{10^{-14}}{55.5} \fallingdotseq 10^{-16} \tag{17.12}$$

17.5 ベンゼン類の反応―付加より置換

17.5.1 100年もかかった構造式

19世紀のはじめ，ロンドンでは照明用にガス灯が使われていた。ガスは鯨油を熱分解して作った。このガスを入れた容器の底にわずかに液体がたまり，その中からベンゼンが発見された。1825年のことで，発見者は M. Faraday である。電気分解のファラデーの法則の発見者といった方が通りがいい。1834年には C_6H_6 という分子式をもつことがわかったが構造式はなかなか決められなかった。4価の炭素に対する水素の数が少なく，不飽和度が高いにもかかわらず非常に安定で，酸とも反応せず，酸化も受けにくい。つまりアルケンのように簡単には付加反応を起こさない。

図 17-16 に示す正六角形の構造式にたどりついたのは，1865年の Kekulé の夢の中であったという

図 17-16 ケクレの構造式

しかしこの構造式でもベンゼンの非オレフィン的性質は説明できず，化学者の長い苦闘はまだまだ続いた。先人達の生み出した構造式（H 原子は省く）を図 17-17 に示す。苦闘と工夫のあとがよくわかるだろう。

デュワー式　　クラウス式　　ラーデンブルグ式　　アームストロング・バイヤー式　　ティーレ式
(1867年)　　(1867年)　　(1869年)　　(1887年)　　(1899年)

図 17-17　ベンゼンに対する種々の構造式

これらの式はいずれも，ベンゼンに対する正しい式ではなかったわけであるが，驚くべきことには，デュワー式やラーデンブルグ式に相当する分子が1970年頃，見事に合成された。

さて、ベンゼンの構造を正しく説明できるようになったのは 1930 年代にはいってからである。発見から実に 100 年もかかった。1 つは共鳴理論、もう 1 つは分子軌道理論で説明される。後者はすでに 16.1.5 項で述べた。共鳴理論ではケクレの構造式が用いられる（図 17-18）。すなわち真のベンゼンは次の A でも B でもなく、A と B を足して 2 で割ったような C の状態にあるとされる。

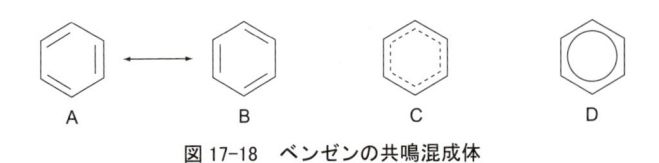

図 17-18　ベンゼンの共鳴混成体

A と B が共鳴し合った状態（共鳴混成体）になっていて、A ⟷ B で表わされる。これと同じ状態を 1 つの構造式で表わそうとすれば C となり、簡単のために D と表わしてもよい。実際的には、π 電子の数が 6 個あることがわかりやすい A や B もよく使われている。

17.5.2　特別に安定な π 電子

ベンゼンの特異性は、π 結合があるのに付加反応が起こりにくいということである。これは π 電子の状態がとくに安定化していて変化しにくいということを意味する。どれくらい安定化しているのであろうか。ベンゼン中の π 電子が安定化していなくて、普通の二重結合が 3 つあると仮定すると、図 17-19 に示すように、二重結合はエチレンに似ていて短く、単結合はエタンのそれに近く長いはずである。1,3,5-シクロヘキサトリエンという仮想分子である。この仮想分子を水素化したとするとシクロヘキサンという実在の分子になる。このときの反応熱は実測できないが、次に示すように、環状オレフィンであるシクロヘキセンの水素化熱の 3 倍と見積ることができる（17.13）。

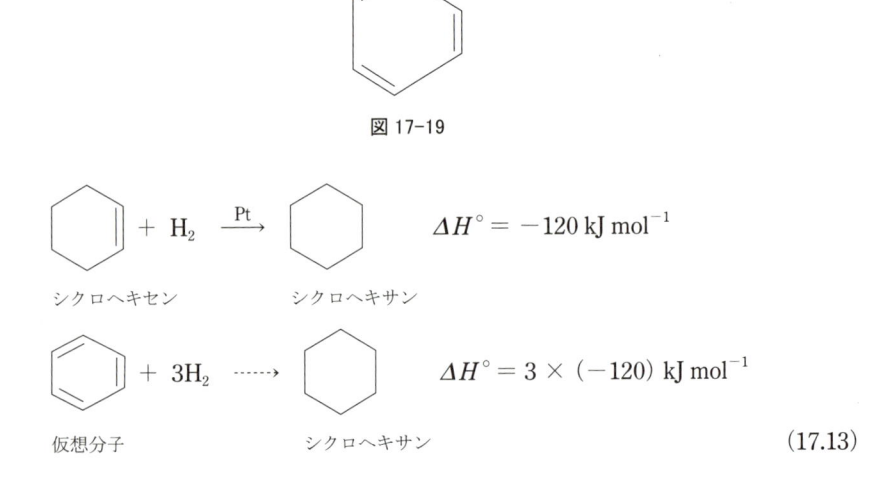

図 17-19

シクロヘキセン + H$_2$ →(Pt) シクロヘキサン　　$\Delta H° = -120 \text{ kJ mol}^{-1}$

仮想分子 + 3H$_2$ ⇢ シクロヘキサン　　$\Delta H° = 3 \times (-120) \text{ kJ mol}^{-1}$

(17.13)

一方，真の（実在する）ベンゼンの水素化熱は（17.14）のように実測されている。

$$\text{実在ベンゼン} + 3H_2 \xrightarrow{Pt} \text{シクロヘキサン} \quad \Delta H^\circ = -208 \text{ kJ mol}^{-1} \tag{17.14}$$

この結果をもとにして各々の相対的エネルギー関係を図にしてみよう（図 17-20）。π 電子が安定化していない仮想分子と実在のベンゼンを比べると実在のベンゼンが $\Delta E = 359 - 208 = 151$ kJ mol^{-1} だけ安定化しているのがわかる。ベンゼンの中の π 結合は，独立した二重結合と違って互いに強く相互作用しあい，とくに安定な状態になっており，このことがベンゼンが付加に抵抗する主要因である。

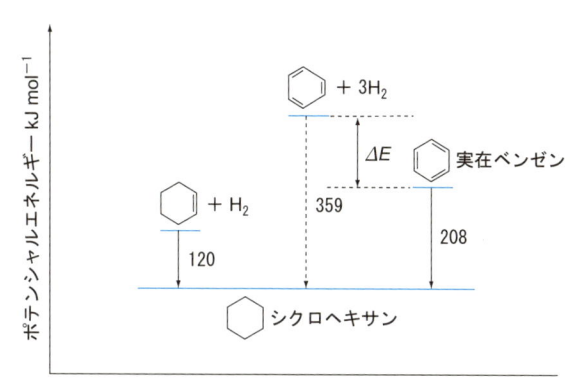

図 17-20　ベンゼンの安定化エネルギー

17.5.3　置換反応のメカニズム

ベンゼンは π 結合をもつにもかかわらず，付加反応が起こりにくく，置換反応が優先的に起こる。例えば，ベンゼンと臭素を室温で混ぜ合わせただけではアルケンと違って反応しない。しかし，三臭化鉄を触媒として加えると反応し，臭化水素が発生する。このとき，ベンゼンの H 原子が Br 原子と置換されたブロモベンゼンが生じる（17.15）。

$$\text{ベンゼン} + Br_2 \xrightarrow{FeBr_3} \text{ブロモベンゼン-Br} + HBr\uparrow \tag{17.15}$$

いったいどのようにして，付加ではなくて置換反応が起こるのであろうか。ベンゼンは分子面の上下を π 電子で覆われていることと，触媒の役割を考えると，おそらく，Br$_2$ から正の電荷を帯びた活性種が生じて反応に関与しているのであろう（17.16）。

$$Br-Br + FeBr_3 \longrightarrow Br^{\delta+}\cdots Br^{\delta-}\cdots FeBr_3 \longrightarrow Br^{\oplus} + FeBr_4^{\ominus} \tag{17.16}$$

ここで生成したブロモニウムイオン Br$^+$ がベンゼンの π 電子に引き込まれ，炭素原子と結合する（17.17）。

$$\text{benzene} + Br^{\oplus} \longrightarrow \text{[Br-benzene complex]} \longrightarrow \text{[arenium ion with Br, H]} \tag{17.17}$$

このとき2個のπ電子がC–Br結合形成に使われる。その様子をケクレの式で示すと(17.18)のように書ける。

$$\text{C}_6\text{H}_5\text{-H} + Br^{\oplus} \longrightarrow \text{[arenium ion]}^{\oplus}\begin{array}{c}H\\Br\end{array} \tag{17.18}$$

ここでπ電子の状態が大きく変わっていることに注目する。Brが結合した炭素はsp^3混成になり、π電子が存在できなくなって、π電子の輪がここで切れている。こうなると、ケクレ式の共鳴もπ電子の非局在化も制限され、ベンゼン特有のπ電子の安定性がほとんど失われてしまう。ところが都合がよいことにこのπ電子の安定性を取り戻す条件が用意されている。それは、Brが結合しているC上にもともとあったH原子が、結合に使われていた電子をπ電子として残し、H^+として脱離することである。こうなればsp^3のCはsp^2に戻り、環状の6個のπ電子系がとり戻されることになる。一方、触媒が$FeBr_4^{\ominus}$となっていることもH^+の脱離を促進している。

こうしてブロモベンゼンが生成し、置換されたHはHBrガスとして放出される。三臭化鉄は再生され触媒として働いたことになる。

以上のようなベンゼンの置換反応は、求電子試薬(Br^+)によるので求電子置換反応とよばれる。代表的な反応例を(17.19)に示す。

$$\text{[arenium]}^{\oplus}\begin{array}{c}H\\Br\end{array} + FeBr_4^{\ominus} \longrightarrow \text{C}_6\text{H}_5\text{-Br} + HBr + FeBr_3 \tag{17.19}$$

17.5.4 種々の求電子置換反応

求電子試薬をE^+とすると、ベンゼン類の求電子置換反応式を(17.20)のように表わすことができる。

$$\text{benzene} + E^{\oplus} \longrightarrow \text{[arenium]}^{\oplus}\begin{array}{c}E\\H\end{array} \longrightarrow \text{C}_6\text{H}_5\text{-E} + H^{\oplus} \tag{17.20}$$

次に代表的な反応例と求電子試薬を示す。

(1) ニトロ化

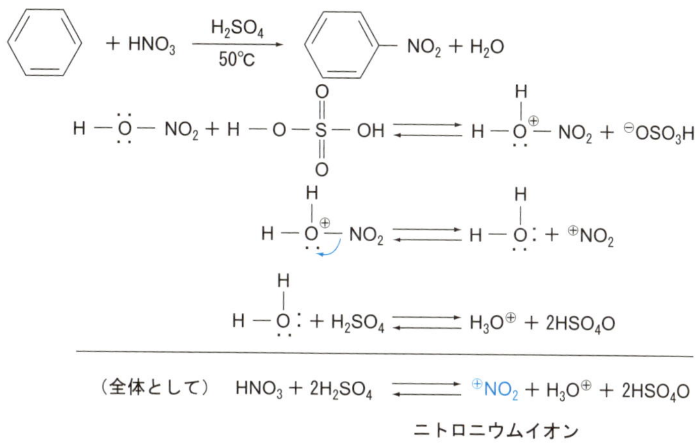

$$C_6H_6 + HNO_3 \xrightarrow[50°C]{H_2SO_4} C_6H_5-NO_2 + H_2O$$

$$H-\overset{..}{\underset{..}{O}}-NO_2 + H-O-\underset{\underset{O}{\|}}{\overset{\overset{O}{\|}}{S}}-OH \rightleftharpoons H-\overset{H}{\underset{..}{\overset{\oplus}{O}}}-NO_2 + {}^{\ominus}OSO_3H$$

$$H-\overset{H}{\underset{}{\overset{\oplus}{O}}}-NO_2 \rightleftharpoons H-\overset{H}{\underset{..}{O}}: + {}^{\oplus}NO_2$$

$$H-\overset{H}{\underset{..}{O}}: + H_2SO_4 \rightleftharpoons H_3O^{\oplus} + 2HSO_4O$$

(全体として)　$HNO_3 + 2H_2SO_4 \rightleftharpoons {}^{\oplus}NO_2 + H_3O^{\oplus} + 2HSO_4O$
　　　　　　　　　　　　　　　　　　　ニトロニウムイオン

図 17-21　ベンゼンのニトロ化反応

(2) アルキル化—フリーデル・クラフツ反応

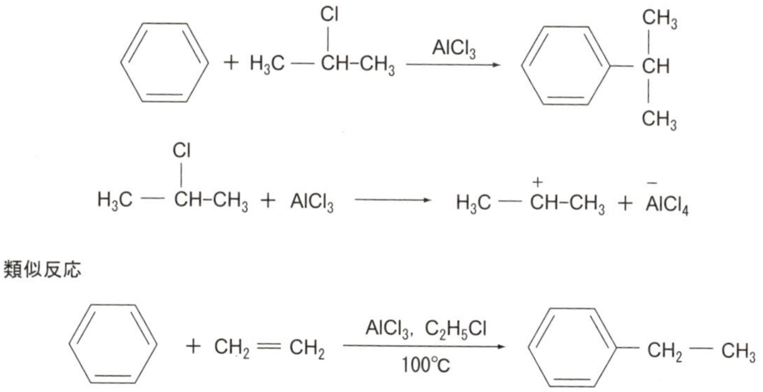

$$C_6H_6 + H_3C-\underset{Cl}{\underset{|}{CH}}-CH_3 \xrightarrow{AlCl_3} C_6H_5-\underset{CH_3}{\underset{|}{CH}}-CH_3$$

$$H_3C-\underset{Cl}{\underset{|}{CH}}-CH_3 + AlCl_3 \longrightarrow H_3C-\overset{+}{CH}-CH_3 + AlCl_4^-$$

類似反応

$$C_6H_6 + CH_2=CH_2 \xrightarrow[100°C]{AlCl_3, C_2H_5Cl} C_6H_5-CH_2-CH_3$$

図 17-22　ベンゼンのアルキル化反応

(3) スルホン化

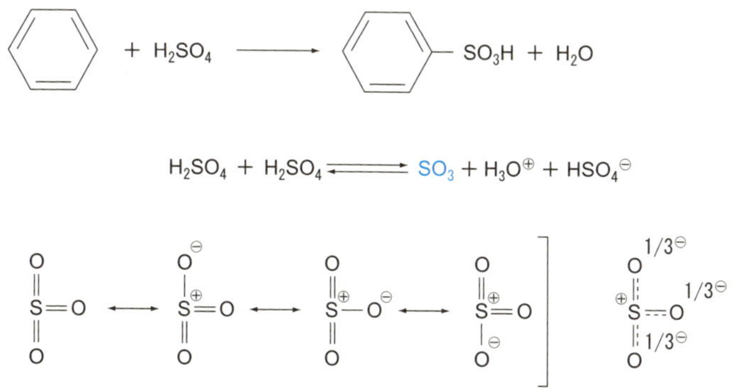

$$C_6H_6 + H_2SO_4 \longrightarrow C_6H_5-SO_3H + H_2O$$

$$H_2SO_4 + H_2SO_4 \rightleftharpoons SO_3 + H_3O^{\oplus} + HSO_4^{\ominus}$$

$$\left[\underset{O}{\overset{O}{\underset{\|}{S}}}=O \leftrightarrow \underset{O}{\overset{O^{\ominus}}{\underset{\|}{\overset{\oplus}{S}}}}=O \leftrightarrow \underset{O}{\overset{O}{\underset{\|}{\overset{\oplus}{S}}}}-O^{\ominus} \leftrightarrow \underset{O^{\ominus}}{\overset{O}{\underset{\|}{\overset{\oplus}{S}}}}=O\right] \quad \underset{O^{1/3\ominus}}{\overset{O^{1/3\ominus}}{\underset{\cdots}{S}\cdots O^{1/3\ominus}}}$$

図 17-23　ベンゼンのスルホン化

三酸化硫黄はその共鳴構造式からわかるように，硫黄原子が正の電荷を帯びているので

求電子試薬として作用する。

17.5.5 ベンゼンの仲間—芳香族化合物

芳香族化合物はほかの有機化合物に比べて多くの慣用名を持っている。代表的な芳香族化合物の構造と慣用名を図 17-24 に示す。

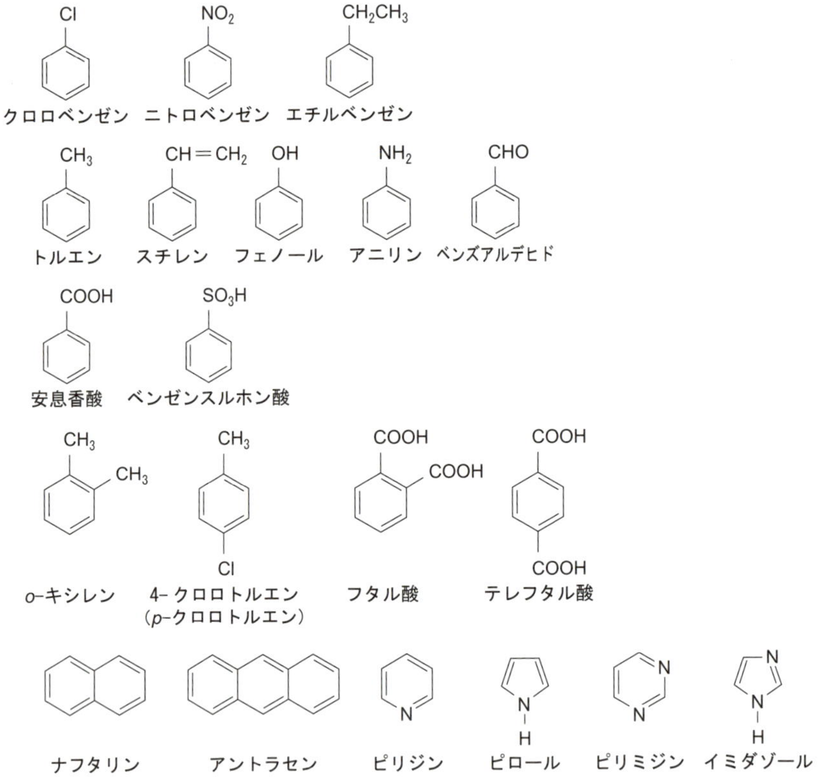

図 17-24 代表的な芳香族化合物の構造と慣用名

17.6 主な官能基と化学的性質

17.6.1 アルコールおよびフェノール

炭素に水酸基 OH が結合した化合物をアルコールというが，ベンゼン環に直接 OH が結合したものはフェノールとよび区別している。逆にみると，水分子の H の 1 つをアルキル基，アリール基（フェニル基など）で置換した化合物が，それぞれアルコールとフェノールである。

表 17-7 に示すようにアルコールの沸点は，同じくらいの分子量をもつアルカンに比べると高い。これは分子どうしが水素結合しているためである（図 17-24）。水素結合は共有結合と比べるとはるかに弱い相互作用であるが，沸点だけでなく，酵素や核酸の構造や機能を決定づける重要な役割をしている（第 18 章参照）。

表 17-6　アルコールの沸点と融点

		b. p. (℃)	m. p. (℃)
CH_4	メタン	−161	−183
H—O—H	水	100	0
CH_3—O—H	メタノール	64	−97
CH_3—CH_2—O—H	エタノール	78	−114
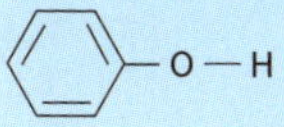 ⌬—O—H	フェノール	181	43

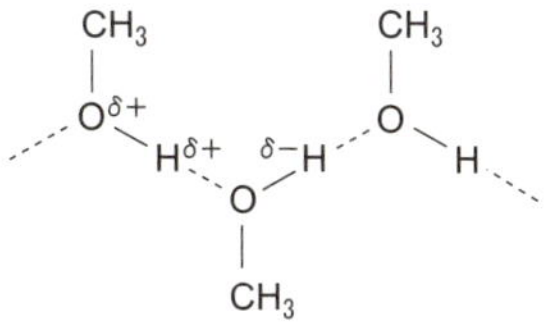

図 17-25　メタノールの分子間水素結合

アルコールの反応例を図 17-26 に示す。

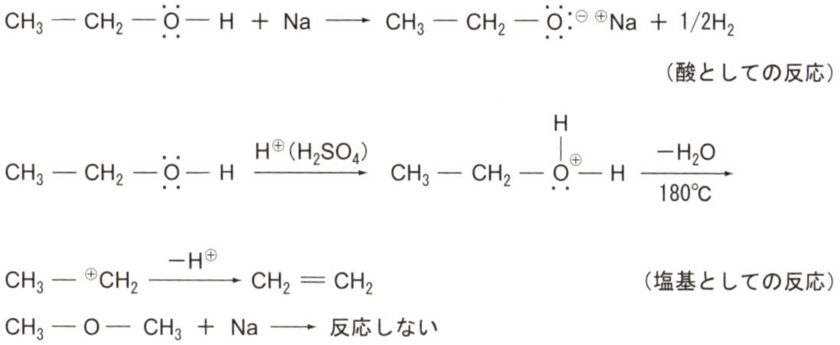

CH_3—CH_2—Ö—H + Na ⟶ CH_3—CH_2—Ö:⁻ ⁺Na + 1/2H_2
　　　　　　　　　　　　　　　　　　　　　　　　　　　（酸としての反応）

CH_3—CH_2—Ö—H $\xrightarrow{H^⊕ (H_2SO_4)}$ CH_3—CH_2—Ö(H)—H $\xrightarrow[180℃]{-H_2O}$

CH_3—⁺CH_2 $\xrightarrow{-H^⊕}$ CH_2=CH_2　　　　　（塩基としての反応）

CH_3—O—CH_3 + Na ⟶ 反応しない

図 17-26　アルコールの反応

酸としての反応では水酸基からプロトン H^+ が解離している。H^+ は Na から電子を受け取り水素原子 H· となり H_2 を形成する。この反応はアルコールの異性体であるエーテルと区別するのにも利用される。アルコールのエステル化も重要な反応であるが，これについてはカルボン酸の項で述べる。

一方，フェノールはアルコールと比べると酸性が 100 万〜1 億倍も強い。これはフェノールが H^+ を放出したあとのフェノキシドイオンの電子がベンゼン環によって非局在化することによりフェノキシドイオンが安定化しているためである（図 17-26）。

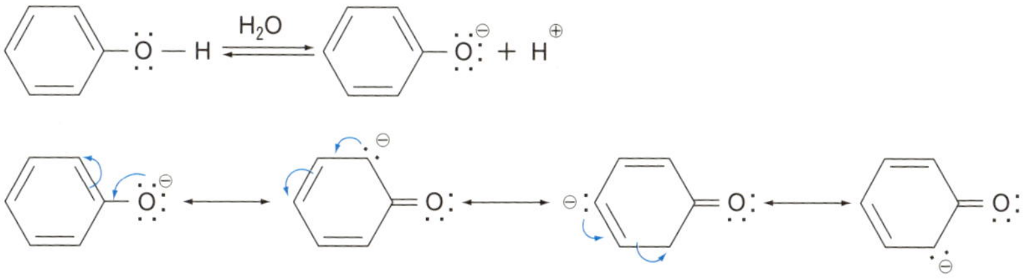

図 17-27　フェノールの共鳴構造

198　Ⅳ　有機化合物

フェノキシドイオンが生成しやすくなっているわけであるが，それでもフェノールの酸としての解離定数は 10^{-10} 程度である（17.21）。

$$K_a = \frac{[\text{C}_6\text{H}_5\text{-O}^\ominus][\text{H}^\oplus]}{[\text{C}_6\text{H}_5\text{-OH}]} = 1.3 \times 10^{-10} \tag{17.21}$$

分母，すなわち解離していないフェノールの割合の方が圧倒的に多い。次に種々の化合物の，およその K_a の値を表 17-8 に示しておく。これより，それぞれの化合物の解離の度合がわかり，酸としての強さの程度が理解できるだろう。

表 17-8　酸の解離定数

酸	およその K_a	酸	およその K_a
H_2SO_4	10^9	H_2O	10^{-16}
CF_3COOH	1	CH_3CH_2-OH	10^{-16}
CF_3COOH	10^{-5}	$H-C\equiv C-H$	10^{-25}
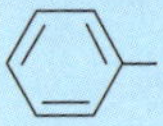 C_6H_5-OH	10^{-10}		

17.6.2　アルデヒドおよびケトン

アルデヒド（aldehyde）とケトン（ketone）はいずれも炭素―酸素二重結合（カルボニル基）をもち，両者をまとめてカルボニル化合物という。

カルボニル基の二重結合は，アルケンと違って π 電子が電気陰性度の大きい酸素原子に引きつけられて，強く分極している。「分極した二重結合」であることがカルボニル基自身の反応や隣接部分の反応性を決定づけている（図 17-28）。

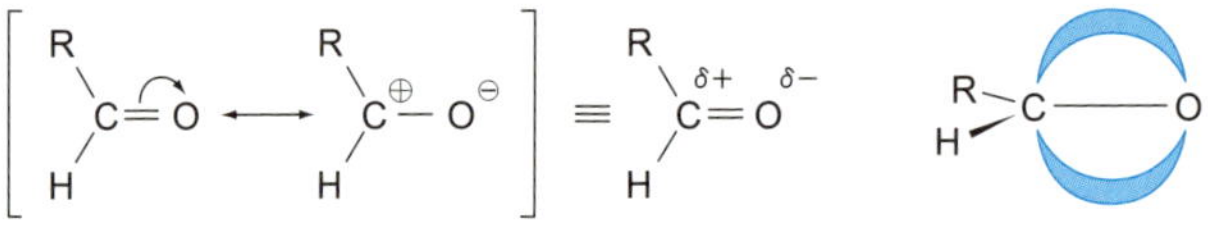

図 17-28　カルボニル基の共鳴構造

カルボニル基はエチレンと同じように付加反応を起こす。しかし，エチレンと違って付加の方向が決まっている。すなわち反応試薬の求核部（負の電荷を帯びている）が必ず炭素に結合する（17.22）。

$$\text{>}C^{\delta+}=O^{\delta-} + X^{\delta+}-Y^{\delta-} \longrightarrow \text{>}C(-O)(-X)-Y \tag{17.22}$$

まさに「分極した二重結合」としてふるまう。図 17-29 に反応例を示す。

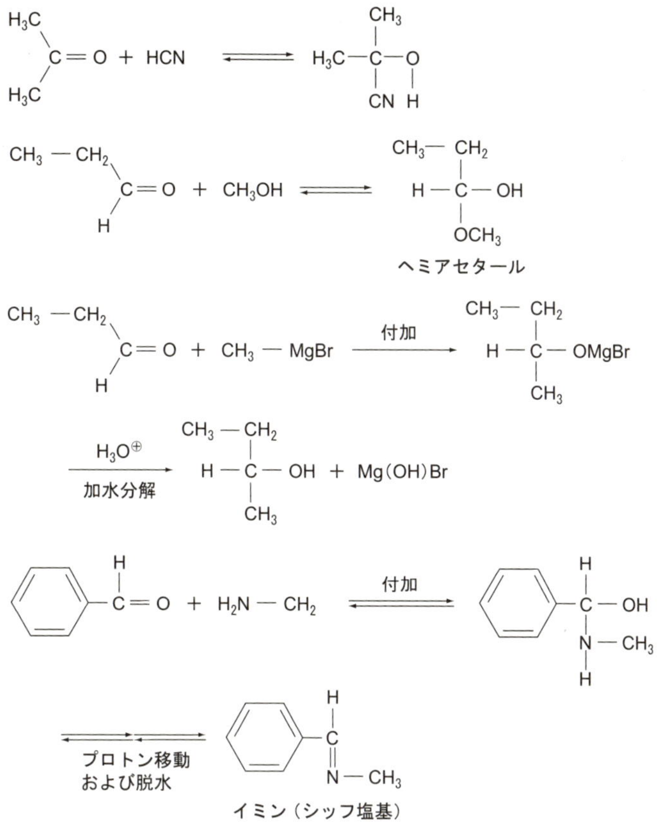

図 17-29 カルボニル化合物の反応

アルデヒドおよびケトンは第1アルコールおよび第2アルコールを酸化すると得られる。脱水素とみるとわかりやすい（図 17-30）。

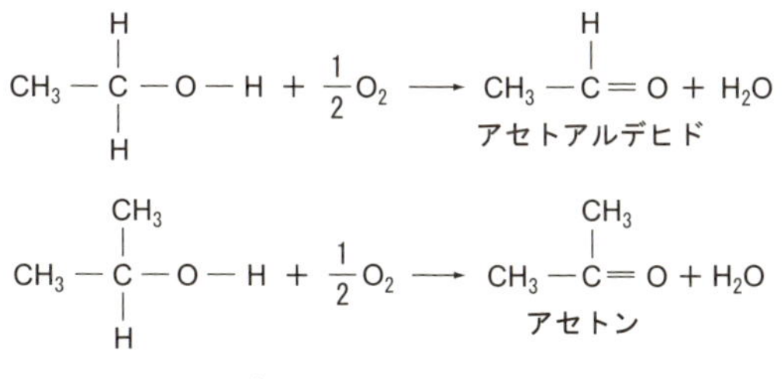

図 17-30 アルデヒドおよびケトン化合物の生成反応

なお，アセトアルデヒドの合成については，アセチレンの反応の項でも述べた（17.4.1 節）。次に代表的なアルデヒドおよびケトンの系統名と慣用名を表 17-9 に示す。

表17-9 カルボニル化合物の構造と名称

構造	系統名	慣用名
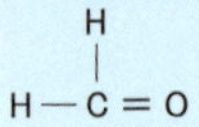 H–CH=O	メタナール	ホルムアルデヒド
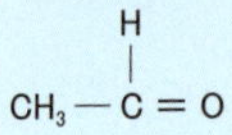 CH₃–CH=O	エタナール	アセトアルデヒド
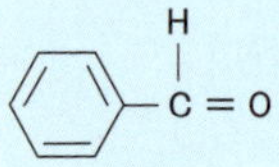 C₆H₅–CH=O	ベンゼンカルボアルデヒド	ベンズアルデヒド
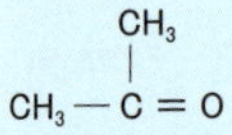 CH₃–CO–CH₃	プロパノン	アセトン
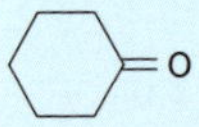 シクロヘキサノン	シクロヘキサノン	—
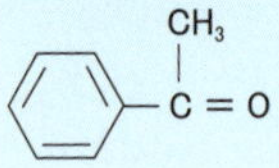 C₆H₅–CO–CH₃	1-フェニルエタノン	アセトフェノン

17.6.3 カルボン酸とその誘導体

アリ（蟻）の体液に含まれるギ（蟻）酸，食酢の成分である酢酸，果物に含まれるクエン酸など自然界には多くのカルボン酸が存在する。いずれもカルボキシル基を官能基としてもつが，これはカルボニル基と水酸基（ヒドロキシル基）が隣接することで特有の機能を発揮している（17.23）。

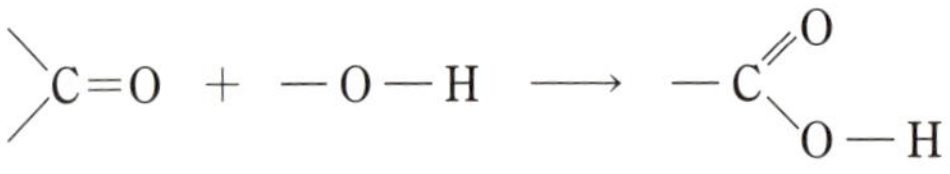

$$\text{>C=O} + \text{—O—H} \longrightarrow \text{—C}\begin{smallmatrix}{=O}\\{O—H}\end{smallmatrix}$$

カルボニル基　ヒドロキシル基　カルボキシル基　　　　　　　　　　　　(17.23)

カルボキシル基の水素は H^+（プロトン）として解離しやすく，まさに「酸」である。またカルボニル基も求核置換反応を受けエステルやアミドなど種々の誘導体となる。

まず，カルボン酸が酸性を示す理由を酢酸を例に考えてみる。カルボニル基の電子を引っぱる性質は，水酸基の H をイオン化しやすくする（図17-31）。

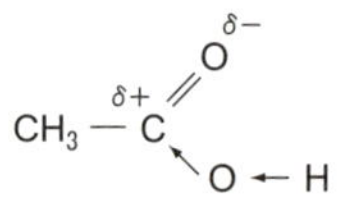

$$CH_3-\overset{\delta+}{C}\begin{smallmatrix}{\overset{\delta-}{=O}}\\{O \leftarrow H}\end{smallmatrix}$$

図17-31　カルボン酸の分極

また，H^+ を放出したあとの陰イオン（カルボキシレートイオン）は電荷（電子）の非局在化により安定化することが図17-32でわかる。

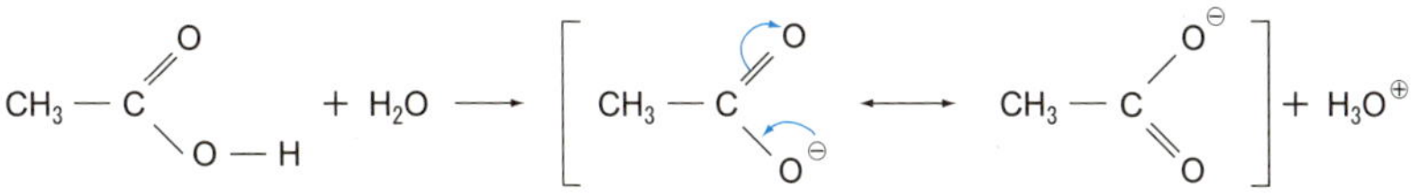

$$CH_3-C\overset{O}{\underset{O-H}{\Big\langle}} + H_2O \longrightarrow \left[CH_3-C\overset{O}{\underset{O^\ominus}{\Big\langle}} \longleftrightarrow CH_3-C\overset{O^\ominus}{\underset{O}{\Big\langle}} \right] + H_3O^\oplus$$

カルボキシレート陰イオンの安定化

図 17-32 カルボン酸の共鳴構造

解離の度合いを表わす酸解離定数は $K_a = 1.8 \times 10^{-5}$ と小さいが,これで充分酸として機能している。エタノールの K_a 値と比較してみると,酢酸の酸としての強さ (1011 倍) が理解できる (図 17-33)。

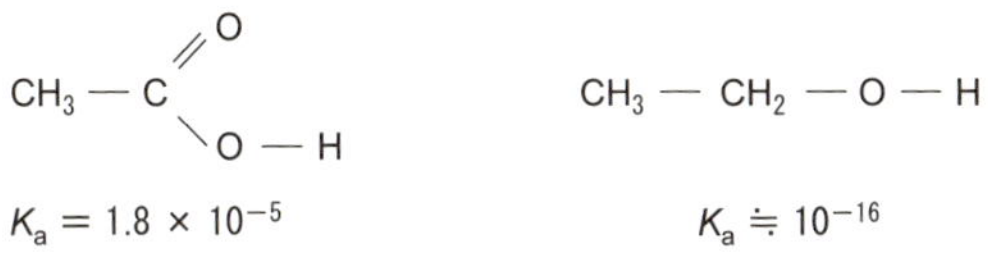

$$CH_3-C\overset{O}{\underset{O-H}{\Big\langle}} \qquad\qquad CH_3-CH_2-O-H$$

$K_a = 1.8 \times 10^{-5}$ $K_a \fallingdotseq 10^{-16}$

図 17-33 カルボン酸とアルコールの酸解離定数の比較

酢酸は水酸化ナトリウムと反応し塩を形成するが,エタノールは反応しない (17.24)。

$$CH_3COOH + NaOH \longrightarrow CH_3COO^\ominus {}^\oplus Na$$

$$CH_3-CH_2-OH + NaOH \cdots\cdots\rightarrow 反応しない$$

次にカルボキシル基の中のカルボニル基が関与する反応について考えてみる。酢酸とエタノールの混合物に,触媒として酸を加え加熱するとエステルが生成する。酸素の同位体を使った実験では,エタノールの酸素はエステルに含まれるが,副生した水の中には含まれていないことがわかった。すなわち,エタノールの酸素がカルボキシル基のカルボニル炭素を求核的に攻撃し,カルボキシル基の水酸基が水として脱離したことになる (17.25)。

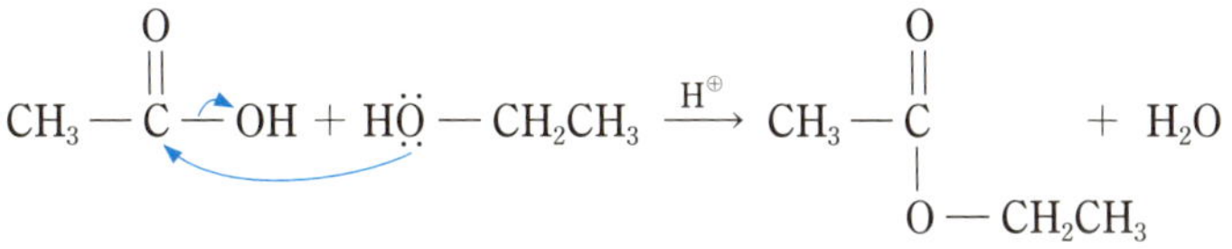

$$CH_3-\overset{O}{\underset{\|}{C}}-OH + H\ddot{O}-CH_2CH_3 \xrightarrow{H^\oplus} CH_3-\overset{O}{\underset{\underset{O-CH_2CH_3}{|}}{\overset{\|}{C}}} + H_2O \qquad (17.25)$$

ここで,アルコールの求核性は低いので,酸が触媒として必要である。酸としては,例えば乾燥した塩化水素や濃硫酸が使われ,これらの酸の存在によりカルボニル酸素にプロトンが付加することでカルボニル炭素が正に荷電し,活性化される (17.26)。

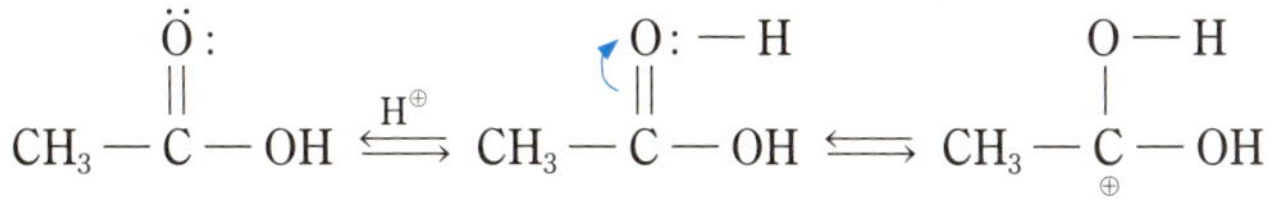

$$CH_3-\overset{\ddot{O}:}{\underset{\|}{C}}-OH \xrightleftharpoons{H^\oplus} CH_3-\overset{\ddot{O}:-H}{\underset{\|}{C}}-OH \xrightleftharpoons{} CH_3-\overset{O-H}{\underset{\underset{\oplus}{|}}{C}}-OH \qquad (17.26)$$

活性化されたカルボニル炭素は容易にアルコール酸素の求核攻撃をうけ,引き続き,プロトン移動,脱水,脱プロトンをへてエステルが形成される。

このエステル化は結果的には,カルボキシル基の水酸基が求核基と置換する反応,すなわち,求核置換反応である。カルボン酸ばかりでなく,その誘導体でもこのようなカルボ

ニル基に対する求核置換反応が一般的特徴である。一般式で表わすと次のようになる (17.27)。

$$R-\overset{O}{\underset{|}{C}}-X + :Y^{\ominus} \longrightarrow R-\overset{O^{\ominus}}{\underset{Y}{\underset{|}{C}}}-X \longrightarrow R-\overset{O}{\underset{Y}{\underset{|}{C}}} + \ddot{X}^{\ominus} \qquad (17.27)$$

Yは求核試薬で, XとYの組み合わせで種々のカルボニル化合物の様々な反応が現れる(表17-10)。

表 17-10 種々のカルボニル化合物の求核置換反応

X	:Y	反応名
OH（カルボン酸）	HO-R	エステル化
NH_2 or NR_2（アミド）	$^{\ominus}$OH	加水分解
Cl（酸塩化物）	N_2N-R	アミド化
OR（エステル）	$^{\ominus}$OH	加水分解
OCOR（酸無水物）	HO-R	エステル化

ここでは, カルボニル化合物ののうち, 工業的に重要な反応の具体例を図17-33に示す。

(a) ポリエステル

$$n \cdot HO-\overset{O}{\underset{}{C}}-\underset{}{\bigcirc}-\overset{O}{\underset{}{C}}-OH + n \cdot HO-CH_2CH_2-OH \longrightarrow$$
テレフタル酸

$$\cdots\text{O-CH}_2\text{CH}_2\text{-O}-\left[\overset{O}{\underset{}{C}}-\underset{}{\bigcirc}-\overset{O}{\underset{}{C}}-\text{O-CH}_2\text{CH}_2\text{-O}\right]_{n-1}\overset{O}{\underset{}{C}}-\underset{}{\bigcirc}-\overset{O}{\underset{}{C}}-\text{O}\cdots$$
ポリエチレンテレフタレート (PET)

（分子の両側で次々とエステル化し, ポリエステル繊維やペットボトルとして使われる）

(b) ポリアミド

$$n \cdot HO-\overset{O}{\underset{}{C}}-CH_2CH_2CH_2-\overset{O}{\underset{}{C}}-OH + n \cdot H_2N-CH_2CH_2CH_2CH_2CH_2-NH_2$$
アジピン酸　　　　　　　　　　　　　　　ヘキサメチレンジアミン

$$\longrightarrow \cdots\left[\overset{O}{\underset{}{C}}-CH_2CH_2CH_2CH_2-\overset{O}{\underset{}{C}}-\overset{H}{\underset{H}{N}}-CH_2CH_2CH_2CH_2CH_2CH_2-\overset{H}{\underset{H}{N}}\right]_n\cdots$$
ナイロン-6,6

(c) 油脂の加水分解（ケン化）

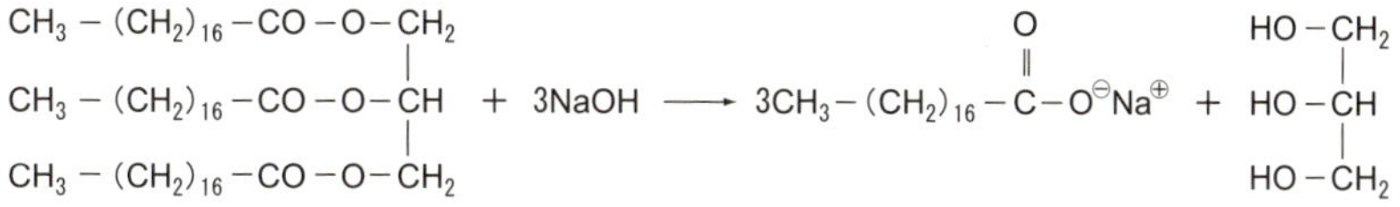

$$CH_3-(CH_2)_{16}-CO-O-CH_2$$
$$CH_3-(CH_2)_{16}-CO-O-CH \ + \ 3NaOH \ \longrightarrow \ 3CH_3-(CH_2)_{16}-\overset{O}{\underset{\|}{C}}-O^{\ominus}Na^{\oplus} \ + \ \begin{array}{l}HO-CH_2\\HO-CH\\HO-CH_2\end{array}$$
$$CH_3-(CH_2)_{16}-CO-O-CH_2$$

図 17-34　カルボニル化合物の求核置換反応

17.6.4　アミンおよびアミン類

窒素の最も簡単な化合物であるアンモニア NH_3 の水素がアルキル基やアリール基で置換されたものがアミンである。アミンそのものはアンモニアと同様にほとんどが有毒であるが，中には医薬品として使われるものもある。また，アミノ酸や核酸の構成要素として重要な役割を担っている。主なアミンおよびアミン類の構造式を示す。

アミンはアンモニアと同じように塩基性を示す。一方，アミンがアルデヒドやカルボン酸に対し求核的に反応することもすでにみてきた。しかし，よくみると，どちらの反応性もアミンの「求核性」で説明できることがわかる。

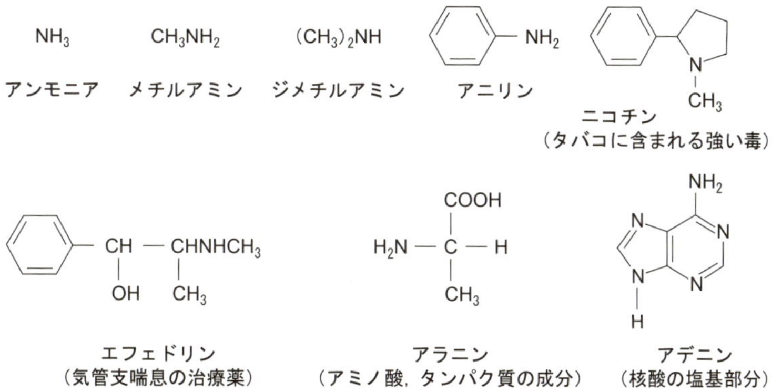

図 17-35　アミンおよびアミン類の構造式

窒素は周期表の7番目の元素で，L殻（2s，2p軌道）の5つの電子が結合や反応に関係している。通常3価の原子として分子を形成するので2個の電子が共有結合に使われることなく残っている（図 17-36）。

図 17-36　アミンの非共有電子対

この電子は非共有電子対とも孤立電子対ともよばれ，アミンの性質（塩基性，求核性など）を決めている（図 17-37）。

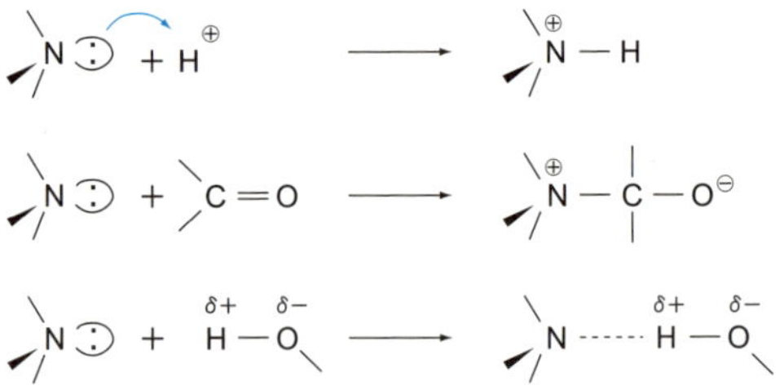

図17-37 アミンの性質

アミンの反応例として，アニリンと亜硝酸塩の反応について示しておこう。いわゆるジアゾ化反応で，得られたジアゾニウム塩は染料や色素の合成に利用される。ジアゾ化反応はきわめて複雑であるが，正に荷電したニトロソニウムイオン $^+$NO に対しアニリンの窒素が求核的に攻撃する反応である。一方，アゾカップリング反応は，フェノールのベンゼン部の水素原子が，ジアゾニウムイオンによって求電子的に置換される反応である（図17-38）。

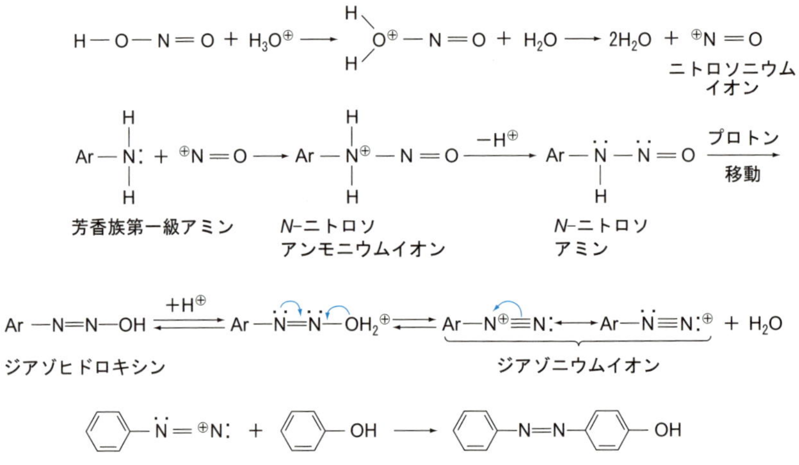

図17-38 ジアゾ化反応

17 有機化合物の反応

モノはなぜ見える：レチナールのシス-トランス異性化

　ビタミンA（レチノール）は視覚にとって重要な栄養素である。レチノールは酵素によって酸化されて *trans*-レチナールに変換される。この化合物は眼の光受容細胞に存在していて，レチナール異性化酵素によって *cis*-レチナールに変換される。レチナールのこのシス-トランス異性化が生化学的機能を発揮する。

　網膜の視細胞には，明暗だけを区別する桿体細胞（棒のような形）と明るさと色を識別する役割を持つ錐体細胞（ピラミッド型）の2種類が存在するが，どちらもオプシンというタンパク質の活性部位に存在するアミノ基の1つと *cis*-レチナールがシッフ塩基を形成している。それに光があたると，*cis*-レチナールはすぐさまトランス異性体に変換される（光異性化反応）。この光異性化によって，レチナールの構造変化がおこり，オプシンの活性部位に取り入れられなくなる。うまくはまらなくなった *trans*-レチナール部分が最終的に加水分解されてオプシンから遊離する。この一連の反応によって光が知覚される。

問　題

1. メタンの塩素化が連鎖反応であることを反応式で示せ。
2. ベンゼンが付加反応を起こしにくい理由を説明せよ。
3. フェノールが酸性を示す理由を説明せよ。
4. 次の反応式を完成させよ。

   a) $CH_3-I + CH_3-CH_2-\underset{\underset{O}{\parallel}}{C}-O^{\ominus}Na^{\oplus} \longrightarrow$

   b) $\underset{CH_3}{\overset{CH_3}{\diagdown}}C=CH_2 + HCl \longrightarrow$

   c) ⌬ $+ Br_2 \xrightarrow{FeBr_3}$

   d) $CH_3-\underset{\underset{}{\overset{\overset{O}{\parallel}}{}}}{C}-Cl + HO-CH_2-CH_3 \longrightarrow$

18 生体を構成する分子

　生体に見いだされる有機化合物のことを生体有機化合物とよぶ。生体有機化合物の構造と反応性は通常の有機分子と同じで，化学者が実験室で行う有機化学の実験と細胞の中で起こっている化学反応はきわめて似通っている。すなわち，生体有機化学反応は細胞という小さなフラスコで起こっている有機化学反応であるといえる。生体有機化合物は，これまでに扱ってきた有機化合物に比べて構造的に複雑であるが，見た目ほど複雑ではない。生体有機化合物は主として炭水化物，アミノ酸，脂質，核酸に分類される。この章ではそれら4つについて学んでいく。

18.1 炭水化物

　単糖の1つであるグルコースの分子式が $C_6H_{12}O_6$ であり，最初は炭素の水和物 $C_6(H_2O)_6$ であると考えられていたことから炭水化物と名づけられた。この考えはすぐに改められたが，名前だけが存続している。現在，炭水化物という用語は糖のことを表し，広範囲にはポリヒドロキシ化されたアルデヒドやケトンを漠然とよぶのに用いられている。

　炭水化物は，植物の光合成の過程で合成され，セルロースやデンプンの形で貯蔵される。地球のすべての植物や動物の乾燥重量の約50%がこれらグルコースを単量体とする高分子からできていると見積もられている。

　炭水化物は，一般に3つのグループに分類される。グルコースやフルクトースのようにそれ以上小さな分子に加水分解することができない炭水化物を単糖とよぶ。グルコース1個とフルクトース1個が結合してできるスクロースのように単糖が2つ結合したものを二糖とよび，数千個のグルコースが結合したセルロースのような分子を多糖とよんでいる。

18.1.1 単　糖

　単糖はアルドースとケトースに分類される。名称中にある"○○オース"は炭水化物の物質群であることを示し，"アルド○○"や"ケト○○"はカルボニル基がアルデヒドまたはケトンのどちらであるかを表すのに用いられている。単糖中の炭素原子の数は，トリー（3炭糖），テトラー（4炭糖），ペンター（5炭糖），ヘキサー（6炭糖），などを用いる。例えば，グルコースはアルドヘキソース，フルクトースはケトヘキソース，リボースはアルドペントースとなる（図18-1）。

グルコース　　　　フルクトース　　　リボース
（アルドヘキソース）（ケトヘキソース）（アルドペントース）

図18-1　アルドースとケトースの構造

18.1.2　単糖の立体配置

すべての炭水化物は不斉炭素を含んでいるため炭水化物の立体異性体を示すための標準的な表示法が必要である。1891年，Emil Fischer は四面体の炭素原子を平面に投影する方法を提案した。Fischer 投影法はまもなく採用され，現在では立体化学を書き表す標準的な手段となっている。四面体の炭素原子は Fischer 投影式においては2本の直交する線で表される。水平の線は紙面の手前に向いている結合を，垂直の線は紙面の裏面に向いている結合を表している。慣例によりカルボニル基は Fischer 投影式においていちばん上，またはその近くに来るように配置する。このようにして，(R)-グリセルアルデヒドを表すと図18-2のようになる。化合物名の前についている (R)- は，その化合物の立体配置を命名するために取り入れられた置換基の順位則（Cahn-Ingold-Prelog 則）に従ってつけられている（R, S-表記法）。ここでは，その詳細を省略する。

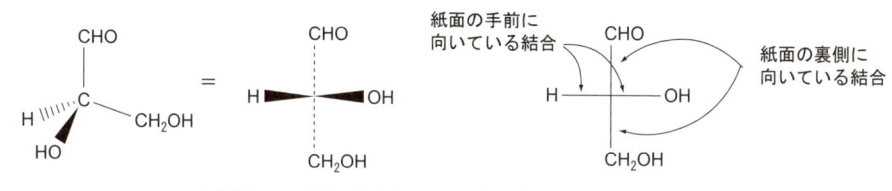

図18-2　(R)-グリセルアルデヒドの Fisher の投影式

18.1.3　D, L 表記法

鏡像異性体のどちらか片方を旋光計の中に入れると平面偏光を時計周りに，あるいは反時計回りに回転させる。これは，光学活性体に特有の光学的性質である。グリセルアルデヒドも不斉炭素を1個もっているので2つの鏡像異性体が存在する。(R)-グリセルアルデヒドは平面偏光を時計回りに回転させる（右旋性）ことから (D)-グリセルアルデヒドとよばれる。グリセルアルデヒドは D 型，L 型とも存在するが，天然には D 型が多く存在する。

光学異性体の構造は，炭素数が多くなればなるほど複雑になる。その複雑な糖を D- ま

たは L- に分類するための規則がある。その規則によれば，ある糖を Fischer 投影式で表したときカルボニル基から最も遠くにある立体中心が D- または L-グリセルアルデヒドどちらに一致するかにより，そのまま同じ記号を用いる。単糖が自然界でつくられる方法が原因で，グルコース，フルクトース，リボースおよびほとんどすべての他の天然産単糖は，D 型である（図 18-3）。

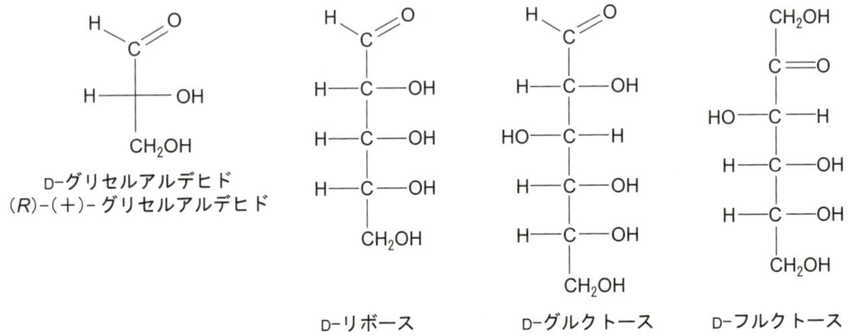

図 18-3 D 糖の構造

18.1.4 単糖の環状構造

アルコールはアルデヒドやケトンに対して速く，しかも可逆的な反応を行ってヘミアセタールを生成する。同一の分子中にヒドロキシ基とカルボニル基が存在すると分子内求核付加が起こり，環状ヘミアセタールを容易に生成する（図 18-4）。

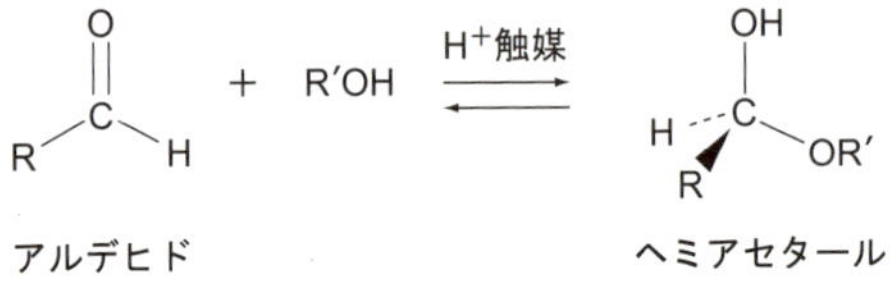

図 18-4 ヘミアセタールの生成

同一分子内にヒドロキシ基とアルデヒドをもつ多くの炭化水素の構造を立体的に調べてみると，鎖状構造を介して 2 つの環状構造が可逆的に存在する。例えば，グルコースは水溶液中では 6 員環のピラノース形として存在し，フルクトースはピラノース形に加え，5 員環のフラノース形としても存在する（図 18-5）。これらの環状構造はカルボニル炭素であったところに新しい立体中心を生じる。特にこの炭素のことをアノマー炭素とよぶ。アノマー炭素についたヒドロキシ基の向きによって $\alpha-$ あるいは $\beta-$ が糖の名称の前につけられる。

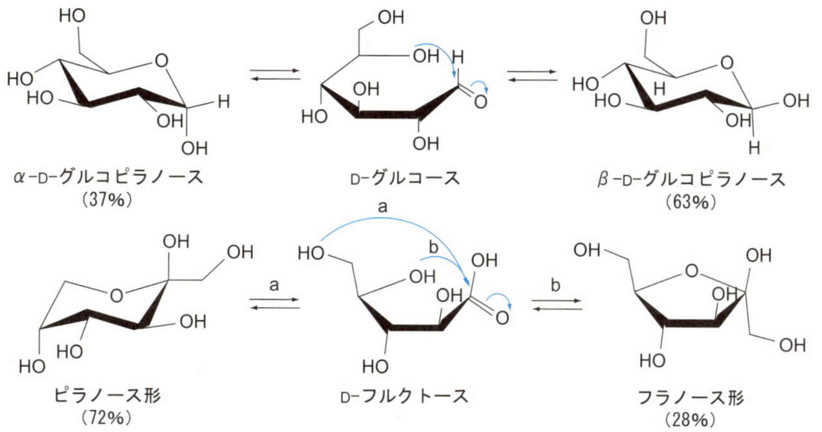

図 18-5 糖の鎖状構造と環状構造

18.1.5 二糖と多糖

単糖のアノマー位のヒドロキシ基と別の糖のどこかの位置のヒドロキシ基がグリコシド結合によってつながったものが二糖である。第一の糖のC1位と第二の糖のC4位の間の結合を特に1,4′-グリコシド結合とよび，デンプンの部分加水分解によって得られる二糖であるマルトースは1,4′-α-グリコシド結合によって結ばれた二つのD-グルコピラノースからなっている。セルロースの部分加水分解によって得られる二糖のセロビオースは1,4′-β-グリコシド結合で結ばれた2つのD-グルコピラノースからできている。マルトースもセロビオースも二番目の糖（図18-6の右側の糖）にヘミアセタール結合を持っているのでその水溶液には還元性がある（還元糖）。

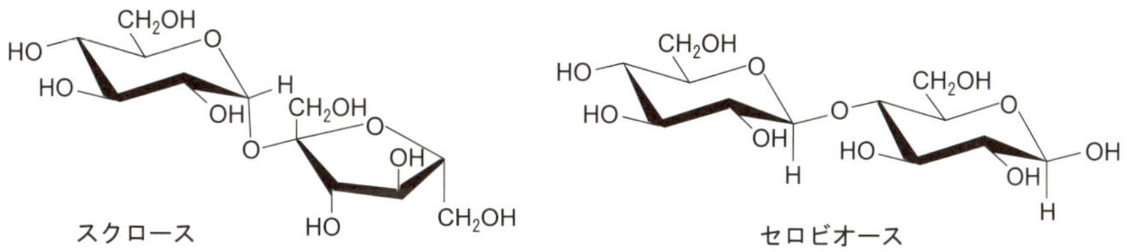

図 18-6 二糖の構造

砂糖であるスクロースは，グルコースのC1位とフルクトースのC2のアノマー炭素の間で1,2′-グリコシド結合をつくった二糖である。スクロースはヘミアセタール結合をもっていないため，その水溶液は還元性を示さないが，スクロースを加水分解して得られたグルコースとフルクトースの混合物は還元性を示す。このグルコースとフルクトースの1：1混合物をしばしば転化糖とよぶ（図18-7）。

マルトース

図 18-7 転化糖の構造

　多糖は，単糖が何十，何百，何千もグリコシド結合によって結ばれている炭水化物のことである。その代表例であるデンプンは，1,4′-α-グリコシド結合により結ばれたグルコースのポリマーである。デンプンには，1,4′-α-グリコシド結合によりグルコースが直鎖状に並んだアミロースとよばれる部分と 1,6′-α-グリコシド結合による枝分かれを含んだアミロペクチンとよばれる部分に分けられる。セルロースは，植物の細胞壁の重要な構成成分で，1,4′-β-グリコシド結合で結ばれたグルコースのポリマーである（図 18-8）。

アミロース

アミロペクチン

セルロース

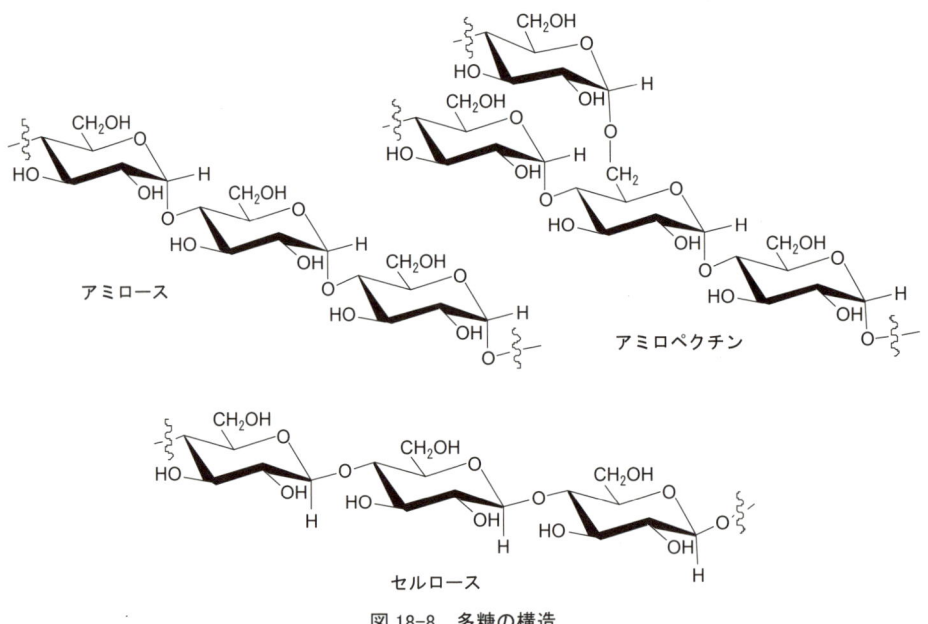

図 18-8 多糖の構造

18.1.6 細胞表面の炭水化物

　多くの細胞はその表面に短いオリゴ糖をもっている。この糖質が細胞どうしを認識（細胞認識）して相互作用させたり，侵入してきたウイルスや細菌と細胞との相互作用に関与したりしている。また，血液型の違いは，赤血球の表面に結合している糖の違いであり，それぞれの血液型は異なる糖鎖構造をもっている。これらの糖鎖は細胞膜タンパク質の水酸基またはアミノ基と環状の糖のアノマー炭素とが反応することによって細胞表面に結合

している。このオリゴ糖と結合しているタンパク質を糖タンパク質という（図18-9）。

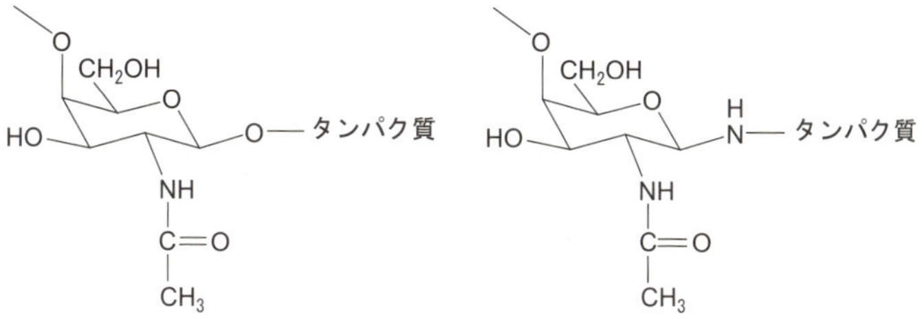

図18-9　糖タンパク質の構造

18.1.7　石油の代替品としての糖

炭水化物は地球上で最も多く存在する分子である。炭水化物は再生可能な資源であるので，どのようにしたら石油化学の替わりに利用できるかが盛んに研究されている。グルコースは主としてトウモロコシ，米あるいは小麦から得られるデンプンの加水分解によりつくられる。近年では，このグルコースからポリマーの単量体や芳香族化合物さらには，オセルタミビル（タミフル）といった抗ウイルス剤まで合成できるようになった。

サッカリン：合成甘味料の今昔

舌に存在する味を知覚する器官（味蕾）の受容体に，ある分子が結合して神経インパルスが発生し，その信号が脳に伝わることによって「その分子は甘い」と解釈される。糖はその種類によって，甘さの度合い（甘味度）が異なる。甘味度はショ糖の溶液と比較した値で表される。糖の過剰摂取により生じる肥満，心臓病，虫歯などが栄養学的に重要な課題となっている今日において，ショ糖の代替品の開発は急務である。1885年に販売されたサッカリンは硫黄や窒素を含む化合物で，実にショ糖の200倍以上もの甘さをもつ。また，アミノ酸の一種であるフェニルアラニンのメチルエステル（にがい）とアスパラギン酸（ほんのりすっぱい）から合成される合成甘味料アスパルテームもショ糖に比べて200倍甘い。このように合成甘味料はさまざまな構造をもっていて，ショ糖より甘い。これは甘みという感覚が，単一の分子形状によって引き起こされているわけではないことを示している。

ところでこのサッカリン，現在市販されている合成有機化合物で最も古いものの1つであるが，この構造式を見てもとても甘いとは想像できない。合成された当時は，化学者が新しい化合物ができるとその味を自分でなめて確かめることも化合物同定の手法の1つであったらしい。今から考えるとまったくナンセンスな話である。

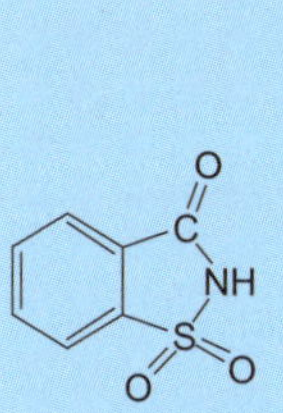

サッカリン 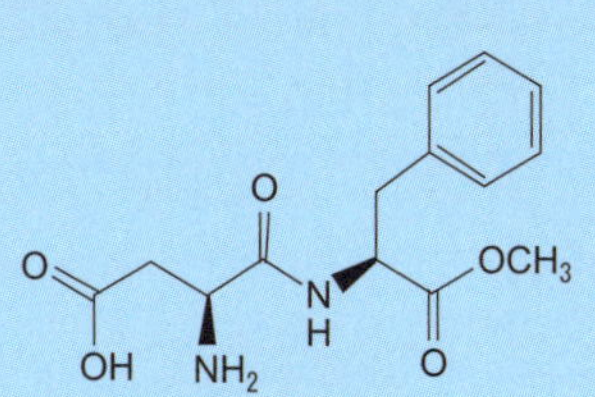　　　アスパルテーム

18.2 アミノ酸とタンパク質

我々の体を構成する要素のひとつであるタンパク質はあらゆる生体組織に存在する大きな生体分子である。タンパク質には多くの形が存在し，生物学的役割を果たしている。タンパク質は構成単位としてのアミノ酸がアミド結合により長い鎖に結ばれたものである。生命体は，1つのタンパク質を体内で生成し，それを壊しては，また違う形のタンパク質を作る。そのくり返しによって活動を維持している。

18.2.1 アミノ酸の構造

アミノ酸はその名前が示すとおり，1つの分子の中に塩基性のアミノ基と酸性のカルボキシ基の両方をもっている（図18-9）。したがって，アミノ酸は分子内酸─塩基反応を行い主として双性イオンとして存在している。アミノ酸の双性イオンは塩であるため，塩と関連する多くの物理的性質をもっている。たとえば，アミノ酸は水には溶けるが，炭化水素に不溶で，高い融点を有する結晶性の物質である。

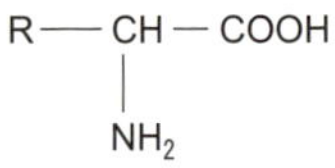

$$R-CH-COOH$$
$$|$$
$$NH_2$$

図 18-10　アミノ酸の一般式

1つのアミノ酸のアミノ基ともうひとつのアミノ酸のカルボキシ基の間で脱水縮合が起こり，アミド結合を形成することによって多数のアミノ酸が結合する。アミノ酸が50以下の鎖はペプチドとよばれ，それより大きい鎖をタンパク質とよぶ。アミノ酸の側鎖とよばれるRの部分が異なることによってさまざまな性質をもつアミノ酸ができる。天然に広く存在するタンパク質に見いだされる20種類のアミノ酸の構造，略号，Rの構造を表18-1に示す。

18.2.2 等電点

酸性溶液中ではアミノ酸はプロトン化されていて，主としてカチオンとして存在し，塩基性溶液中では，脱プロトンされて，主としてアニオンとして存在する。すなわち，溶液のpHによってアミノ酸は正にも負にも荷電し，実際には図18-11に示すようなイオン化したいずれかの状態で存在する。これらの中間のあるpHのところでは，アニオン形とカチオン形が正確につりあって双性イオンとして存在する。このpH（実効電荷がゼロとなるpH）をそのアミノ酸の等電点とよぶ（図18-11）。

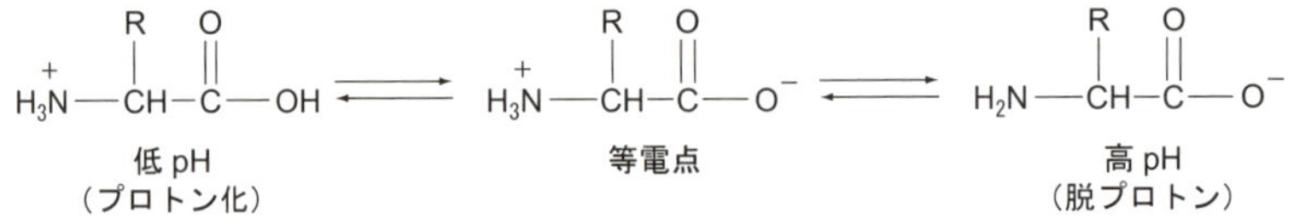

低 pH（プロトン化）　⇌　等電点　⇌　高 pH（脱プロトン）

図 18-11　アミノ酸の解離平衡

表 18-1　タンパク質を構成するアミノ酸

名　称	略号	Rの構造	等電点
中性アミノ酸			
グリシン	Gly (G)	H—	5.97
アラニン	Ala (A)	CH_3—	6.01

バリン	Val (V)	CH_3-CH—
		   |
		   CH_3
			5.96

ロイシン	Leu (L)	CH_3-CH-CH_2—
		   |
		   CH_3
			5.98

イソロイシン	Ile (I)	CH_3-CH_2-CH—
		    |
		    CH_3
			6.02

アスパラギン	Asn (N)	H_2N-CO-CH_2—	5.41
グルタミン	Gln (Q)	H_2N-CO-CH_2-CH_2—	5.65
システイン	Cys (C)	HS-CH_2—	5.07
メチオニン	Met (M)	CH_3-S-CH_2-CH_2—	5.74
セリン	Ser (S)	HO-CH_2—	5.68

トレオニン	Thr (T)	CH_3-CH_2—
		   |
		   OH
			5.60

フェニルアラニン	Phe (F)	C₆H₅-CH_2—	5.48
チロシン	Tyr (Y)	HO-C₆H₄-CH_2—	5.66
トリプトファン	Trp (T)	インドール-3-CH_2—	5.89
プロリン	Pro (P)	ピロリジン-2-COOH アミノ酸全体の構造を示す。	6.30
酸性アミノ酸			
アスパラギン酸	Asp (D)	HOOC-CH_2—	2.77
グルタミン酸	Glu (E)	HOOC-CH_2-CH_2—	3.22
塩基性アミノ酸			

アルギニン	Arg (R)	H_2N-C—NH-CH_2-CH_2-CH_2—
		  ||
		  NH
			10.76

ヒスチジン	His (H)	イミダゾール-CH_2—	7.59
リシン	Lys (K)	H_2N-CH_2-CH_2-CH_2-CH_2—	9.74

アミノ酸の等電点はアミノ酸の構造，とくにRの構造に依存している。中性の側鎖をもつアミノ酸の等電点は，カルボキシル基とプロトン化されたアミノ基のpK_aの平均であり，等電点の範囲は5.0〜6.5となる。また，イオン化しうる側鎖をもつアミノ酸においては，同じ方向（正電荷から電荷をもたない方向または電荷をもたない状態から負電荷をもつ方向）にイオン化する基のpK_aの平均となる。例えば，リシンの等電点は酸性で正の電荷をもち，塩基性では電荷をもたない形をとる2つの官能基のpK_aの平均であり，グルタミン酸の等電点は酸性では電荷をもたず，塩基性では負の電荷をもつ形をとる2つの基のpK_aの平均である（図18-12）。

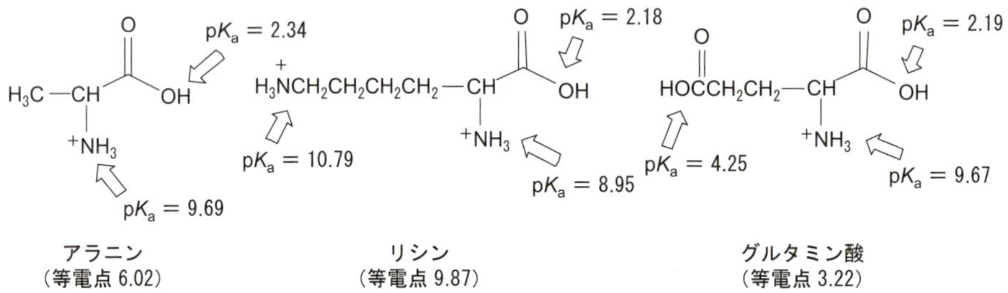

図18-12　等　電　点

18.2.3　アミノ酸の光学異性体

グリシンを除くアミノ酸はその構造中に，不斉炭素をもつ。アミノ酸を図のように置いたとき，アミノ基が左に来るものをL型，右にくるものをD型という（図18-13）。地球上の生物の一般的なタンパク質のアミノ基はほとんどL型である（ホモキラリティー）。D型とL型の違いは光学的にしか区別がつかないにもかかわらず，なぜこのようなことになったのかは今も大きな謎の1つである。

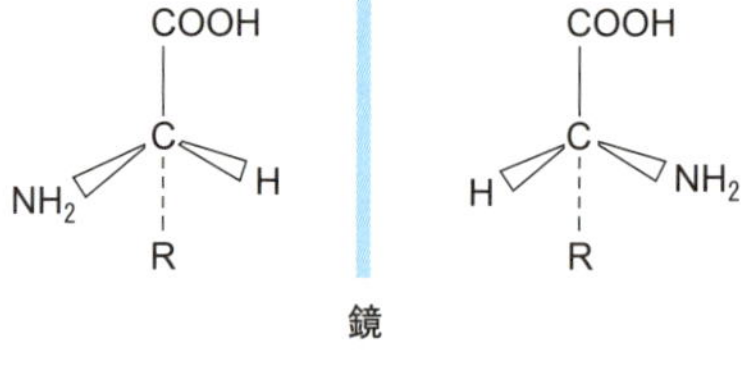

図18-13　アミノ酸の光学異性体

18.2.4　タンパク質の構造

アミノ酸が脱水縮合してできたタンパク質分子は4つの階層的な構造により表される。タンパク質の1次構造では，それを構成しているアミノ酸残基の種類と結合の順番（アミノ酸配列）が定義される。1次構造はタンパク質の機能を決める決定的な要素である。

2次構造は，タンパク質骨格の部分構造が形成する繰返し構造の立体配座を表し，らせ

ん階段のようなα-ヘリックス構造や屏風を折りたたんだようなβ-シート構造とよばれる立体構造をつくる。これらの構造はどれも，タンパク質の主鎖どうしの水素結合により形成される。

　3次構造は，タンパク質中のすべての原子の3次元的な配置を示すものである。タンパク質の長い主鎖が絡み合わないように，また離れないようにつなぎとめる役割を果たしているのが側鎖どうしの結合であり，この結合によりさらに複雑な立体構造をとったものをタンパク質の3次構造という。3次構造の安定化をもたらす相互作用には，ジスルフィド結合，水素結合，静電引力（正と負電荷間の親和力），および疎水性相互作用などがある（図18-14）。

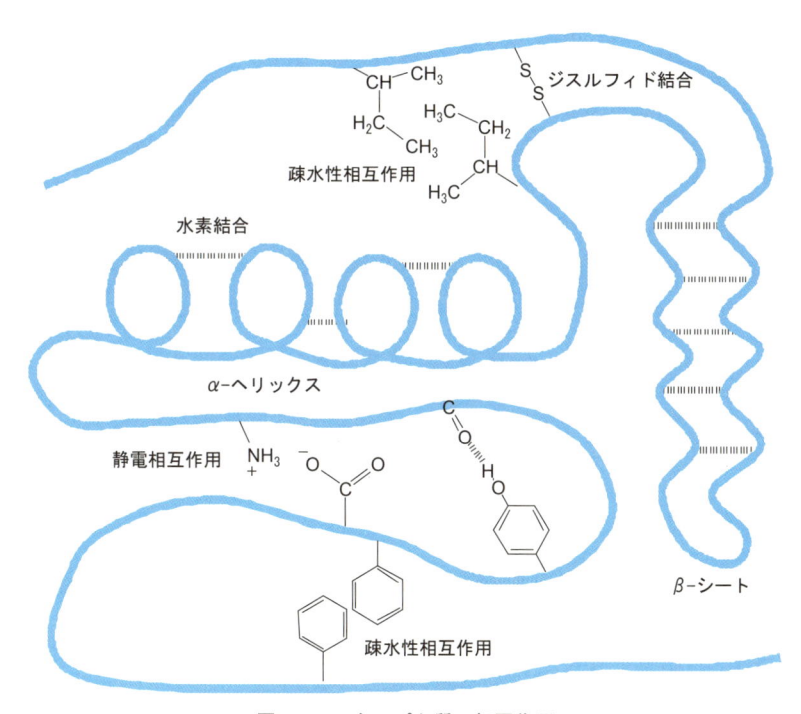

図 18-14　タンパク質の相互作用

　2つ以上のペプチド鎖をもつタンパク質をオリゴマーとよびそれを構成している個々のペプチド鎖をサブユニットとよぶ。1つのサブユニットからなるタンパク質は単量体とよばれ，2つサブユニットをもつものは2量体，3つのものは3量体とよばれる。サブユニットどうしは個々のタンパク質鎖が三次構造を形成するのに使用しているのと同じ相互作用によって結合している。4次構造とはこのように個々のタンパク質分子がいかにして寄り集まり，大きな会合構造をとっているかを表している。ヘモグロビンは2種類の異なるサブユニットが2個ずつ存在する4量体を形成している。

18.2.5　酵　　素

　酵素は生体反応の触媒として働く物質である。他の触媒と同様に平衡定数に影響を与え

ず，活性化エネルギーを低下させる作用だけをもつ。これによって反応が速く起こるようになる（図18-15）。酵素は通常は主にタンパク質によって構成されている。そのタンパク質部分に加えてほとんどの酵素は補助因子とよばれる小さな非タンパク質部位をもっている。このような酵素のタンパク質部分をアポ酵素とよび，アポ酵素と補助因子が組み合わさったものをホロ酵素とよぶ。補助因子は亜鉛，鉄，銅，マグネシウム，などの無機イオンであったり，小さな有機分子のビタミン類であったりする。これらは正常な成長のためには少量必要で，食物から摂取しなければならない。

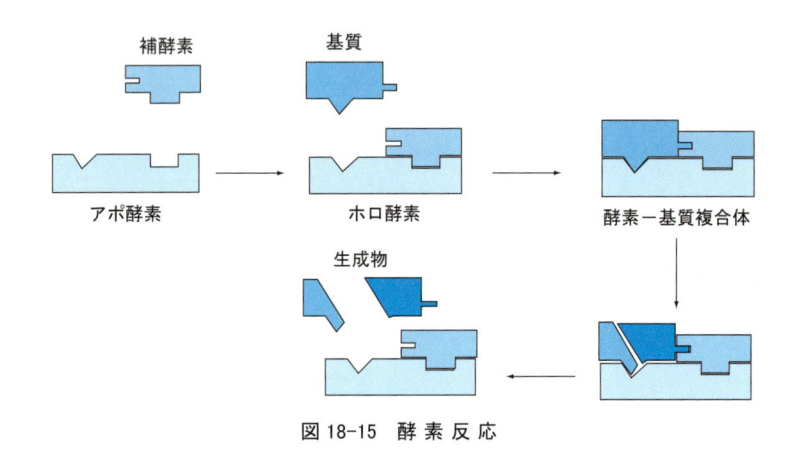

図18-15 酵素反応

18.3 脂　　質

脂質は生体内に存在する有機化合物で非極性溶媒に溶ける天然有機化合物である。油脂，ワックス，多くのビタミンやホルモン，ほとんどの非タンパク質細胞膜成分がその例である。この分類は，脂質の構造によるのではなく，物理的性質による定義で，炭水化物やタンパク質に対して用いた定義とは異なる。

18.3.1 油　　脂

動物性脂肪と植物性油は最も広く存在する脂質である。バターやラードのような動物性脂肪は固体であるのに対し，とうもろこし油や菜種油のような植物性油は液体である。外見は異なってはいるが，これらの構造はよく似ている。油脂は化学的には，グリセロールと3つの長鎖カルボン酸の間のエステルであるトリアシルグリセリドである。油脂を加水分解するとグリセリンと3つの長鎖脂肪酸になる（図18-16）。加水分解して得られる脂肪酸がすべて同じ場合その油脂は単純トリアシルグリセロールとよばれる。2種類または3種類の脂肪酸を含む場合は混合トリアシルグリセロールとよばれ，単純トリアシルグリセロールよりも一般的である。

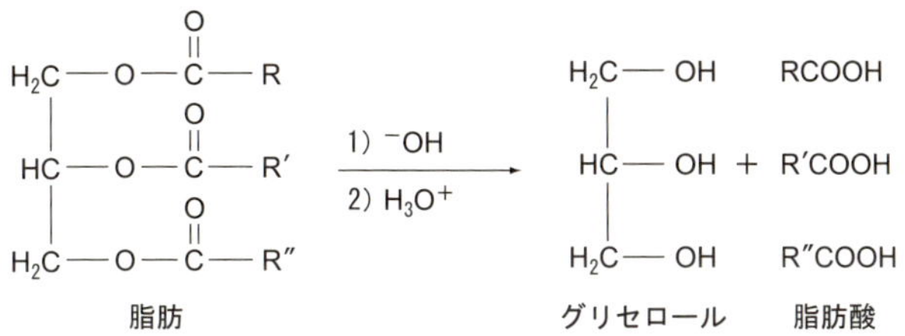

図 18-16　トリアシルグリセロールの加水分解

　室温で固体あるいは半固体のトリアシルグリセロールは脂肪とよばれ，飽和または二重結合をひとつだけ含む脂肪酸成分からなるトリアシルグリセロールから構成されている。飽和脂肪酸のアルキル鎖は密に接しているので，トリアシルグリセロールの融点は比較的高く，室温で固化する。

　液体のトリアシルグリセロールは油とよばれる。油を構成する脂肪酸は主に不飽和であるため密に接することができない。したがって，そのトリアシルグリセロールの融点は比較的低く，室温で液体となる（図 18-17）。

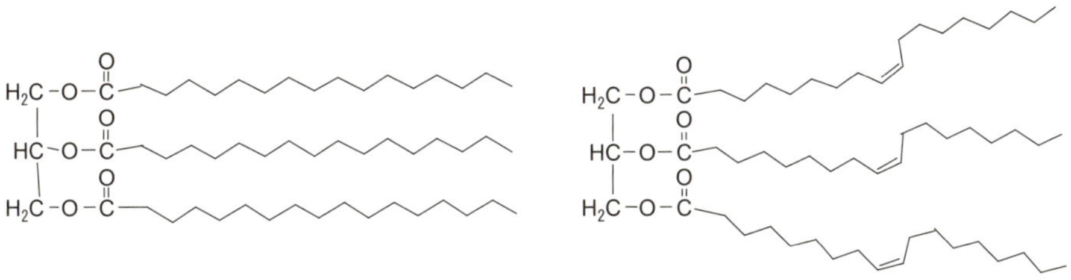

図 18-17　脂質の流動性

18.3.2　リン脂質

　ホスホグリセロールは細胞膜の重要な構成成分であり，リン脂質とよばれる化合物の一群に分類される。この化合物はトリアシルグリセロールの1つの脂肪酸がリン酸エステルになった構造で脂質二重層を形成して細胞膜を構成している（図 18-18）。ホスホグリセロールの極性部は二重層の両方の外側にあり，脂肪酸鎖は二重層の内側にある。膜の成分が膜の中でどれくらい容易に動くことができるか（膜の流動性）は，ホスホアシルグリセロールを構成する脂肪酸によって調整されている。すなわち飽和脂肪酸は，炭化水素鎖が密に充填しているため，膜の流動性を減少させる。不飽和脂肪酸は炭化水素があまり密に充填していないので膜の流動性が増大する。

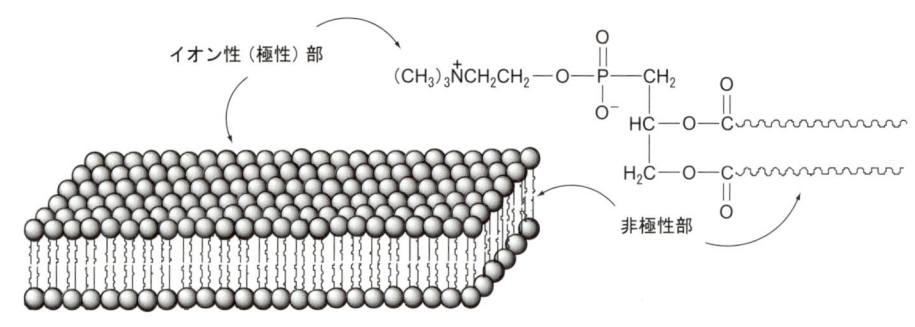

図 18-18　脂質二重膜

18.3.3　ステロイド

　脂肪やリン脂質に加えて，動物や植物の脂質抽出物には四環性の構造をもつステロイドが多く含まれる。ほとんどのステロイドは生体内でホルモンとしてはたらき，種々の腺から分泌され血流を通して標的組織に運ばれる。ステロイドは非極性なため，細胞膜を透過でき目的の細胞へ移動する。

　動物に最も多く含まれるステロイドはコレステロールである。コレステロールはその他のすべてのステロイドの前駆体となる。テストステロンとアンドロステロンが最も重要な男性ホルモン，アンドロゲンであり，エストロンとエストランジオールは最も重要な女性ホルモン，エストロゲンである（図 18-19）。男性ホルモンと女性ホルモンは構造上ほんのわずかな違いでしかない。

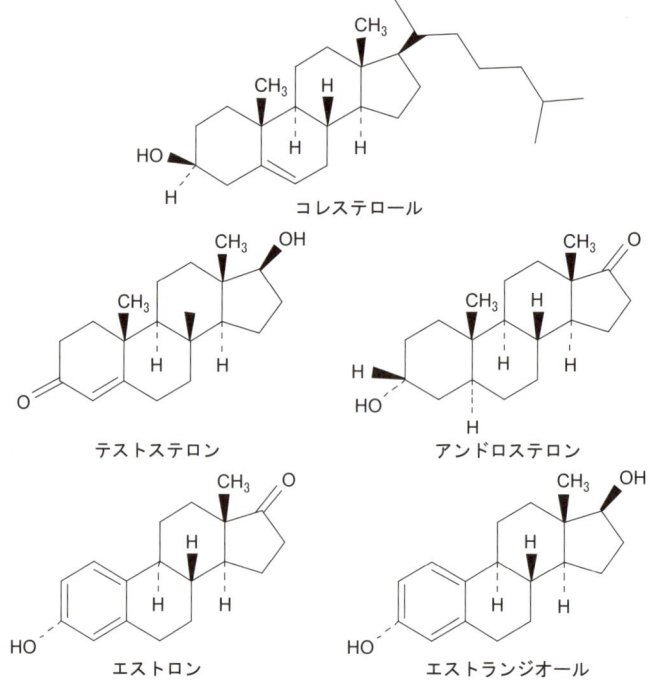

図 18-19　ステロイドとホルモン

18.4 核酸とヌクレオチド

　我々の体の中でタンパク質がつくられるのに欠くことのできないのがデオキシリボ核酸（DNA）とリボ核酸（RNA）であり，体を構成する何十兆個もの細胞に同じ DNA が含まれている。DNA は細胞の性格を決定し，細胞を機能させるのに必要な酵素や他のタンパク質の合成を調節し，細胞の寿命までをも制御している。また，DNA と RNA は細胞の遺伝情報の運搬者であり，加工者でもある。核酸は，ヌクレオチドとよばれる個々の構成単位が結合し合って長い鎖を形成しているポリマーである。ヌクレオチドはリン酸と五炭糖と塩基で構成されており，五炭糖と塩基が結合したものをヌクレオシドとよぶ（図 18-20）。

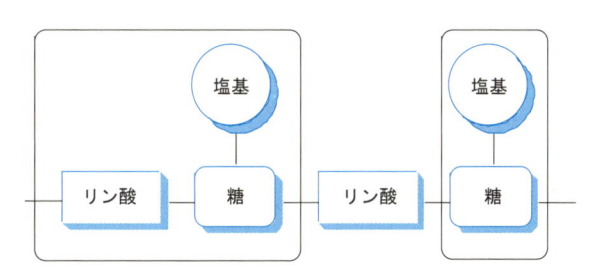

図 18-20　DNA の構造

　五炭糖は RNA においてはリボースであり，DNA ではリボースの 2 位の炭素からヒドロキシ基がなくなったデオキシリボースとなる（図 18-21）。

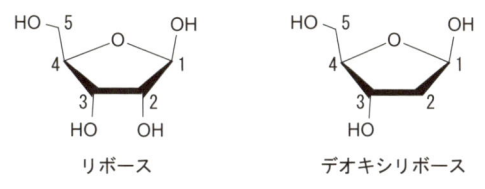

図 18-21　リボースとデオキシリボースの構造

　DNA は 4 つの異なった複素環アミン塩基を含んでいる。2 つは置換プリン塩基（アデニン，グアニン）であり，2 つは置換ピリミジン塩基（チミン，シトシン）である。RNA ではチミンがウラシルに置き換わっている（図 18-22）。
　DNA においても RNA においても複素環アミン塩基は糖の C1′ 位で結合しておりリン酸は C5′ 位にリン酸エステル結合している。DNA と RNA の違いは大きさと細胞におけるその役割にある。DNA 分子は非常に大きく，最大で分子量が 1,500 億にもなり，主として細胞の核中に存在する。また，DNA は主に 2 本のポリヌクレオチド鎖がコイル状に巻きあった二重らせん構造になっている。これらの 2 本鎖は逆方向を向いて特定の塩基対間，A は T と G は C と互いに強い水素結合によって結び付けられている（図 18-23）。したがって，

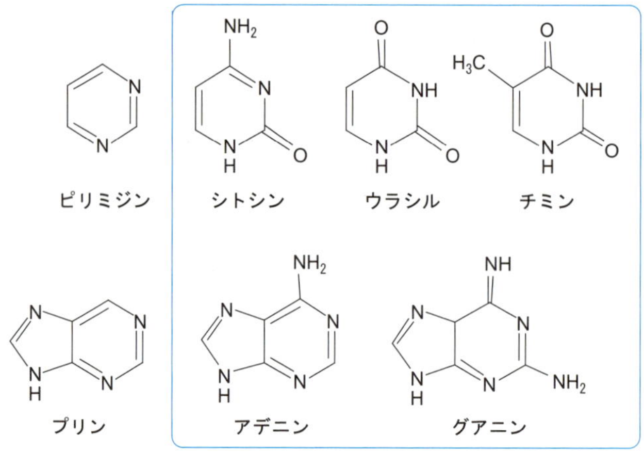

図 18-22　核酸塩基の構造

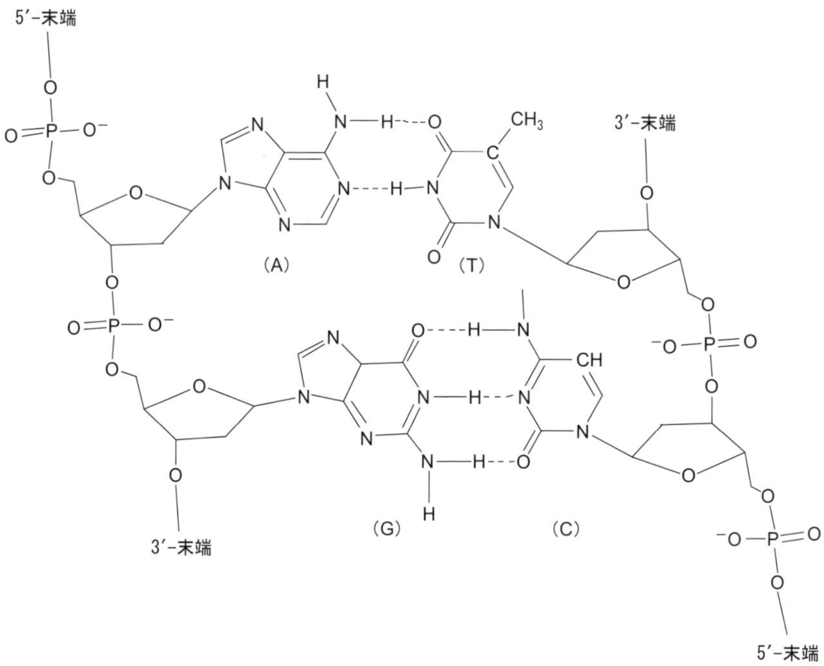

図 18-23　DNA の二重らせん構造

二重らせんの 2 本鎖の中には A と T，G と C がいつも同量存在することになる。

　それに対して RNA はずっと小さく，分子量は 3 万〜200 万で，主として核の外側に 2 本鎖として存在している。RNA 中のウラシルはその相補塩基であるアデニンと強い水素結合を形成する。DNA は遺伝情報の記憶装置としての単一のはたらきをするのに対し，RNA はそのはたらきによって 3 つに分類される。遺伝情報を DNA からタンパク質合成の場であるリボソームに伝達するメッセンジャー RNA（m RNA），リボソームの構成成分で

あるリボソーム RNA（rRNA），特定のアミノ酸をリボソームに運ぶ転移 RNA（tRNA）がそれである。

インフルエンザウイルスとタミフルの攻防

毎年冬になると猛威をふるうインフルエンザウイルスは，その殻の表面に二種類の手を持つ。1つは糖タンパク質の一種であるヘマグルチニン（HA）である。インフルエンザウイルスはこのヘマグルチニンを使って宿主の細胞の表面に存在するシアル酸に結合し，宿主の細胞に感染する。その後，宿主細胞内で自身の RNA 鎖をもとに複製を繰り返し増殖する。複製された（増殖した）インフルエンザウイルスが，宿主の細胞から遊離する際に，インフルエンザウイルスはもう1つの手であるノイラミニダーゼ（NA）を使ってシアル酸を分解し，遊離を促進させる。タミフル（リン酸オセルタミビルの活性体）は，ヒト A 型および B 型インフルエンザウイルスのノイラミニダーゼ（NA）を選択的に阻害し，新しく形成されたインフルエンザウイルスが感染細胞から遊離するのを妨げ，ウイルスの増殖を抑制する。インフルエンザウイルスは，タミフルによりノイラミニダーゼ（NA）を阻害されると，感染した宿主細胞から遊離できず，ウイルス同士が凝集し，他の宿主細胞に感染して増殖することができなくなる。

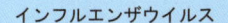

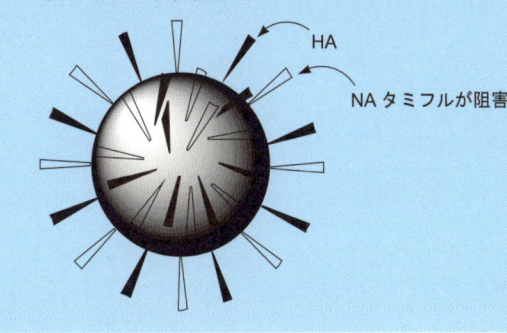

問　題

1. 次に示す構造はグロースの環状構造である。これはフラノース形か，ピラノース形か。α 型か β 型か。D 糖か L 糖か。

2. アスパラギン酸の酸解離定数は 1.88（α-COOH），9.60（α-NH$_3^+$），3.65（側鎖）である。等電点 2.77 になることを証明せよ。
3. タンパク質の1次構造，2次構造，3次構造，4次構造をそれぞれ説明せよ。
4. 二本鎖 DNA 中のアデニン（A）の含有量が 23% であるとき，グアニン（G）の含有量は何%か。

章末問題解答

2 章

1. 表 2-1 および本文 2.2 参照。
2. 28.013 g，6.022×10^{23} 個，2 mol，14 mol。
3. ^3_2He および $^{14}_7\text{N}$。一定の割合で存在する理由は本文 2.3 参照。
4. 本文 2.6 参照。
5. 本文 2.7 参照。

3 章

1. Mg $1s^2 2s^2 2p^6 3s^2$ Fe $1s^2 2s^2 2p^6 3s^2 3p^6 4s^2 3d^6$
   K $1s^2 2s^2 2p^6 3s^2 3p^6 4s^1$ Cl $1s^2 2s^2 2p^6 3s^2 3p^5$
   S $1s^2 2s^2 2p^6 3s^2 3p^4$
2. ⅰ) 原子番号順に配列。
   ⅱ) 0 族，ランタノイド，アクチノイドなどに属する新元素が新たに加わる。
   ⅲ) 18 の周期を基準。
3. 3 章全般参照。
4. 自由電子の存在。

4 章

1. 電気陰性度は Ca 1.0 < C 2.5。したがって，Ca が陽イオン性，C が陰イオン性。
2. 本文 4.6 参照。
3. アンモニア分子 NH_3 は sp^3 混成軌道で 1 対の孤立電子対を含む。∠H—N—H は孤立電子対と結合電子対 N—H との反発に依存。
4. 本文 4.7 参照。
5. CO > NH_3 > H_2O > Cl^-

5 章

1. 本文 5.1〜5.3 参照。
2. 面心立方の格子の 1 辺を x とする。この格子に含まれる鉄原子の数は 4。したがって，
   $$x^3 \times 密度 \times アボガドロ数 = 4 \times 鉄の原子量$$
   結合半径は $x \times \dfrac{\sqrt{2}}{4}$
3. 変らない。
4. 本文 5.4 参照。

章末問題解答 223

5. 本文 5.5 参照。

6 章

1. 水素結合による水分子のクラスター化。
2. ジボラン B_2H_6，ジシラン Si_2H_6
3. H_2SO_4　HClO　HNO_3　本文 6.2 参照。
4. 雲母は板状ケイ酸塩であり，2次元のケイ酸塩シートが静電的に重ね合ったものが結晶である。
5. 本文 6.5 参照。
6. 本文 6.6.2 参照。

7 章

1. en, ox, acac など。図 7-3 参照。
2. 外圏反応と内圏反応　本文 7.1.5 参照。
3. Cu(Ⅱ) イオンの不対電子数は 1
   $$\mu = \sqrt{1(1+2)} = \sqrt{3} = 1.73$$
4. 本文 7.3.6 参照。
5. 本文 7.4.1 参照。

8 章

1. 略
2. 略
3. 112℃，2.65 atm
4. 39.4 kJ mol^{-1}
5. 25.7 kJ mol^{-1}，約 6℃

9 章

1. （ⅰ）49.2 atm，（ⅱ）34.7 atm
2. 1.0043
3. 約 5600℃
4. $P = 2.93$ atm, $p_{O_2} = 0.855$ atm, $p_{N_2} = 1.831$ atm, $p_{CO_2} = 0.244$ atm

10 章

1. wt% = 43.2%，$c = 8.62$ mol dm^{-3}，$m = 16.5$ mol kg^{-1}，$x = 0.23$
2. （1）59.7 mmHg，80.2 mmHg，139.9 mmHg　（2）0.43
3. 68

4. 231，分子式から計算される分子量は 122

11 章

1. 略

2. 略

3. $K_p = 2.7 \times 10^{-3}$ atm

4. $[I_2] = 3.8 \times 10^{-4}$ mol dm^{-3}，$[I^-] = 0.1603$ mol dm^{-3}，$[I_3^-] = 0.0397$ mol dm^{-3}

5. （i）$K = 750$ mol^{-1} dm^3，（ii）92％

12 章

1. -17.3 kJ

2. -4.66 kJ

3. 319 K

4. $\Delta U = 481$ J，$W = -319$ J

5. -1274 kJ mol^{-1}

13 章

1. CH$_3$COOH + H$_2$O $\rightleftharpoons$ CH$_3$COO$^-$ + H$_3$O$^+$
　　（a）　　　（b）　　　　（b）　　　（a）

　　H$_2$SO$_4$ + H$_2$O $\rightleftharpoons$ HSO$_4^-$ + H$_3$O$^+$
　　（a）　　（b）　　　（b）　　（a）

　　HSO$_4^-$ + H$_2$O $\rightleftharpoons$ SO$_4^{2-}$ + H$_3$O$^+$
　　（a）　　　（b）　　　（b）　　（a）

　　NH$_3$ + H$_2$O $\rightleftharpoons$ NH$_4^+$ + OH$^-$
　　（b）　（a）　　　（a）　　（b）

2.
[HCl]/mol dm^{-3}	1.0×10^{-2}	1.0×10^{-9}
[H$_3$O$^+$]/mol dm^{-3}	1.0×10^{-2}	1.0×10^{-7}
pH	2.0	7.0

[NaOH]/mol dm^{-3}	1.0×10^{-2}	1.0×10^{-9}
[H$_3$O$^+$]/mol dm^{-3}	1.0×10^{-12}	1.0×10^{-7}
pH	12.0	7.0

3. pK_a + pK_b = 14（塩基 B の K_b と B の共役酸 BH$^+$ の K_a の積から導け）。pH = 10.1（上の式を用いて，表 12-4 の NH$_4^+$ の pK_a の値から NH$_3$ の pK_b を求め，(12.22) 式を使って計算せよ）。

4.
滴下量/cm^3	0	10	18	19	20	21
pH	13.0	12.5	12.0	11.4	7.0	2.6

（中和反応の結果残った OH$^-$ または H$_3$O$^+$ の濃度を，滴下によって変化した全液量を

使って求め，この濃度の強酸・強塩基水溶液として pH を計算せよ）。

5. 塩酸添加後……pH 4.67，水酸化ナトリウム添加後……pH 4.84

    （いずれも添加によって全液量は 55 cm³ になっていることを注意）。

14 章

1. a) OA：H_2O_2，RA：PbS　O：$-1 \to -2$，S：$-2 \to +6$
    b) OA：Fe_2O_3，RA：CO　Fe：$+3 \to 0$，C：$+2 \to +4$
    c) OA：MnO_4^-，RA：SO_2　Mn：$+7 \to +2$，C：$+4 \to +6$
    d) OA：IO_3^-，RA：I^-　I：$+5 \to 0$，I：$-1 \to 0$

2. a) $Zn + Fe^{2+} \to Zn^{2+} + Fe$, $K = 8.43 \times 10^{10}$
    b) $Ni + Pb^{2+} \to Ni^{2+} + Pb$, $K = 3.31 \times 10^3$
    c) $Fe^{2+} + Ag^+ \to Fe^{3+} + Ag$, $K = 1.29$ (mol dm^{-3})$^{-1}$
    d) $Sn^{2+} + I_2 \to Sn^{4+} + 2I^-$, $K = 1.16 \times 10^{13}$ (mol dm^{-3})$^{-2}$

3. アノード反応：$2H_2O \to O_2 + 4H^+ + 4e^-$　　$E^0 = +1.229$ V
    カソード反応：$Zn^{2+} + 2e^- \to Zn$　　　　　$E^0 = -0.763$ V

15 章

1. $t_{1/2} = \dfrac{1}{k[A]_0}$, $t_{1/2} = \dfrac{1}{k([B]_0 - [A]_0)} \ln\left(2 - \dfrac{[A]_0}{[B]_0}\right)$

2. (1) 3 次反応，(2) 2 次反応，1 次反応，(3) B，(4) 温度を上げる。触媒を用いる。

3. (1) $\dfrac{da}{dt} = -k_1 a + k_{-1}(a_0 - a)$, (2) $a = \dfrac{k_1}{k_1 + k_{-1}} a_0 e^{-(k_1 + k_{-1})t} + \dfrac{k_{-1}}{k_1 + k_{-1}} a_0$,

    (3) $[A]_\infty = \dfrac{k_{-1}}{k_1 + k_{-1}} a_0$, $[B]_\infty = \dfrac{k_1}{k_1 + k_{-1}} a_0$, (4) $K = \dfrac{k_1}{k_{-1}}$

4. $E_a = 187$ kJ mol^{-1}, $A = 1.14 \times 10^{11}$ s^{-1}

16 章

1.

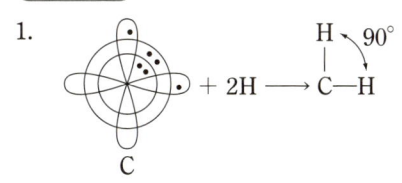

2. a.

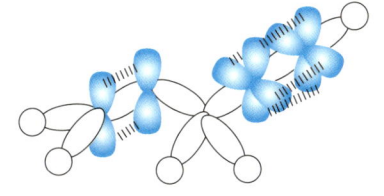

b.

c.

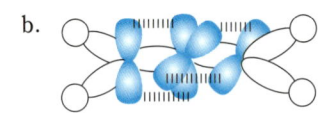

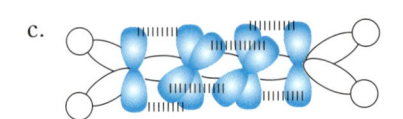

17 章

1. $Cl_2 \xrightarrow{光} 2Cl\cdot$ ……(1)

   $Cl\cdot + CH_4 \longrightarrow HCl + CH_3\cdot$ ……(2)

   $CH_3\cdot + Cl_2 \longrightarrow CH_3Cl + Cl\cdot$ ……(3)

   (2) ⇌ (3)

2. 本文 17.5.3 参照。

3. 本文 17.6.1 参照。

4. (a) $CH_3-O-\underset{\underset{O}{\|}}{C}-CH_2-CH_3 + NaI$

   (b) $CH_3-\underset{\underset{Cl}{|}}{\overset{\overset{CH_3}{|}}{C}}-CH_3$

   (c) ⬡—Br + HBr

   (d) $CH_3-\underset{\underset{}{\|}}{\overset{O}{C}}-O-CH_2-CH_3 + HCl$

18 章

1. ピラノース形, β型, D糖

2. 本文 18.2.2 参照。

3. 本文 18.2.4 参照。

4. 27%

参考にした図書

『元素の辞典』，馬淵久夫　編（朝倉書店）．
『概要基礎化学—現代の物質学—』，佐藤・新妻　著（三共出版）．
『教養の現代化学』，多賀・片岡・金谷　著（三共出版）．
『物質化学の基礎』，多賀・中村・吉田　著（三共出版）．
『化学』，乾・中原・山内・吉川　著（化学同人）．
『化学通論』，吉岡甲子郎　著（裳華房）．
『現代の無機化学』，合原・井出・栗原　著（三共出版）．
『無機化学序説』，中原・小森・中尾・鈴木　著（化学同人）．
『無機化学』，木田茂夫　著（裳華房）．
『ヒューイ　無機化学』，児玉・中沢　訳（東京化学同人）．
『シュライバー・アトキンス　無機化学』，田中・平尾・北川　訳（東京化学同人）．
『錯体化学』，佐々木・拓殖　著（裳華房）．
『基礎演習　物理化学』，磯　直道　著（東京教学社）．
『アトキンス　物理化学』，千原・中村　訳（東京化学同人）．
『アトキンス　物理化学の基礎』，千原・稲葉　訳（東京化学同人）．
『バーロー　物理化学』，藤代亮一　訳（東京化学同人）．
『炭素化合物の世界—総合有機化学入門』，舟橋・渡辺　著（東京教学社）．
『理論有機化学解説』，井本　稔　著（東京化学同人）．
『有機化学—石油化学と生命科学の基礎』，野崎　一　著（講談社）．
『有機工業化学』，妹尾・田村・平井・飯田　編著（共立出版）．
『有機・生物化学工業』，中原・石崎・荒井・中野・牧野・木村　著（三共出版）．
『ゆらぐ地球環境—地球，生物，ヒトの持続的共生をめざして』，内嶋善兵衛　著（合同出版）．
『ブルース　有機化学』，大船・香月・西郷・富岡　監訳（化学同人）．
『ボルハルト・ショアー　現代有機化学』，古賀・野依・村橋　監訳（化学同人）．
『マクマリー　有機化学概説』，伊東・児玉ほか　訳（東京化学同人）．

索　　引

欧　文

Actinoids　58
Arrhenius　133
　──の式　163
Avogadro 数　6
A 機構　62

B. M.　63
Balmer 系列　8
Bohr　9
　──半径　9
Boltzmann 定数　92
Born-Haber サイクル　23
Boyle の法則　87
Brønsted　133, 134

Charles の法則　87
Clapeyron-Clausius の式　83
clathrate　57
closest packing　37
Compton　10
coordination compound　58
covalent crystal　38
Crooks　4
cubic closest packing　37

D 機構　62
D, L 表記法　207
Dalton　4
de Broglie　10
dissociative mechanism　62
DNA　219
d-ブロック元素　17, 58

Einstein　10
electronegativity　27

fac　60
Faraday 定数　151
Fischer 投影法　207
f-ブロック元素　17, 58

Grignard 試薬　64

Haber 法　53
Hess の法則　23, 130
hexagonal closest packing　37
Hund の規則　14
hydride　42

Irving-Williams　62

Lanthanoids　58
Le Chatelier の原理　118
Lewis　23, 134
ligand　58
Lowry　133, 134

Mendeleev　16
mer　60
metal complex　58
Meyer　16
Millikan　4
mol　6
molecular crystal　38
Moseley の法則　16
Mulliken　27

Nernst の式　151
NHE　150
NOX（ノックス）　45

p ブロック元素　41
P4 分子　52
Pauli の排他原理　14
pH　135
Planck　9

Raoult の法則　101
rare earth element　65
Rutherford　4, 9
RNA　219
Rydberg 定数　8

s ブロック元素　41
s, p ブロック元素　17
S8 環状分子　51
Schrödinger　10

semiconductor　39
S_N1 機構　62
S_N2 機構　62
SOX（ソックス）　45
spectrochemical series　32

Thomson　4

van der Waals 定数　95
van der Waals の状態式　93
van't Hoff の法則　108

X 線回折法　34
X 線吸収率　49
X 線発生管の窓　49

α 崩壊　6
α 粒子　4
β 崩壊　6
Δ 型　61
Λ 型　61

あ　行

アービング・ウィリアムズ　62
亜鉛　73
亜塩素酸　51
アクチノイド　17, 58
アジ化物　53
アセチルアセトナト錯体　65
アセチレンの酸性　190
圧平衡定数　115
アデニン　219
アデノシン三リン酸　53
アノード　153
アノマー炭素　208〜210
アミノ酸　212
　──の光学異性体　214
　──の構造　212
アミロース　210
アミロペクチン　210
アミン　203
亜硫酸　45
亜リン酸　45

索　引

アルカン　178, 185
アルコールの沸点と融点　197
アルゴン　56
アルデヒド　198
アルドヘキソース　206
アルドペントース　206
アルミニウム　54
アルミノケイ酸塩　46
アンチノック剤　48
アンチ付加　186
安定度定数　62
アンドロステロン　218
アンモニアの合成　52

硫　黄　51
イオン化エネルギー　22
イオン化傾向　147
イオン結合　22
イオン交換樹脂　65
イオンの半径比　35
異性体　60
板状ケイ酸塩　47
1 次反応　157, 158
一酸化窒素　45
イットリウム　65
医薬・農薬の原料　53
イリジウム　71
陰　極　153
印刷インキ　69

宇宙機器用構造材料　66
宇宙線　7
宇宙における存在度　42
ウラシル　219
ウラニルイオン　76
ウラン鉱石　75
ウルツ鉱　36, 73
雲　母　47

エカアルミニウム　16
エカケイ素　16
エカホウ素　16
液　化　57
エストランジオール　218
エストロン　218
エチレン　171
エネルギー準位　16
塩　140
塩化エチル　48
塩化銀-銀電極　151

塩化セシウム　36
──型構造　37
塩化ナトリウム　36
塩基性酸化物　44
塩基性炭酸銅　72
塩　橋　148
延　性　20
塩素酸　51
塩素分子　50
エンタルピー　126

黄銅鉱　72
黄リン　52
オキサラト錯体　65
オキソ酸　44, 45
オキソニウムイオン　133
オスミウム　71
オルトケイ酸塩　46
オルトリン酸　45

か　行

外軌道錯体　30
外圏反応　63
改　質　179
灰チタン石　66
壊変定数　7
解離エンタルピー　41
解離度　117
過塩素酸　51
化学平衡　113
化学変化　2
化学量論係数　112
可逆過程　124
可逆反応　113
角運動量　11, 12
核間距離　24
核　酸　53
核　子　5
核　種　5
角閃石　47
核反応　8
加水分解　140
──定数　140
ガスタービン　69
カソード　153
活性化エネルギー　163
活性複合体　164
滑　石　47
褐鉄鉱　69

カドミウム　73
過マンガン酸カリウム　68
カリウム塩　71
カルノー鉱　76
カルノー石　66
カルボニル化合物の構造と名称　200
カルボン酸　200
──の共鳴構造　201
──の分極　200
頑火輝石　47
緩下剤　49
還　元　144
──剤　144
──反応　144
緩衝作用　142
緩衝溶液　142
鹹　水　50
乾燥剤　49
含ニッケルラテライト　69
官能基　176
含硫化ニッケル鉱　69

擬 1 次反応　163
幾何異性　60
──体　60
希ガス　56
気　球　57
輝石類　47
気相還元　54
気体定数　88
気体分子運動論　89
基底状態　14
軌　道　9, 11
──運動　11
──, d 軌道　11
──, dε 軌道　31
──, dγ 軌道　31
──, 2p 軌道　5
──, 1s 軌道　4
希土類元素　65
逆ホタル石型構造　37
求核置換反応　201
吸収スペクトル　30
求電子置換反応　194
吸熱反応　128
共役塩基　134
共役酸　134
強塩基　136
極低温　57

230 索引

凝固点降下　106
強酸　136
凝集力　38
共鳴混成体　192
共有結合　22, 25
　――理論　23
共有結晶　38
極性　26
キレート　58
　――剤　58
金　72
銀　72
金属　20
金属カルボニル　58, 64
金属結合　22
金属光沢　20
金属コバルト　69
金属錯体　58
金属セレン　51
金属リチウム　48

グアニン　219
苦土かんらん石　46
クラスレート化合物　57
グラファイト　38, 55, 168
グリセルアルデヒド　207
グリセロール　216
グルコース　206
クロム鉄鉱　67

珪灰石　47
けい光灯　57
ケイ酸亜鉛鉱　46
ケクレの構造式　191
結合性軌道　25
結合電子対　26
結晶系　34
結晶場　31
ケトヘキソース　206
ケトン　198
ゲルマニウム　56
原子核　4
原子価結合法　23
原子軌道　11
原子質量単位　5
原子スペクトル　8
原子番号　5
原子量　6
元素　5
研磨剤　53

高温超伝導体　75
光学異性　60
　――体　61
光学活性　61
光学材料　49
抗がん性　71
高感度写真乳剤　50
鋼玉　44
合金材料　49
航空機　66
光子　10
格子定数　34
格子点　34
構成原理　14
構造材　49
高速中性子の減速剤　49
氷の結晶構造　38
黒リン　52
五酸化二リン　45
固体二酸化炭素　39
コバルト硫化鉱石　69
コランダム　44, 67
孤立電子対　29
コレステロール　218
混合気体　95
混成　170
混成軌道　27
　――, d^2sp^3　30
　――, sp　28, 174
　――, sp^2　28, 55, 172
　――, sp^3　29, 55, 170
根平均2乗速度　93
根粒菌　53

さ 行

最大多重度の法則　14
最密充填　37
酢酸クロム（Ⅱ）　67
鎖状ケイ酸塩　47
サッカリン　211
砂糖　209
三塩化ホウ素　54
三塩化リン　53
酸化　144
酸解離指数　136
酸解離定数　136
酸化還元滴定　68
三角柱型　59
酸化クロム（Ⅳ）　67

酸化数　145
酸化ニッケル（Ⅱ）　69
酸化反応　144
酸化物　44
酸化ヨウ素　51
三酸化二リン　45
三臭化ホウ素　54
三重点　82
酸性酸化物　44
酸素　43
　――酸　51
酸の解離定数　198
散乱X線　35

次亜塩素酸　51
シアン　56
シアン化カリウム　56
四エチル鉛　48
ジェット航空機　69
色素タンパク質ヘモシアニン　72
磁気モーメント　63
シグマ（σ）結合　171
四酸化二窒素　45
ジシアン　56
脂質　216
シス　60
シス・ジクロロジアンミン白金（Ⅱ）　71
シスプラチン　71
自然核分裂　6
自然発火　69
実在気体　93
質量作用の法則　114
質量数　5
磁鉄鉱　69
自動車道路用ランプ　48
シトシン　219
4配位平面型錯体　59
ジボラン　42
ジメチルグリオキシム錯体　71
弱塩基　136
弱酸　136
臭化銀　51
周期性　16
周期律　16
シュウ酸塩　65
臭素酸　51
充填ガス　57
自由電子　20
自由度　83, 100

索引

主量子数　11, 13
純鉄　69
純銅　72
硝化細菌　53
蒸気圧　82
　──曲線　82
　──降下　103
常磁性　15, 30
　──体　63
硝石　53
状態図　81
状態量　122
蒸発　80
　──熱　80
植物プランクトン　53
女性ホルモン　218
シラン　42
ジルコニウム　66
人口放射性元素　75
浸透圧　107
シン付加　186

水銀　73
水酸化コバルト(III)　69
水素イオン指数　135
水素化物　42
水素吸蔵材料　75
水素結合　27
水素原子模型　9
水素製造法　42
水平化効果　137
水和イオン　70
スカンジウム族　65
ステロイド　218
スピン　11
　──磁気量子数　12
　──の打ち消し合い　72
スルホン化　195

正極　149
正孔　40
青酸カリ　56
制酸剤　49
正四面体型　59
青色顔料　69
生成熱　129
正長石　47
整流作用　40
石英　44
赤外線用の窓　56

赤鉄鉱　69
赤リン　52
石灰岩　49
絶対温度　87
セレン化水素　52
閃亜鉛鉱　36, 73
全安定度定数　62
遷移　9
　──元素　17
　──, d-d　32

造岩鉱物　47
双極子-双極子相互作用　39
双極子モーメント　26
双性イオン　212
曹長石　47
相転移　79
　──熱　80
総熱量保存の法則　130
相平衡　81
相律　83, 100
速度式　156
速度定数　114, 156, 157
粗銅　72
存在確率　11

た 行

第1イオン化エネルギー　22
第1遷移元素　17
体心立方型　37
体心立方充填構造　47
ダイヤモンド　38, 55, 168
帯溶融法　55
大理石　49
多塩基酸　139
多核錯体　59
多座配位子　58
脱窒素細菌　53
多糖　210
タルク　47
単位格子　34
単核錯体　59
炭化ホウ素　54
単座配位子　58
炭酸カルシウム　49
炭酸マグネシウム　49
単斜セレン　51
炭水化物　206
男性ホルモン　218

単糖　206
タンパク質の構造　214

チーグラー・ナッタ触媒　188
置換反応　62, 183
　──のメカニズム　193
逐次安定度定数　62
チタン　66
　──鉄鉱　66
窒化カルシウム　53
窒素　52
　──サイクル　53
チミン　219
中性子　4
中和滴定　141
中和点　141
中和熱　130
中和反応　140
超ウラン元素　17, 75
超電導磁石　57
チリ硝石　53

定圧過程　126
定圧熱容量　127
定圧反応熱　128
定常波　10
定積過程　126
定積熱容量　127
定積反応熱　128
低密度ポリエチレン　188
テストステロン　218
テトラクロロ白金酸カリウム　71
テトラヒドリドアルミン酸リチウム　55
テフロン　50
転移RNA　221
電荷移動遷移　68
転化糖　209
電気石　54
電気陰性度　26, 145
電気化学的平衡　149
電気素量　5
電気伝導性　40
電気分解　153
電極　149
　──系　149
　──電位　153
典型元素　17
電子　4

232　索　引

──殻　11
──親和力　22
──配置　14
──配置表　17
──捕獲　6
電子対　15, 134
──供与体　134
──受容体　134
展　性　20
電　池　48, 148
──の起電力　149
──反応　149
──, Daniell　148
──, Volta　148
天然ガス　57
電離平衡　134
転　炉　69

銅　72
同位体　5
──の発見　16
等電点　212
導電率　20
ドープ用　53
ドライアイス　44
トランジスター　56
トランス　60
トリアシルグリセリド　216
トレーサー　8

な　行

内軌道錯体　30
内圏反応　63
内部エネルギー　123
軟マンガン鉱　68

2次反応　160
二核錯体　59
二ケイ酸塩　47
二座配位子　58
二酸化窒素　45
二臭化エチレン　50
二　糖　209

ヌクレオチド　219

ネオン　56
──サイン　57
──灯　57

熱運動　78
熱化学方程式　128
熱伝導率　20
熱分解　179
熱容量　127
熱力学第一法則　123
燃焼熱　129

濃度平衡定数　115
暗緑色の酢酸銅（Ⅱ）一水和物　72
ノックス　45

は　行

パイ結合　173
配位化合物　58
配位結合の磁性　30
配位圏　63
配位高分子　59
配位座　58
配位子　58
──置換反応　62
灰色セレン　51
背面攻撃　184
白熱電球　57
白リン　52
波　数　8
バストネース石　65, 74
白　金　71
発熱反応　128
波　動　10
──関数　11
──方程式　10
──方程式　25
パトロナイト　66
バナジウム　66
花火の原料　72
ハフニウム　66
はみがき粉　49
パラジウム　71
ハロゲン化アルカン　183
ハロゲン化アルキルの分極　184
半金属　20
反結合性軌道　26
半減期　7, 159
反磁性　30
半充填殻構造　15
半導体　39
──, n型　40

──, p型　40
半透膜　107
反応速度　155
反応熱　128
反応の次数　156

非共有電子対　30
非局在化　175
非金属　20
標準起電力　149
標準水素電極　150
標準生成エンタルピー　130
標準生成熱　130
標準電極電位　151
氷晶石　54
ピリミジン　220
頻度因子　163

ファンデルワールス力　27
フェイシャル　60
1,10-フェナントロリン　69
フェナントロリン錯体イオン　69
フェノール　196
フェロシアン化カリ　69
フェロマンガン　68
付加重合　188
負　極　149
不対電子　15
──の数　63
フッ化カルシウム　49, 36
物質の三態　78
物質波　10
物質量　6
沸石類　47
フッ素　50
──分子　50
沸　点　80
──上昇　104
フッ化水素　50
フラーレン　177
フリーデル・クラフツ反応　195
プリズム　56
プリン　220
フルクトース　206
プルシアンブルー　69
フロンガス　50
分　圧　96
──の法則　96
分光化学系列　32

索　引

分子間引力　38
分子軌道法　23
分子結晶　38
分留　178

閉殻構造　15
平衡定数　114
平面型　59
ヘキサクロロ白金(IV)酸　71
ペプチド　212
ヘミアセタール　208
ヘリウム　56
ペロブスカイト型結晶構造　66
ベンガラ　69
ベンゼン　191

ボーアマグネトン　63
方位量子数　11, 12
崩壊系列　7
崩壊定数　7
芳香族化合物　175, 196
ホウ砂　54
放射菌　53
放射性壊変　6
放射性同位体　6
包接化合物　57
ホウ素　53, 54
　　──繊維　54
放電ランプ　48
飽和甘コウ電極　151
ホスホグリセロール　217
ホスホン酸　45
ホタル石　36, 49
　　──型構造　36
ポテンシャルエネルギー　147
ホトダイオード　56
ホヤ　66
ボラン　42
ポリアミド　202
ポリエステル　202
ポルフィリン錯体　48

ま　行

膜の流動性　217
マッチの側薬　53
マルコフニコフ則　186
マンガン　68

水のイオン積　135

ミョウバン　55

無定形セレン　51

メタノールの分子間水素結合　197
メタロセン　58
メッセンジャーRNA　220
メリディオナル　60

モナズ石　65, 74
モール塩　69
モル分率　96, 99

や　行

冶金の融剤　49

融解　80
　　──熱　80
有機金属化合物　58
誘起双極子-双極子相互作用　39
融点　80
油脂　203, 216

溶液　98
溶解熱　130
ヨウ化銀　50
ヨウ化水素　51
陽極　153
溶鉱炉　69
陽子　4
溶質　98
ヨウ素酸　51
ヨウ素分子　50
陽電子　6
溶媒　98
　　──抽出法　74
容量モル濃度　98, 99
葉緑素　48
ヨードチンキ　50

ら　行

ラジカル　179
ランタノイド　17, 58
　　──元素　65
　　──収縮　74

理想気体　88

　　──の状態式　88
理想希薄溶液　103
理想溶液　101
立体配置　59
立方最密充填　37
リボース　206
リボソームRNA　221
硫化亜鉛　36
硫酸アルミニウム　55
硫酸マンガン(II)　68
菱苦土石　49
量子条件　9
量子数　9, 11, 16
両性酸化物　44
緑柱石　47, 48
リン　52
　　──灰石　53
臨界点　82
リン酸塩　53
リン酸一アンモニウム　53
リン酸二アンモニウム　53
リン脂質　217

ルチル　66
るつぼ　71
ルテニウム　71

レチナール　205
連鎖反応　182

緑青　72
6配位正八面体型錯体　59
ロジウム　71
六方最密充填　37

著者略歴

井上 亨（いのうえ とおる）
- 1947 年　長崎県に生まれる
- 1974 年　九州大学大学院理学研究科
        （化学専攻）修士課程修了
- 現　在　福岡大学名誉教授
        理学博士
- 専門分野　物理化学，界面化学

川田 知（かわた さとし）
- 1960 年　群馬県に生まれる
- 1988 年　東北大学大学院理学研究科
        （化学専攻）博士後期課程
        修了
- 現　在　福岡大学教授（理学部）
        理学博士
- 専門分野　錯体化学，超分子化学

栗原寛人（くりはらひろんど）
- 1933 年　京都府に生まれる
- 1958 年　九州大学理学部化学科卒
- 現　在　福岡大学名誉教授
        理学博士
- 専門分野　錯体化学，電気化学

小寺 安（こでら やすし）
- 1942 年　宮崎県に生まれる
- 1966 年　九州大学理学部化学科卒
        元福岡大学助教授（理学部）
- 専門分野　有機化学，機能性分子設計

塩路幸生（しおじ こうせい）
- 1965 年　和歌山県に生まれる
- 1996 年　京都大学大学院理学研究科
        博士後期課程修了
- 現　在　福岡大学准教授（理学部）
        博士（理学）
- 専門分野　有機化学，生物有機化学

脇田久伸（わきた ひさのぶ）
- 1942 年　東京都に生まれる
- 1972 年　東京教育大学大学院理学研
        究科（化学専攻）博士課程
        修了
- 現　在　福岡大学名誉教授
        理学博士
- 専門分野　分析化学，錯体化学

新版　大学の化学への招待（しんぱん だいがく かがく しょうたい）

1996 年 5 月 1 日	初版第 1 刷発行
2010 年 2 月 15 日	初版第 11 刷発行
2013 年 3 月 20 日	新版第 1 刷発行
2022 年 3 月 20 日	新版第 5 刷発行

Ⓒ　著者　井　上　　　亨
　　発行者　秀　島　　　功
　　印刷者　荒　木　浩　一

発行所　三共出版株式会社　東京都千代田区神田神保町 3 の 2
郵便番号 101-0051　振替 00110-9-1065
電話 03-3264-5711　FAX 03-3265-5149
https://www.sankyoshuppan.co.jp/

一般社団法人 日本書籍出版協会・一般社団法人 自然科学書協会・工学書協会　会員

Printed Japan　　印刷・製本　I.P.S

JCOPY〈（一社）出版者著作権管理機構　委託出版物〉
本書の無断複写は著作権法上での例外を除き禁じられています。複写される場合は，その
つど事前に，（一社）出版者著作権管理機構（電話 03-5244-5088, FAX 03-5244-5089,
e-mail: info@jcopy.or.jp）の許諾を得てください。

ISBN 978-4-7827-0686-2

基礎物理定数の値

量	記号	値
真空中の光速度	c_0	$2.997\,924\,58 \times 10^8$ m s^{-1}
真空の誘電率	ε_0	$8.854\,187\,817 \times 10^{-12}$ J^{-1} C^2 m^{-1}
電気素量	e	$1.602\,176\,847 \times 10^{-19}$ C
電子の質量	m_e	$9.109\,382\,15\,(45) \times 10^{-31}$ kg
陽子の質量	m_p	$1.672\,621\,637\,(83) \times 10^{-27}$ kg
中性子の質量	m_n	$1.674\,927\,211\,(84) \times 10^{-27}$ kg
Avogadro 数	N_A	$6.022\,141\,79\,(30) \times 10^{23}$ mol^{-1}
Faraday 定数	F	$9.648\,533\,99\,(24) \times 10^4$ C mol^{-1}
Planck 定数	h	$6.626\,068\,96\,(33) \times 10^{-34}$ J s
Boltzmann 定数	k_B	$1.380\,650\,4\,(24) \times 10^{-23}$ J K^{-1}
Rydberg 定数	R_∞	$1.097\,373\,156\,865\,27\,(73) \times 10^7$ m^{-1}
Bohr 半径	a_0	$0.529\,177\,249\,(24) \times 10^{-10}$ m
Celsius 温度目盛のゼロ点	T_0	273.15 K（厳密に）
気体定数	R	$8.314\,472\,(15)$ J K^{-1} mol^{-1}
		$0.082\,053\,91$ dm^3 atm K^{-1} mol^{-1}

SI 基本単位

物理量	慣用記号	SI 単位の名称	SI 単位の記号
長　さ	l	メートル（meter）	m
質　量	m	キログラム（kilogram）	kg
時　間	t	秒（second）	s
電　流	I	アンペア（ampere）	A
熱力学的温度	T	ケルビン（kelvin）	K
物質量	n	モル（mole）	mol
光　度	I_V	カンデラ（candela）	cd

SI 誘導単位に対する特別の名称と記号

物理量	SI 単位の名称	SI 単位の記号	SI 単位の定義
力	ニュートン（newton）	N	m kg s^{-2}
圧　力	パスカル（pascal）	Pa	m^{-1} kg s^{-2} (= N m^{-2})
エネルギー	ジュール（joule）	J	m^2 kg s^{-2} (= N m)
仕事率	ワット（watt）	W	m^2 kg s^{-3} (= J s^{-1})
電　荷	クーロン（coulomb）	C	s A
電位差	ボルト（volt）	V	m^2 kg s^{-3} A^{-1} (= J A^{-1} s^{-1})
電気抵抗	オーム（ohm）	Ω	m^2 kg s^{-3} A^{-2} (= V A^{-1})
電導度	ジーメンス（siemens）	S	m^{-2} kg^{-1} s^3 A^2 (= A V^{-1})
電気容量	ファラド（farad）	F	m^{-2} kg^{-1} s^4 A^2 (= A s V^{-1})
磁　束	ウェーバ（weber）	Wb	m^2 kg s^{-2} A^{-1} (= V s)
インダクタンス	ヘンリー（henry）	H	m^2 kg s^{-2} A^{-2} (= V A^{-1} s)
磁束密度	テスラ（tesla）	T	kg s^{-2} A^{-1} (= V s m^{-2})
振動数	ヘルツ（hertz）	Hz	s^{-1}